JN021228

TEXTBOOKS

TSUKAMU

環境経済学をつかむ

【第4版】

栗山浩一・馬奈木俊介――著

有斐閣
YUHIKAKU

はしがき

本書の目的

本書の目的は，環境問題に関心のある人が環境経済学をはじめて学ぶときに，環境経済学の考え方や分析方法をきちんと理解できるようにすることである。本書は，環境経済学の重要かつ基礎的な部分を確実に理解できるように懇切丁寧に解説を加え，環境経済学を理解することの楽しさを感じてもらうテキストをめざしている。

環境経済学は，環境問題を経済学の観点からアプローチすることで，環境問題が発生するメカニズムを明らかにするとともに，環境問題を解決するための具体的な対策を示すことを目的としている。今日，私たちはさまざまな環境問題に直面している。地球温暖化など地球的規模で発生する地球環境問題，大気汚染や水質汚染などの公害問題，大量消費社会によって深刻化した廃棄物問題，ダム開発などの公共事業による生態系破壊，経済のグローバル化と国際貿易が環境に及ぼす影響など，さまざまな環境問題が存在する。本書は，こうした具体的な環境問題を取り上げながら，環境経済学の考え方や分析方法をわかりやすく解説している。

本書の特徴

本書は以下のように，従来の環境経済学のテキストとは異なる特徴をもっている。

①経済学の専門知識がなくても読み進むことができるように配慮

②地球温暖化や廃棄物問題などの具体的な環境問題を取り上げながら解説

③最近の新しい研究内容も紹介

④数式を使わずに図表や言葉で解説

⑤「コラム」で関連する話題について紹介

第１に，経済学の専門知識がない人でも読み進むことができるように配慮を行っている。環境経済学に関心をもっている人は，経済学部などで経済学を専門に学んできた学生だけではなく，ほかの学部で環境問題を学んでいる人，行政で環境問題に取り組んでいる人，そして環境問題に関心をもつ社会人なども含まれる。そこで，経済学を専門に学んでいない人でも読み進むことができるように，経済学の専門用語をできるかぎり排除し，必要な場合は初心者でも理解できるように丁寧な説明を行うように配慮している。

第2に，温暖化問題や廃棄物問題など，できるだけ具体的な環境問題を取り上げながら，環境経済学の考え方を説明することを重視している。通常，経済学のテキストでは，経済学の理論を解説することを中心とするものが多いが，本書では環境経済学の理論だけではなく，現実の環境問題に対してどのように応用していくのかを詳しく紹介している。従来のテキストでは経済学の抽象的な考え方が理解できなかった人でも，本書を読むことで現実の環境問題に照らし合わせながら経済学の考え方を具体的に理解できるようになるであろう。

第3に，本書では最新の研究内容についても紹介している。たとえば，環境の価値評価や企業と環境問題の関係などの新しい研究テーマは，近年では多数の研究が行われるようになり，環境経済学の中心テーマの1つとなっている。これまでの環境経済学のテキストでは，こうした新しい研究テーマを詳しく取り上げたものは少ないが，本書では最新の研究成果をもとにわかりやすく解説している。すでに，ほかのテキストで環境経済学を学んでいる人びとにとっても，本書から新しい研究内容を学ぶことができるだろう。

第4に，難解な数式は使用せず，図表を活用して説明を行っている。経済学を専門に学んでいる人には見慣れた数式であっても，経済学を学び始めたばかりの学生や，経済学を専門としない人には，数式による説明は理解するまでに相当の時間を要するであろう。そこで，本書は数式をほとんど使用せずに，図表と言葉による説明を採用している。図を用いる場合も，図の読み方まで詳しく解説している。

第5に，「コラム」を設け，環境経済学の考え方を理解するうえで役立つ話題を紹介している。たとえば，簡単な経済実験を使って環境経済学の考え方を理解するための方法を解説したり，環境経済学が現実の環境政策にどのように使われているのかを紹介するなど，本文に関連する話題を解説している。

本書の読み方

本書は，1年間の講義で，最初から最後まで読み終わる分量に設定してある。たとえば，前期は前半の第1章から第4章まで，後期は後半の第5章から第7章までを扱うことを想定している。第4章と第7章は発展的な内容のものが含まれるので，時間が足りないときは省略することも可能である。半年の講義の場合は，前半のみ，あるいは後半のみを扱うことが可能である。

各章の最初には，その章でどのようなことを学ぶのかを要約している。各章は，いくつかのunitから構成されている。各unitは1回の講義で扱う内容に相当し，それぞれのunitで1つのトピックを解説している。最初から順番にunitを読んでいってもかまわないし，自分の興味のあるunitだけを読んでいってもかまわない。unitのはじめには，そのunitで学ぶ重要な概念をキーワードであげてある。unitの終わりには，そのunitの内容を要約してあるので，unitの復習に使用してほしい。

また，各unitの末尾には，確認問題を用意している。各unitで学んだことを，この確認問題で再確認することができるだろう。巻末には簡単な解答を掲載してあるので，復習などに利用してほしい。

なお，本書では，非常に多様な読者層を想定している。環境経済学に関心のある人は，経済学部などで経済学を専門に学ぶ学生だけではなく，他学部で環境問題を学んでいる学生，行政で環境政策に関わっている人びと，企業で環境対策に取り組んでいる人びと，そして環境問題に関心のある一般市民などにまで広がっている。本書をきっかけとして，多くの人びとが環境経済学を学ぶことの楽しさを実感するとともに，環境経済学に本格的に取り組むようになることを心より願っている。

本書の執筆にあたっては，多数の方々からさまざまな協力を得ている。筆者らは，大学で環境経済学に関する講義を行っているが，講義を受けた学生の皆さんから講義内容に対して多くの意見をいただき，本書を執筆するにあたってもとても参考になった。また，本書で紹介した事例については，これまでに筆者らが多くの研究者と共同で行ってきた研究の成果も含まれている。最後に有斐閣の秋山講二郎さんと渡部一樹さんには，本書の企画の段階から完成に至るまで，多大なサポートをしていただいた。ここに深く感謝の意を表しておきたい。

2008年2月

栗山　浩一
馬奈木 俊介

第2版について

本書の初版は，多数の大学の講義でテキストとして使われるなど，幅広い読者から好評を得ることができた。また，読者の方々から貴重なご意見・ご指摘を数多くいただいた。この場でお礼を申し上げたい。近年，環境問題に関する社会の動きは一段と広がっており，本書で取り上げなかったテーマに対しても進展がみられた。そこで，第2版では新たなテーマとして「生物多様性と生態系」「エネルギー経済」の2つのunitを追加した。また，本書で用いられている図表の統計データなどを最新のものに更新した。

第2版の発行に際しては，有斐閣の渡部一樹さんに初版から引き続きお世話になった。心からお礼を申し上げたい。

2012年11月

栗山　浩一
馬奈木 俊介

第3版について

本書の第2版が発行されてから4年が経過したが，この間に環境問題をめぐる状況は急激に変化している。とくに地球温暖化問題に関しては2015年12月にパリ協定が採択され，気候変動問題に関する新たな国際的枠組みが構築されることになった。そこで，京都議定書と地球温暖化政策のunitをタイトルも含めて修正し，パリ協定など最新の状況を反映した。また，それ以外のunitに関しても，本書で用いられている図表の統計データや本文の記述を最新のものに更新した。

本書は初版，第 2 版ともに多くの大学でテキストとして使われるなど，幅広い読者層から好評を得ることができたが，今回の第 3 版で今まで以上に使いやすいものになったのではないかと自負している。また今回の改訂に際しては多くの方々の本書に対するご助言を参考にさせていただいた。改めてお礼を申し上げたい。

なお，本書の英語版が Routledge 社より刊行されている（Managi, S. and K. Kuriyama, *Environmental Economics*, Routledge, 2016）。最近は国内の大学でも英語で講義をする機会も増えてきているが，この書籍は国内の環境問題を対象に英語で環境経済学を学ぶことができる貴重なテキストであろう。

第 3 版の発行に際しては，有斐閣の渡部一樹さんに初版，第 2 版に引き続きお世話になった。心からお礼を申し上げたい。

2016 年 10 月

栗山　浩一
馬奈木 俊介

第 4 版について

本書の第 3 版が発行されてから 4 年が経過しようとしているが，この間に環境問題をめぐる状況は急激に変化している。たとえば，地球温暖化問題では，省エネ対策として行動科学に着目した「ナッジ」が注目を集めている。廃棄物問題では，2020 年にレジ袋が有料化された。そこで，本書でもこうした最新の動向を反映した。また，本書で用いられている図表の統計データや本文の記述を最新のものに更新した。

本書はこれまで多くの大学でテキストとして使われてきた。とくに 2020 年度は新型コロナ感染症対策としてオンライン講義が増えたが，本書は通常の教室内講義だけではなく，オンライン講義でも使いやすいとの評価を受けている。これも，本書に対していただいた多数の助言を参考に改訂を進めてきた効果であろう。読者の皆さんには改めてお礼を申し上げたい。

本書では，読者の理解を助けるために筆者のウェブサイトに本書の学習サポートページを用意している。学習サポートページでは本書で用いられている図表を PowerPoint スライドにまとめたファイルをダウンロードすることができる。さらに，本書の各 unit に対応した関連サイトや動画のリンク集，本書の「コラム」で紹介する経済実験をウェブ上で体験できるコーナーも用意されている。これだけ充実したサポートページは類書にはない本書独自のものだと自負している。ぜひご利用いただきたい。

学習サポートコーナー URL

http://kkuri.eco.coocan.jp/research/EnvEconTextKM/

なお，第 4 版の発行に際しては，有斐閣の渡部一樹さんに初版から引き続きお世話になった。心からお礼を申し上げたい。

2020 年 7 月

栗山　浩一
馬奈木 俊介

著者紹介

栗山　浩一（くりやま・こういち）　unit **0〜6, 15〜17, 19, 21, 22**

京都大学大学院農学研究科修士課程修了。北海道大学農学部助手，早稲田大学政治経済学部専任講師，同助教授，同教授，カリフォルニア大学バークレー校客員研究員等を歴任。環境経済・政策学会会長（2020-21年）。

現在，京都大学農学研究科教授，博士（農学）。

主な著作：

『企業経営と環境評価』（編著，中央経済社，2018年）

『入門 自然資源経済学』（バリー・C. フィールド著，庄子康・柘植隆宏との共訳，日本評論社，2016年）

『初心者のための環境評価入門』（柘植隆宏・庄子康との共著，勁草書房，2013年）

『環境評価の最新テクニック——表明選好法・顕示選好法・実験経済学』（柘植隆宏・三谷羊平との共編著，勁草書房，2011年）

『環境と観光の経済評価——国立公園の維持と管理』（庄子康との共編著，勁草書房，2005年）など。

馬奈木 俊介（まなぎ・しゅんすけ）　unit **7〜14, 18, 20, 23〜26**

九州大学大学院工学研究科修士課程修了，ロードアイランド大学大学院博士課程修了。サウスカロライナ州立大学講師，東北大学准教授等を歴任。IPCC代表執筆者，IPBES総括代表執筆者，国連「新国富報告書」代表，2018年世界環境資源経済学会共同議長を兼任。学術誌 *Environmental Economics and Policy Studies, Economics of Disasters and Climate Change* 共同編集長。

現在，九州大学主幹教授，九州大学都市研究センター長，Ph.D.（経済学）。

主な著作：

『ESG経営の実践——新国富指標による非財務価値の評価』（編著，事業構想大学出版部，2021年）

『エネルギーの未来——脱・炭素エネルギーに向けて』（編著，中央経済社，2019年）

『人工知能の経済学——暮らし・働き方・社会はどう変わるのか』（編著，ミネルヴァ書房，2018年）

『豊かさの価値評価——新国富指標の構築』（編著，中央経済社，2017年）

『農林水産の経済学』（編著，中央経済社，2015年）

『エネルギー経済学』（編著，中央経済社，2014年）

『環境と効率の経済分析』（日本経済新聞出版社，2013年）

目　次

第3章　環境政策の基礎理論 ---- 65

第4章　環境政策への応用 ---- 107

コラム一覧

unit 0

序　環境問題と経済学

なぜ経済学が必要なのか

今日，地球温暖化のように地球的規模で発生する地球環境問題から，ごみ問題のようにきわめて身近に発生するものまで，さまざまな環境問題に私たちは直面している。こうした環境問題はなぜ発生するのだろうか。そして，環境問題を解決するためには何が必要なのだろうか。環境経済学は，こうした環境問題に対して経済学の観点からアプローチする。

たとえば，地球温暖化の場合について環境と経済の関係について考えてみよう。地球温暖化とは，石油や石炭などを大量に利用する経済活動によって，大気中に二酸化炭素（CO_2）などの温室効果ガスが排出され，地球の表面温度を高めてしまう現象のことである。地球温暖化が生じると，海面の上昇，洪水や渇水などの災害の増加，農業生産への影響，野生生物の絶滅や生態系破壊などの被害が予想されている。このため，地球温暖化への取り組みが緊急の課題となっている。

しかし，地球温暖化の対策はなかなか進んでいない。なぜ温暖化対策が進まないのだろうか。その最大の理由は，温暖化を防止するためにはコストがかかることである。温室効果ガスの排出量を削減するためには，たとえば風力発電などのコストの高い電力を使用したり，CO_2 を吸収するために新たに植林を行うなどの対策が必要であり，そのためには膨大なコストがかかる。

環境はタダでは守れない。一方で，環境を守っても企業の直接的な利益にはつながらない。私たちの社会の基本となっている市場経済のしくみでは環境が適正に評価されず，いわば環境はタダとして扱われ，環境破壊が深刻化してしまう。つまり，環境問題が生じる背景には，環境をタダとして扱ってしまう経

図 0-1　環境問題と経済

済のしくみが存在するのである（図 0-1）。

このように，環境問題の背景に経済のしくみが存在することから，環境問題を分析するためには経済学のアプローチが必要となるのである。

環境経済学とは

環境経済学は，環境問題を経済学の観点から分析する学問である。図 0-2 は環境経済学の課題を示したものである。環境経済学は，①なぜ環境問題が生じるのか，②環境問題を解決するためには何が必要か，③環境保全と経済発展が両立可能な社会を実現するための方法は何か，という 3 つの課題をもっている。

環境経済学の第 1 の課題は，環境問題が生じる経済メカニズムを解明し，環境問題の原因を明らかにすることである。前述のように，環境問題の背景には，環境がタダとして扱われてしまう経済のしくみがある。このような現象は「市場の失敗」として知られているが，環境経済学では地球温暖化や廃棄物問題などの現実のさまざまな環境問題を対象に，どのような形で市場の失敗が生じるのかを分析する。

環境経済学の第 2 の課題は，環境問題を解決するための具体的な政策手段を明らかにすることである。これまでの国内の環境政策は，企業から排出される汚染物質を規制する「環境規制」が中心であった。大気汚染や水質汚染などの公害問題に対しては環境規制が有効に機能したが，地球温暖化問題や廃棄物問題などの現在の環境問題の多くには，従来の環境規制は必ずしも有効とはかぎ

図 0-2　環境経済学とは

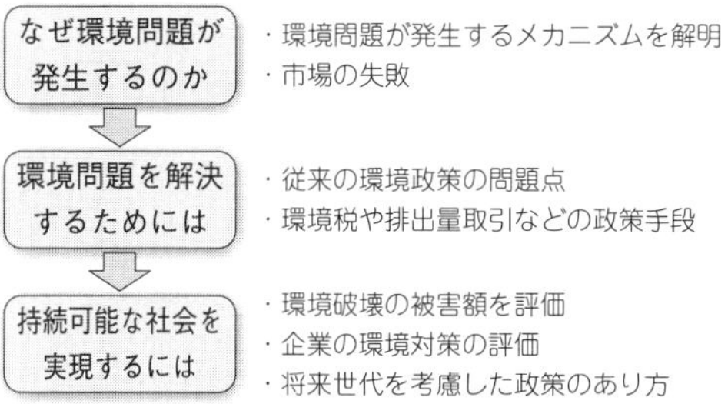

なぜ環境問題が発生するのか
- 環境問題が発生するメカニズムを解明
- 市場の失敗

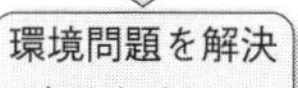

環境問題を解決するためには
- 従来の環境政策の問題点
- 環境税や排出量取引などの政策手段

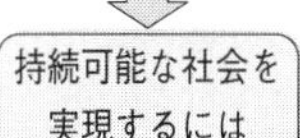

持続可能な社会を実現するには
- 環境破壊の被害額を評価
- 企業の環境対策の評価
- 将来世代を考慮した政策のあり方

らない。そこで，環境税や排出量取引などの経済的手法に対して注目が集まっている。たとえば，環境税とは，汚染物質に対して課税する政策のことだが，汚染を減らせば負担額も低下することから，企業には汚染を減らそうとする動機づけが生まれる。このように，企業や消費者の経済行動に着目して，環境汚染を減らすことが自らの利益となる制度が，環境税や排出量取引などの経済的手法である。環境税や排出量取引などの政策手段は，環境経済学の重要なテーマとなっている。

環境経済学の第 3 の課題は，持続可能な社会を実現するために何が必要なのかを示すことである。持続可能な社会とは，現在の人びとの要求だけではなく，私たちの子どもや孫などの将来世代の人びとの要求も考慮して，環境保全と経済発展の調和をめざす社会のことである。

持続可能な社会を実現するためには，まず環境と経済という異なる性質のものを同一の基準で評価することが必要である。たとえば，地球温暖化によって洪水や渇水などの災害が生じると，多額の損害が生じることが予想される。また，多数の野生生物が絶滅するなどの生態系への影響も無視できないであろう。こうした環境破壊の損害額がどのくらいかを示さなければ，具体的な環境対策も進まない。そこで，環境経済学は，環境のもっている価値を金額で評価するための手法を開発しており，今日ではさまざまな環境政策に用いられている。

また，持続可能な社会を実現するうえで，企業が果たすべき役割は非常に大きい。今日では，企業の社会的責任という観点から環境対策に取り組む企業も増えてきている。しかし，環境対策に取り組むことが企業の利益につながる社

図 0-3　本書の構成

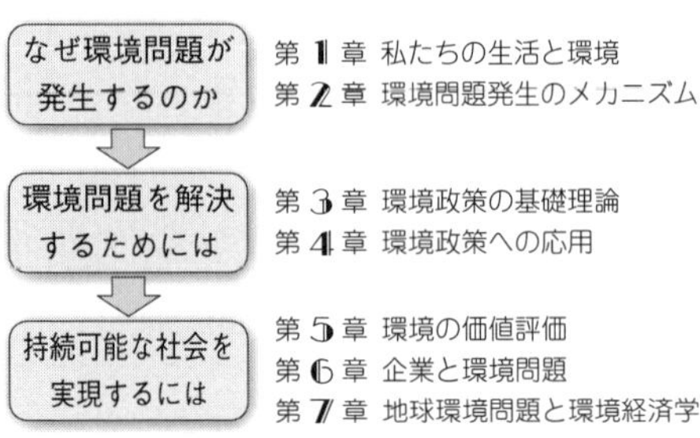

会でなければ，企業の環境対策活動が広く普及することは難しいだろう。このような企業と環境問題の関係も，環境経済学の重要なテーマの 1 つである。

環境問題が世界的に深刻化し，環境問題に対する社会の関心が高まるなかで，環境経済学への期待も高まっている。環境経済学には環境問題を分析するための理論を提供するだけではなく，現実の環境問題に対する具体的な解決策を示すことが求められている。そして，環境経済学には，これまでの産業中心の市場経済の問題点を見直すとともに，持続可能な社会のあり方とそのための具体的な方策を示すという根本的な課題が存在するのである。

本書の構成と使い方

本書の構成は以下のとおりである（図 0-3）。

「第 1 章 私たちの生活と環境」では，ごみ問題や地球温暖化問題など，私たちの生活に関わる身近な環境問題を例に環境問題と経済の関係について解説する。経済が発展するとともに，大量のごみが発生し，深刻なごみ問題が発生している。同時に，大量のエネルギーを使用することで CO_2 などの温室効果ガスが排出され，地球温暖化問題が深刻化している。

「第 2 章 環境問題発生のメカニズム」では，このような環境問題が発生する原因を経済学の観点から分析する方法を説明する。環境には価格が存在せず，いわば「タダ」として扱われるため，市場メカニズムが有効に機能しない。また，環境を守るためには費用が必要だが，自分だけ費用を負担しなくても，ほかの人が負担してくれれば環境は守られると考えて，費用負担を逃れようとするかもしれない。こうした理由から，市場に任せておくと環境問題が深刻化してしまう可能性がある。

「第 3 章 環境政策の基礎理論」では，環境政策の根拠となる経済理論を解説する。環境政策には，汚染を直接的に規制する方法と，環境税や排出量取引のように経済的手法によって汚染量を間接的にコントロールする方法がある。ここでは，こうしたさまざまな環境政策の特徴を説明する。

「第 4 章 環境政策への応用」では，環境経済学の方法論が実際の環境政策にどのように応用されているのかを解説する。ここでは，廃棄物政策や温暖化対策の事例を取り上げながら，直接規制や経済的手法がどのように用いられているのかを説明する。

「第 5 章 環境の価値評価」では，価格が存在しない環境の価値を金銭単位で評価する手法について解説する。環境の価値を金銭単位で評価する方法には，人びとの経済行動を観察して環境の価値を間接的に評価する方法と，人びとに環境の価値を直接たずねて評価する方法がある。ここでは，こうした評価手法を解説するとともに，環境評価の手法が現実の政策にどのように用いられているのかを説明する。

「第 6 章 企業と環境問題」では，環境問題における企業の役割を解説する。企業の環境対策に対して社会の関心が高まっているが，企業の環境対策を消費者や投資家に伝えることが重要となっている。また，企業の経営者が自社の経営戦略を決定するうえでも，環境対策の費用とその効果を把握することは不可欠となっている。

「第 7 章 地球環境問題と環境経済学」は，経済のグローバル化が急速に進展していくなかで，国際貿易と環境問題がどのような関係にあるのかを解説する。そして，環境問題を考えるうえでは，現在の世代と将来の世代との関係も考慮する必要があるが，こうした持続可能な発展の理念が地球環境問題の解決にどのように関連するのかについて解説する。

第 1 章

私たちの生活と環境

▶レジ袋有料化を知らせるポスターと，マイバッグを手にする買い物客（写真提供：朝日新聞社／時事通信フォト）

この章の位置づけ

この章では，私たちの生活と環境問題がどのように関係しているのかを解説する。身近なごみ問題から，地球規模で発生する地球温暖化問題まで，多くの環境問題は私たちの生活と密接に関係している。本章では，こうした環境問題を事例に，環境問題の背後にある経済のしくみについて説明する。

第1に，経済成長と環境問題の関係について考える。経済成長により大量の資源が消費され，環境汚染が深刻化すると地球の限界を超える危険性が指摘されている。このような成長の限界を回避し，持続的な経済発展を行うためには何が必要なのかを考える。第2に，ごみ問題について取り上げる。ごみが増え続けると，ごみを捨てる場所には限りがあるため，いつかはごみを捨てられなくなってしまう。そこで，ごみの発生を抑制したり，リサイクルを行うことで循環型社会を実現することが求められている。そして第3に，地球温暖化問題を考える。地球温暖化問題は，私たち現在世代が石油などのエネルギーを消費することで発生するが，その被害は100年後の将来世代で発生する。地球温暖化を防止するためには，世界の国々が協力して温暖化対策に取り組むことが必要である。

また，本章ではごみ問題を対象に，簡単な経済実験を用いて考える。実際に実験を試してみることで，ごみ問題の深刻さを体験することができるだろう。

この章で学ぶこと

unit 1　経済成長によって大量に資源が使用され，環境汚染が深刻化すると地球の限界を超える危険性がある。市場メカニズムや政府による環境規制が有効に機能するならば，経済成長と環境保全は両立可能であるが，地球温暖化問題などのように被害が将来世代で発生する場合には，経済成長も将来世代への影響を考慮する必要がある。

unit 2　大量消費社会では大量の廃棄物が発生するため，廃棄物処分場の枯渇問題が深刻化している。このためリサイクルや循環型社会に関する多数の法律が制定されたが，リサイクルを行うためには多額の費用が必要であり，リサイクルしても再生商品が売れなければリサイクル業者は利益を得られない。循環型社会を実現するためには，できるだけ少ない費用で廃棄物を削減するように経済的効率性を考慮する必要がある。

unit 3　経済成長により化石エネルギーの使用量が増加したことから，地球温暖化の危険性が高まっている。化石エネルギーの使用量は需要と供給のバランスによって決まるが，地球温暖化の被害が考慮されないため，地球温暖化問題に対しては市場メカニズムが有効に機能しない。そこで国際的に地球温暖化対策に取り組むための条約が採択され，先進国の削減目標が定められたが，途上国を含めた世界的な対策が今後の課題である。

unit 1

経済発展と環境問題

Keywords
エコロジカル・フットプリント，成長の限界，環境クズネッツ曲線，持続可能な発展

経済成長と大量消費社会

世界経済は急速に発展を続けてきた（図1-1）。1960～2010年の50年間で世界経済の規模は7倍以上にまで増加した。とりわけ，近年はアジア地域での経済成長が進んでいる。こうした経済成長により，経済成長を遂げた先進国では豊かな生活を享受できるようになった。そして，途上国の多くは，先進国並みの豊かさを求めて，さらなる経済発展をめざしている。

図1-1　経済発展の推移

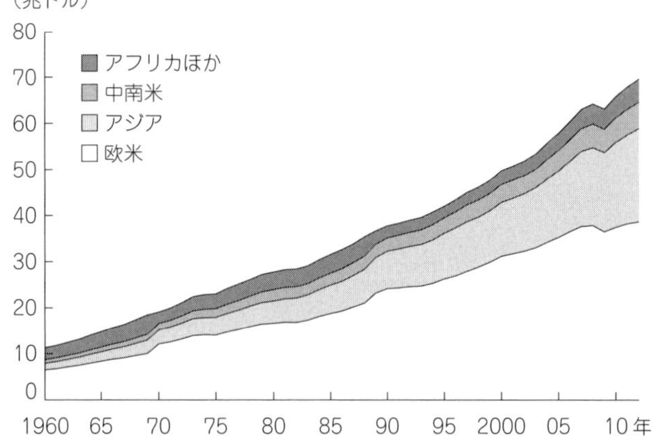

（出所） World Bank, *World Development Indicators*, 2019.

しかし，このような経済成長は，モノを大量に生産・消費し，そして最後には大量に廃棄するという大量消費社会を生み出した。確かに，大量生産によって統一化された工業製品が安い価格で提供されるようになり，多くの一般市民の生活水準の向上に貢献した。たとえば，かつて自動車は非常に高価であり，ごく一部の富裕層のみ購入可能な商品であった。だが，フォードが流れ作業による大量生産の技術を導入してからは，自動車価格が低下し，一般の人びとでも購入可能となったことから，自動車は急速に一般市民に普及していったのである。ところが，自動車台数が増えたことにより，交通渋滞が発生し，排ガスによる健康被害が深刻化した。さらには，自動車から排出される二酸化炭素（CO_2）は地球温暖化の原因となっており，自動車台数が増えたことにより地球温暖化の危険性が高まっている。このように，大量消費社会は経済成長を生み出したが，一方では深刻な環境問題の原因となっているのである。

図 1-2 は環境と経済の関係を示している。経済は製品を生産し，消費することで成り立っている。製品を生産するためには，石油や鉱物資源などの原料を地球から採掘しなければならない。しかし，石油や鉱物資源は再生が困難な枯渇性資源であり，地球に埋蔵されている量が有限である以上，すべてを使い尽くしてしまえば，もはや原料を入手することはできなくなる。

また，工場で製品を生産するときに，工場から排出される汚染物質によって大気汚染や水質汚染が生じる。生産量が少ないときには，汚染物質の量も少ないため，自然の浄化能力によって汚染を浄化することが可能である。しかし，経済成長によってモノが大量に生産されるようになると，工場から排出される

図 1-2　環境と経済の関係

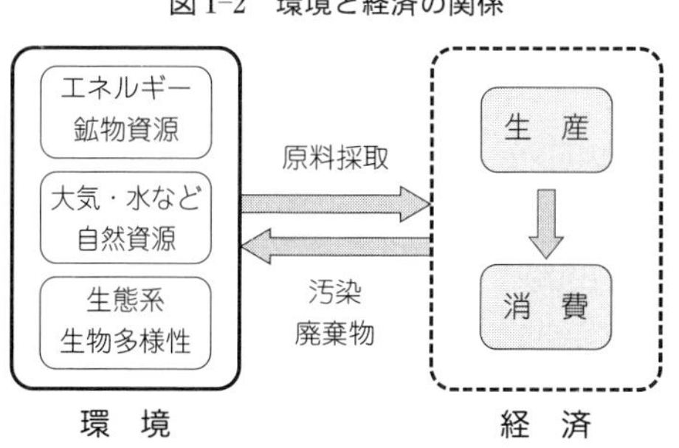

汚染物質量も急増する。そのまま大気や河川に汚染物質が垂れ流されると，汚染物質量が自然浄化能力を上回るため大気汚染や水質汚染が深刻化し，いわゆる公害問題に発展する。

一方，消費者も環境と密接に関わっている。大量消費社会においては，製品が大量に消費された後に，大量の廃棄物（ごみ）が発生する。廃棄物はどこかに埋め立てなければならないが，土地が有限である以上，廃棄物を捨てられる場所も有限である。とりわけ，日本は国土が狭いことから，廃棄物処分場として使用できる土地が限られており，これまでのように大量にごみを廃棄することが困難な状況になっている。

このように，経済成長によってもたらされた大量消費社会は，エネルギーや鉱物資源を大量に消費し，深刻な大気汚染や水質汚染を発生させ，さらには大量の廃棄物によってごみ問題をも引き起こしているのである。

成長の限界

このまま経済成長が続き，世界の国々が先進国並みの経済水準まで成長すると，環境への影響が地球の限界を超えてしまう可能性がある。経済活動が地球の生態系に及ぼす影響をみるための指標として**エコロジカル・フットプリント**という概念がある。これは，経済活動を行うために，どれだけの土地や水域面積を必要としているかを調べたものである。世界自然保護基金（WWF）などが発表した『生きている地球レポート（2018年版）』によると，世界の人びとが現在の経済水準を維持するために必要な土地面積は1人当たり2.7 haである。これに対してアメリカ人の場合は1人当たり8.1 haであり，もしも世界の人びとがすべてアメリカ人並みの経済水準を維持しようとすると，地球が5個分も必要となる（図1-3）。これは明らかに地球の限界を超えており，世界のすべての人びとがアメリカ人並みの大量消費を行うことは不可能である。

もしも，このまま経済成長が続き，地球の限界を超えてしまうと，どのような事態になるのだろうか。ローマクラブが1972年に出版した『**成長の限界**』は，資源の枯渇や環境汚染によって経済成長は限界点に到達するであろうと警告した。図1-4はそうした成長の限界のシナリオを示したものである。経済成長により，石油や鉱物資源などが大量に使用されるため，資源はしだいに枯渇

図 1-3　エコロジカル・フットプリント

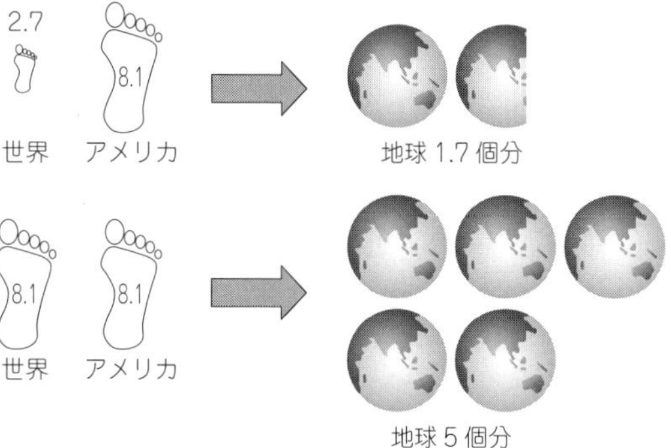

（出所）WWF, Living Planet Report, 2018 および Global Footprint Network, National Footprint and Biocapacity Accounts, 2019 をもとに筆者作成。

図 1-4　成長の限界

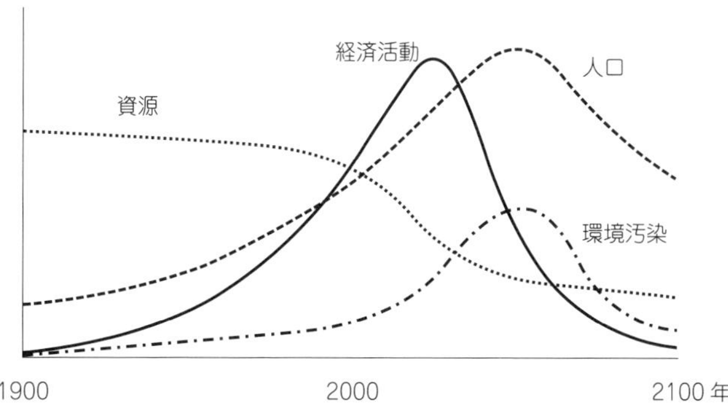

（出所）D. H. メドウズ，D. L. メドウズ，J. ランダース（茅陽一監訳，松橋隆治・村井昌子訳）『限界を超えて――生きるための選択』ダイヤモンド社，1992 年より筆者作成。

していき，再生困難な枯渇性資源に依存している経済活動はしだいに成長速度が遅くなり，ピークを過ぎると急速に縮小していく。一方で，経済活動により大量の環境汚染が発生し，汚染による健康被害や食糧不足などにより人口も減少していく。このままの経済成長を続けていくと，このような暗い未来が待っているのかもしれない。

経済成長と環境保全

もちろん，このような極端なシナリオに対しては，批判も多い。第1に，資源の枯渇問題に対しては，技術進歩によって生産性が向上していることから，このように急激に資源が枯渇するとはかぎらない。たとえば，1970年代の石油ショック時には，石油資源があと30年程度で枯渇する危険性が叫ばれていた。しかし，その後の採掘技術の進展によって，かつては経済的に採掘不可能な地域でも採掘が可能になったことから，現在でも石油資源は枯渇していない。

第2に，『成長の限界』では市場メカニズムによる価格調整機能が考慮されていない。『成長の限界』では，資源が枯渇するまで資源を使い続けると想定しているが，資源が枯渇し始めると市場メカニズムによって資源の価格が上昇する。たとえば，もしも石油が枯渇しそうになり生産量が減少したとすると，供給不足となるため石油価格が上昇する。すると，これまでのように大量に石油を使い続けることができなくなるので，消費者は燃費の良い自動車に乗り換えるなど省エネを行うようになる。また風力発電などの自然エネルギーへの投資が進み，火力発電から自然エネルギーへの代替が進むかもしれない。このように，現実社会では市場メカニズムによる価格調整機能が存在するため，資源が枯渇するまで大量に使い続けて，突然，資源が枯渇して経済が崩壊するとは考えにくい。

第3に，環境汚染に関しては，政府が汚染物質の排出量を規制することで被害を食い止めることができる。たとえば，国内では高度経済成長期には水俣病などの公害問題が発生したが，その後，政府が工場の排出する汚染物質に対する規制を実施したことから，工場による大気汚染や水質汚染の被害は減少した。このように，政府による環境規制が行われることで，社会が壊滅的な影響を受けるほど環境汚染が深刻化することを回避することができるであろう。

第4に，経済が発展していくと，所得水準が高い人びとの環境問題に対する関心が高まることで，環境を守るための政策が導入されるようになる。途上国においては，環境保全よりも開発が優先される傾向にあるが，先進国では環境保全を目的とした政策が導入されており，環境を無視した開発ができないようになっている。

以上の理由から，経済成長とともに，環境汚染はしだいに緩和されていく可

コ ラ ム

経済成長と環境保全は両立するか

所得水準が低いときは，経済成長とともに環境汚染も深刻化していくが，政府による環境政策が実施されるようになると，しだいに環境汚染が緩和されていく。このように所得水準と環境汚染の逆Ｕ字型の関係を描いた曲線は**環境クズネッツ曲線**と呼ばれる（詳しくは unit 25 を参照）。環境クズネッツ曲線は，経済成長と環境保全が両立可能であることを意味しており，『成長の限界』の将来像とはまったく異なっている。

ただし，環境汚染物質によって，環境クズネッツ曲線が成立するものと成立しないものがあることに注意が必要である。大気汚染の原因物質である二酸化硫黄（SO_2）は，多くの先進国で環境クズネッツ曲線が成立することが観察されている。一方で，地球温暖化の原因物質である CO_2 は，経済が成長しても現時点では排出量は低下しておらず，少なくとも現在においては環境クズネッツ曲線が成立しているとは考えにくい。

能性もある。

持続可能な発展

市場メカニズムや政府による環境規制が有効に働くならば，『成長の限界』のような極端に暗い将来像は回避できるであろう。だが，必ずしも市場メカニズムや政府による規制が有効に機能するとはかぎらない。たとえば，地球温暖化問題の場合を考えてみよう。地球温暖化については，世界的に注目を集めているにもかかわらず，CO_2 などの温室効果ガスの排出量は現在も増え続けている。地球温暖化の対策が進まない原因の１つとして，大気に価格が存在しないため，市場メカニズムが有効に機能しないことが考えられる。温暖化を防止するためには，風力発電などの自然エネルギーを導入するなどの対策が必要だが，そのためには多額の費用が必要である。一方で，企業が温暖化対策を実施して，地球の大気を守ることに貢献したとしても，大気には価格が存在しないから企業の利益とはならない。その結果，多くの企業は温暖化対策に積極的に取り組むことが困難となるのである。

そこで，温暖化問題に対しては，政府による対策が必要となるが，温暖化の被害は今すぐには目にみえて現れることはない。今から100年後の将来世代で深刻な被害が発生するという特徴がある。このため，もしも政府が短期的に現在の利益だけを考えるならば，温暖化対策に対して消極的にならざるをえない。その場合，温暖化問題に対しては，市場メカニズムも政府の規制も有効には機能せず，環境クズネッツ曲線の臨界点を迎えることなく温室効果ガスが排出され続けて，最後には『成長の限界』が描くように，温暖化の被害によって経済が壊滅的な被害を受けるかもしれない。

温暖化問題などの地球環境問題を解決するためには，現在世代のことだけではなく，将来世代のことも考慮することが不可欠である。経済成長においても，現在世代のことだけではなく，将来世代への影響も考慮した**持続可能な発展**への転換が求められているのである（詳しくはunit 25を参照）。

要　約

経済成長によって大量に資源が使用され，環境汚染が深刻化すると，地球の限界を超える危険性がある。市場メカニズムや政府による環境規制が有効に機能するならば，経済成長と環境保全は両立可能であるが，温暖化問題などのように被害が将来世代で発生する場合には，経済成長も将来世代への影響を考慮する必要がある。

確認問題

- □ *Check 1*　日本の二酸化硫黄（SO_2）および1人当たり国内総生産（GDP）を調べて散布図グラフを作りなさい。そして，経済成長とSO_2による環境汚染の関係を説明しなさい。
- □ *Check 2*　二酸化炭素（CO_2）に関しては環境クズネッツ曲線が成立しない原因を説明しなさい。
- □ *Check 3*　熱帯地域では熱帯林の破壊が深刻化しているが，熱帯地域の人びとの経済水準が上昇すると熱帯林は回復するか，それとも熱帯林破壊は続くだろうか。

unit 2

ごみ問題と循環型社会

Keywords
一般廃棄物，産業廃棄物，最終処分場，循環型社会

ごみ問題とは

ごみ問題は，私たちの生活に密接に関係した身近な環境問題の 1 つである。大量消費社会では，モノを大量に生産し，大量に消費するため，最終的には大量のごみが発生する。しかし，ごみを捨てる場所には限りがあるため，いつかはごみを捨てる場所がなくなってしまう。とくに，日本は国土が狭く，ごみを捨てる処分場に適した場所が少ないため，ごみ問題は深刻である。

図 2-1 はごみの総排出量の推移を示している。ごみの排出量は，1960 年代

図 2-1　ごみの総排出量の推移

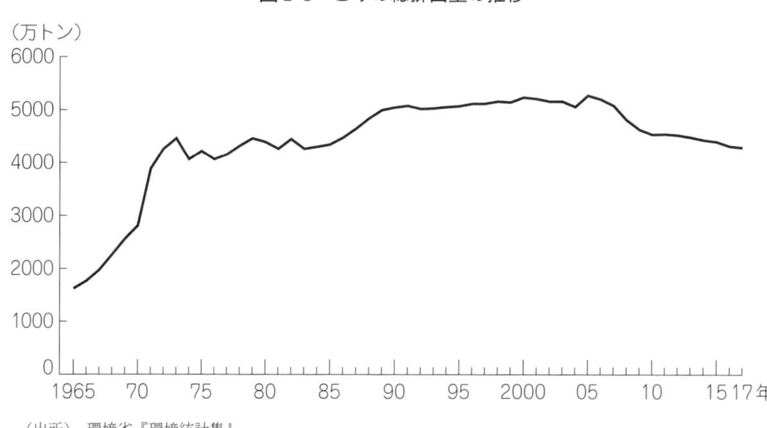

（出所）環境省『環境統計集』。

後半の高度経済成長期に急速に増加した。その後，低成長期に入ると排出量は微増となったが，現在は横ばい状態となっている。

ごみは，一般家庭などから排出される**一般廃棄物**と産業活動によって発生する**産業廃棄物**に区分される。まず，一般廃棄物の現状をみてみよう。各家庭などから排出された一般廃棄物は，収集された後に，燃えるものは焼却所で焼却され，残った焼却灰は**最終処分場**に埋め立てられる。びんやペットボトルなどはリサイクルされるが，リサイクルできないものは，最終処分場に埋め立てられる。『環境白書・循環型社会白書・生物多様性白書』（令和2年版）によれば，2018年度における一般廃棄物の総排出量は年間で約4272万トンであり，国民1人1日当たり約918gのごみを排出していることになる。このうち74.7%は直接焼却され，破砕や選別などの中間処理により資源化されたり，リサイクル業者に搬入されたものは19.6%である。最終処分場に埋め立てられたのは386万トンであり，総排出量の9.5%に相当する。

一方の産業廃棄物については，2017年度の排出量は約3億8564万トンである。このうち，リサイクルされたものが53%，減量化されたものが45%である。最終処分量は約986万トンで総排出量の3%となっており，リサイクルや中間処理によって最終処分場への埋め立てが抑制されている。

このようにリサイクルなどにより最終処分量の抑制が行われているが，その背景に最終処分場の枯渇問題がある。日本は国土が狭く，最終処分場として使える場所が少ない。また，山間部に最終処分場を建設する場合，周辺地域への汚染を懸念した地域住民が建設反対運動を行い，最終処分場の新規建設が進められない事情もある。2018年度の時点では，一般廃棄物の最終処分場の残余年数は，全国平均で一般廃棄物は21.6年分であり，産業廃棄物（2017年度）に至っては，わずかに16.3年分にすぎない。つまり，今のままではあと20年前後でごみを捨てる場所がなくなってしまうのである。このため，ごみの発生を抑制したり，リサイクルを実施することで最終処分量を減らし，現在の最終処分場を延命化することが緊急の課題となっているのである。

リサイクルと循環型社会

こうした背景から，1990年代後半から2000年代前半にかけてリサイクルや

表 2-1　リサイクルおよび循環型社会の関連法

制定年	法律名	内　容
1995 年 6 月	容器包装リサイクル法	ペットボトルなど容器包装の再商品化
1998 年 6 月	家電リサイクル法	使用済み家電製品の再商品化
2000 年 5 月	建設リサイクル法	建設廃材の再商品化
2000 年 6 月	食品リサイクル法	食品廃棄物の抑制と再生利用
2000 年 5 月	改正資源有効利用促進法	リデュース・リユース・リサイクルの推進
2000 年 5 月	グリーン購入法	公的機関における環境配慮商品の調達
2000 年 6 月	循環型社会形成推進基本法	めざすべき循環型社会を提示
2002 年 7 月	自動車リサイクル法	使用済み自動車の再資源化

循環型社会に関連する多数の法律が制定された（表 2-1）。まず，1995 年にペットボトルやガラスびんなどの容器包装の収集と再商品化を目的とした容器包装リサイクル法が制定された。その後，家電リサイクル法，建設リサイクル法，食品リサイクル法，自動車リサイクル法といった個別商品のリサイクルに関連する法律が制定された。

一方で，これらのリサイクル関連法の基本となる循環型社会形成推進基本法が 2000 年に制定された。この法律では，**循環型社会**とは，廃棄物等の発生を抑制し，資源の循環的な利用および適正な処分が確保されることによって，天然資源の消費を抑制し，環境への負荷ができるかぎり低減される社会として定義されている。さらに，廃棄物処理の優先順位は，① 発生抑制（リデュース），② 再使用（リユース），③ 再生利用（リサイクル），④ 熱回収，⑤ 適正処分，という順番であることを示し，ごみの発生自体を抑制することが最優先されるべきであり，リサイクルするだけで廃棄物問題が解決されるわけではないことを明確化した。循環型社会形成推進基本法は，個々の廃棄物やリサイクルの関連法律の基本となる法律であるが，リサイクル関連法の後に循環型社会形成推進基本法が制定されたこともあり，循環型社会のめざすべき方向性が，必ずしもすべての法律で一貫しているとはかぎらない。

これらの法律のなかで，もっとも初期に制定された容器包装リサイクル法について，詳しくみてみよう。この法律は，ペットボトル，ガラスびん，紙パック，アルミ缶などの容器包装のリサイクルを目的とした法律である。これらの容器包装は，一般廃棄物のうち容量比で約 61%，重量比で約 22% を占めてお

図 2-2　容器包装リサイクル法

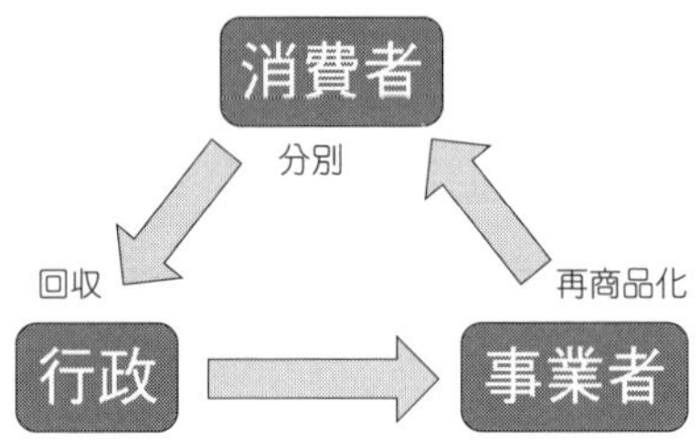

り，廃棄物処理のなかで重要な課題となっていた。それまでは容器包装の処理は市町村が行ってきたが，この法律では，消費者は分別して排出し，市町村が分別収集し，事業者は再商品化するという，3 者の役割分担を義務づけた（図 2-2）。

容器包装リサイクル法が施行されてから，ペットボトルの回収率（事業系を含む）は図 2-3 のように急上昇した。1995 年では回収率はわずか 1.8% にすぎなかったが，2018 年には 91.5% にまで上昇した。しかし，生産量もこの間に急増したため，市町村は回収や保管のために多額の費用が必要となった。回収されたペットボトルは，洗浄・粉砕したあと，繊維やシートに加工されて再商品化される。また，回収されたペットボトルから新しいペットボトルを作る「ボトル to ボトル」の技術も開発されているものの，現状では費用が高いため，普及には至っていない。

ペットボトルのリサイクルが適正に機能するためには，再商品化された製品が市場で販売されて，リサイクル業者の利益となる必要がある。しかし，石油から繊維を直接作るよりも，ペットボトルをリサイクルして作るほうが費用のかかることが多く，リサイクル製品が市場競争力をもっていないため，多くのリサイクル業者の経営は，厳しい状況にある。さらに，回収されたペットボトルが海外に流出するようになり，原材料である使用済みペットボトルが不足する事態に陥った業者も現れてきた。PET ボトルリサイクル推進協議会によると 2019 年度の時点で海外に流出した使用済みペットボトルは約 17 万トンと見積もられている。以前は中国が経済成長による原料不足を背景に使用済みペットボトルを資源として輸入していたが，環境汚染が深刻化したことから輸入を制限するようになった。廃棄物の輸出に関しては，「バーゼル条約」（1989 年採

図 2-3　ペットボトルの販売量と回収量

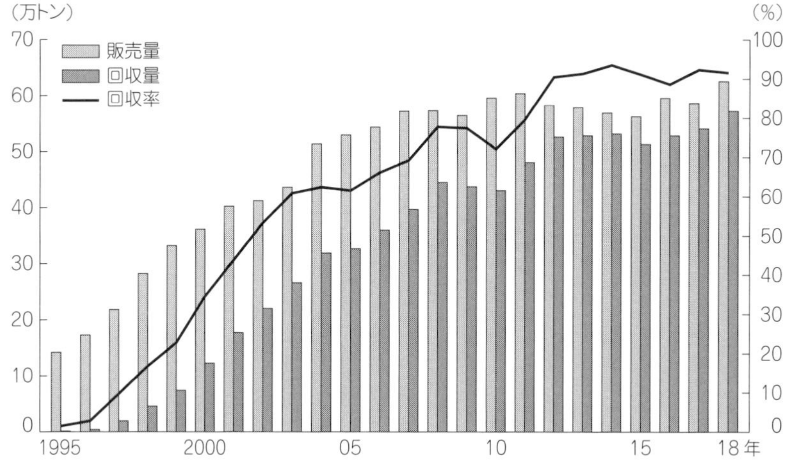

（注）回収量・回収率は事業系を含む。
（出所）PET ボトルリサイクル推進協議会資料。

択の国際条約）によって有害廃棄物の越境移動が禁止されており，廃棄物は原則として国内で処分することが前提となっているが，使用済みペットボトルの輸出は，ごみではなく有償な資源として行われていることから，輸出規制を行うことは難しい。

このように，容器包装リサイクル法は，回収率の向上という成果が得られたものの，分別収集や保管に多額の費用がかかり，回収された容器包装の再商品化も十分には行われなかった。2006 年 6 月には容器包装リサイクル法の改正が行われ，また 2020 年にもレジ袋の有力化が義務づけられたが，循環型社会の実現には多くの課題が残されている。

リサイクルの経済モデル

リサイクルを実施するためには，分別収集や再商品化のために多額の費用が必要である。したがって，循環型社会を実現するためには，できるだけ少ない費用でリサイクルを実施するように経済的効率性を考慮する必要がある。

図 2-4 はリサイクルの効率性を説明するものである。たとえば，ペットボト

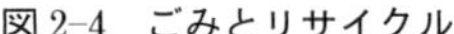
図2-4　ごみとリサイクル

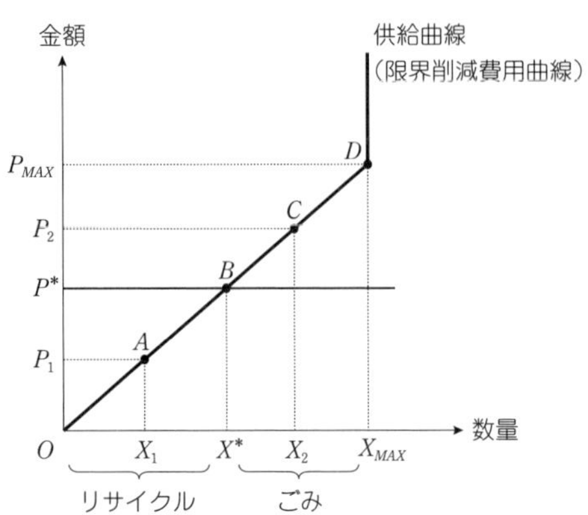

ルのリサイクルの場合で考えよう。リサイクルを実施しない場合に排出されるペットボトルの量を X_{MAX} とする。ここで，X_1 だけリサイクルすると，残りの $X_{MAX}-X_1$ がごみとして処理される。図の限界削減費用曲線は，リサイクル量を1単位だけ増やしたときに追加的に必要な費用（これを限界費用と呼ぶ）を示している。リサイクル量が X_1 のときに，さらに1単位だけリサイクルを増やすと，費用は P_1 だけ追加される。リサイクル量が少ないときは，比較的低コストでリサイクルが可能であるが，リサイクル量が増えてくると，分別収集や保管のために多くの労働力や施設が必要となり，追加的に必要な費用も増えてくるため，限界削減費用曲線は右上がりとなる。そして，すべての使用済みペットボトルがリサイクルに回されたとき，これ以上，リサイクルを増やすことができなくなるので，リサイクル量が X_{MAX} のところで限界削減費用は無限大（曲線が垂直）となる。

ここで，リサイクル商品の価格が P^* であるとしよう。リサイクル量が X_1 のときに，さらに1単位だけリサイクルを増やすと，リサイクル商品を販売したときの収入は P^* だけ増える。一方で，費用は P_1 だけ増えるので，その差額の P^*-P_1 だけリサイクル業者の利潤が発生する。つまりリサイクルを増やすと利潤も増えるのだから，リサイクル業者はリサイクルを増やそうとするだろう。

次に，リサイクル量が X_2 の場合を考えよう。このとき，さらに1単位だけ

コラム

プラスチックごみとレジ袋の有料化

プラスチックは，成形しやすく，軽くて丈夫で密閉性も高いため，容器包装や製品の軽量化など，あらゆる分野で私たちの生活を支えている。一方で，プラスチックごみの海洋への流出，とくに5ミリ以下の微細なプラスチックごみ（マイクロプラスチック）が生態系に及ぼす影響が懸念されている。

プラスチックごみによる海洋汚染は地球規模で広がっており，北極や南極でもマイクロプラスチックが観測されたとの報告もある。海洋に流出したプラスチックごみの発生量（2010年推計）は，東・東南アジアの国々が上位を占めており，1位の中国での発生量は年間132〜353万トンにも及ぶという（環境省資料より）。

こうした状況を踏まえ，2020年7月1日より，全国でプラスチック製買物袋（レジ袋）の有料化が開始された。それまでは，容器包装全般について，①有料化，②ポイント還元，③マイバッグの提供，④声がけの推進，⑤その他取り組み，のいずれかを行うことが小売業者に対して義務づけられていたが，制度改正によりレジ袋については有料化が必須となった。有料化を通して，消費者にレジ袋が本当に必要なのかを見直してもらい，マイバッグを持参するなど，ライフスタイルの変革を促すことで，過剰な使用の抑制を図ろうとする政策である。

リサイクルを増やすと，販売収入はP^*だけ増えるが，一方で，費用はP_2だけ増えるので，販売収入を費用が上回っており，リサイクルを行うほどリサイクル業者の赤字が発生する。この場合は，業者はリサイクルの量を減らそうとするであろう。

もっとも効率的なリサイクル量は，リサイクル製品価格と限界削減費用が一致するX^*のときである。これよりリサイクル量を減らしても増やしても，リサイクル業者の利潤は低下する。もしも，経済効率性を考えずに，排出されたペットボトルのすべてをリサイクルに回そうとすると，多額のリサイクル費用が必要となるため，リサイクルしたにもかかわらずリサイクル商品が売れずに，リサイクル業者が赤字になってしまうのである。

要　約

大量消費社会では大量の廃棄物が発生するため，廃棄物処分場の枯渇問題が深刻

化している。このためリサイクルや循環型社会に関する多数の法律が制定されたが，リサイクルを行うためには多額の費用が必要であり，リサイクルしても再生商品が売れなければリサイクル業者は利益を得られない。循環型社会を実現するためには，できるだけ少ない費用で廃棄物を削減するように経済効率性を考慮する必要がある。

確認問題

□ *Check 1* 古紙の価格は1970年代の石油ショック時には高い金額であったが，その後は価格が暴落し，雑誌古紙の場合は，価格がゼロであったり，あるいはお金を支払って古紙を回収してもらう逆有償のこともある。このように古紙の価格がプラスになったりマイナスになるのはなぜか，その理由について説明しなさい。

□ *Check 2* 「ごみを削減するには分別収集を徹底し，リサイクルを実施すればよい」という主張は，正しいか，それとも正しくないか。その理由も含めて説明しなさい。

□ *Check 3* 「ごみを削減するにはごみの廃棄を有料化すればよい」という主張は，正しいか，それとも正しくないか。その理由も含めて説明しなさい。

コラム

ごみ問題を経済実験で考えよう

ごみ問題を簡単な経済実験で確認してみよう。経済実験とは，現実社会と似たような状況を実験室や教室内で再現し，そのなかで被験者がどのような経済行動を行うかを観察することで，経済のしくみを調べる方法である。

たとえば，ペットボトル以外のプラスチックについても細かく分別してリサイクルすべきかどうかについて考えてみよう（図2-5）。分別前のごみの状態では，カドミウムや鉛を含んだ蓄電池などのように，そのまま埋め立てると土壌を汚染する有害なものが含まれており，有害なものを分別する必要がある。これを分別1としよう。次に，ペットボトルとその他のプラスチックに分別する。これを分別2とする。ペットボトルとその他のプラスチックには図のようなマークがつけられているので，ペットボトルを分別することは比較的容易である。

プラスチックには図のようにさまざまな種類が存在するため，アメリカのプラスチック産業協会（SPI）では，図のようなプラスチックの材質を示すマークを提案している。そこで，すべてのプラスチックに図のようなマークをつけて，材質別に

図 2-5　ごみ削減実験（分別方法）

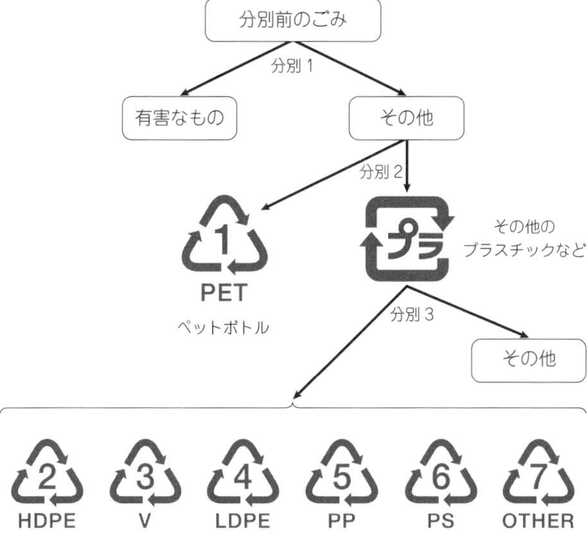

分別収集を行うことを新たに検討するとしよう。これを分別 3 とする。

このような新たな制度を現実社会で試験的に実施することは容易ではないが，経済実験であれば簡単に試すことができる。図 2-6 はごみ削減実験の手順を示したものである。まず，図のように 53 個のマス目を作る。そして，どれか 1 つのマスに「有害」と書く。これが有害廃棄物を意味する。次に残りのマスに「1」から「13」を 1 つずつランダムに書いていく作業を 4 回繰り返し，すべてのマスを数字で埋める。各数字はごみの種類を意味している。

ごみの削減費用は分別にかかった時間を用いる。分別 1 では，「有害」のマスを■で塗りつぶし，その時間を計測する。1 秒当たり 1 円として計算する。同様に分別 2 ではペットボトルの番号である「1」のマスを 4 つみつけて■で塗りつぶし，削減コストの「分別 2」に時間を記入する。分別 3 では，それ以外のプラスチックを材質別に分別する。まず，高密度ポリエチレンの番号である「2」のマスを 4 つみつけて■で塗りつぶす。次に塩化ビニルの番号「3」のマスを 4 つみつけて■で塗りつぶす。以下同様に，「7」まで順番に塗りつぶし，削減コストの「分別 3」に時間を記入する。最後にグラフに分別数と削減コストを記入すると，図のように右上がりの限界削減費用曲線が描けるだろう。

この経済実験より，プラスチックを材質別に分別回収を行う分別 3 はコストが非

図 2-6　ごみ削減実験（実験手順）

ごみの状態

3	7	11	5	5	4	7	12
8	有害	3	13	2	11	1	8
6	12	6	1	9	13	12	7
12	9	10	10	13	9	5	6
2	10	13	4	2	5	9	10
8	1	6	11	3	1	7	2
4	3	8	11	4			

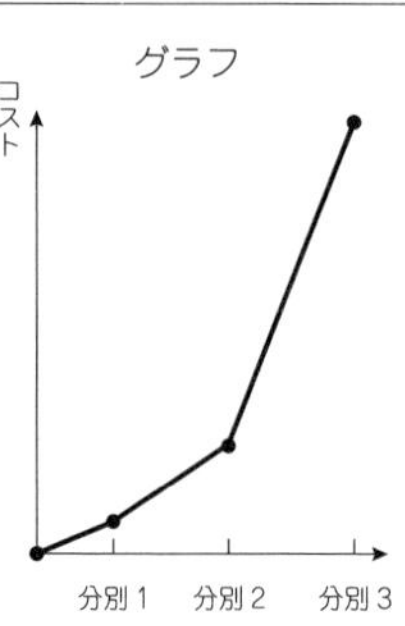

削減コスト（削減時間 1 秒を 1 円とする）

分別 1		分別 2		分別 3

実験手順

1. 上記のように 53 マスを作る。横 8× 縦 7 のときは図のように 3 つのマスを消しておく。
2. 1 つのマスに「有害」と書く。
3. 残りのマスに「1」から「13」を 1 つずつランダムに書いていく。
4. 3. を 4 回繰り返すとすべてのマスに数字が入る。
5. 分別 1　時間を計測して「有害」のマスを■で塗りつぶす。塗りつぶし終わったら削減コストの「分別 1」に時間を記入。
6. 分別 2　ペットボトル「1」のマスを 4 つみつけて■で塗りつぶし，削減コストの「分別 2」に時間を記入。
7. 分別 3　プラスチック「2」のマスを 4 つみつけて■で塗りつぶす。次に「3」のマスを 4 つみつけて■で塗りつぶす。以下同様に，「7」まで順番に塗りつぶし，削減コストの「分別 3」に時間を記入。1 分以内に終わらなかった場合は，60 秒とする。
8. グラフに分別数と削減コストを記入。

（この実験は，トランプを使ってもできる。有害はジョーカー，1～13 はそれぞれのカード，塗りつぶす作業の代わりにカードを並べ替えることで分別とする。）

常に高く，リサイクル商品の価格が相当高くないかぎり，効率的ではないことが確認できるだろう。もちろん，このように簡略化した経済実験が，現実社会を正しく予測できるとはかぎらないが，循環型社会を実現するためには，分別収集やリサイクルに必要な費用を無視できないことは，この実験から理解できるだろう。

＊なお，ここで紹介された経済実験はウェブ上で体験することができる。学習サポートコーナー URL http://kkuri.eco.coocan.jp/research/EnvEconTextKM/

unit 3

地球温暖化問題

Keywords
温室効果ガス，IPCC，消費者余剰，生産者余剰，社会的余剰，京都議定書

地球温暖化問題とは

地球温暖化問題も，私たちの生活に密接に関係した環境問題である。私たちが電気やガソリンなどのエネルギーを使用すると，地球温暖化の原因となる二酸化炭素（CO_2）などの**温室効果ガス**が排出されるため，地球温暖化を防止するためには，石油エネルギーに依存した私たちの生活自体を見直す必要がある。

地球の温度は，太陽から地球に届くエネルギーと地球から宇宙へと放出されるエネルギーのバランスによって決まる。しかし，CO_2 やメタンなどの温室効果ガスは，地表面から放出された熱を吸収してしまうため，温室効果ガスが増えると宇宙へと放出される熱が減少し，地表面の温度が上昇してしまう。

CO_2 やメタンなどは，石油などの化石燃料を燃やしたり，開発によって土地を改変することで発生する。図 3-1 は温室効果ガスの 1 つである CO_2 の排出量のうち人為的に排出されたものの推移を示したものである。産業革命以後，経済が急速に発展したことにともない，化石燃料の使用量が急増し，CO_2 の排出量も急激に上昇した。

CO_2 などの温室効果ガスが今後も増え続けると，地球の気候はどのように変化するのであろうか。世界各国の政府関係者と専門家が参加した国際機関 **IPCC（気候変動に関する政府間パネル）**が 2013 年 9 月に公表した『第 5 次評価報告書 第 1 作業部会報告書』によれば，1880〜2012 年において世界平均地上気温は 0.85℃ 上昇しており，温暖化については疑う余地がないと結論づけら

図 3-1　二酸化炭素排出量の推移

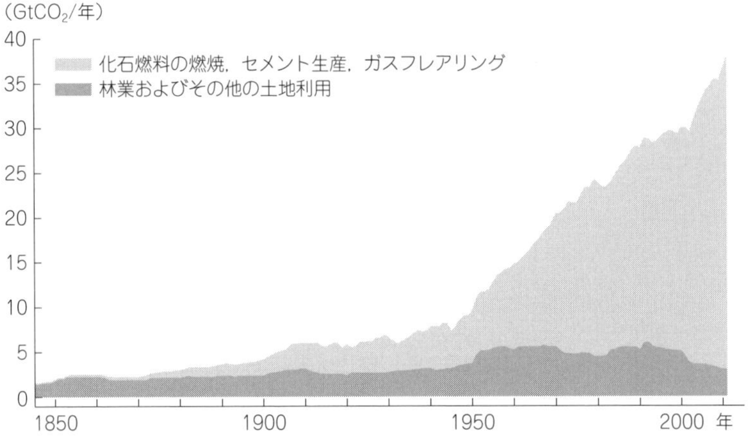

（出所）　IPCC『第5次評価報告書』2014年11月より筆者作成。

図 3-2　温暖化の将来予測

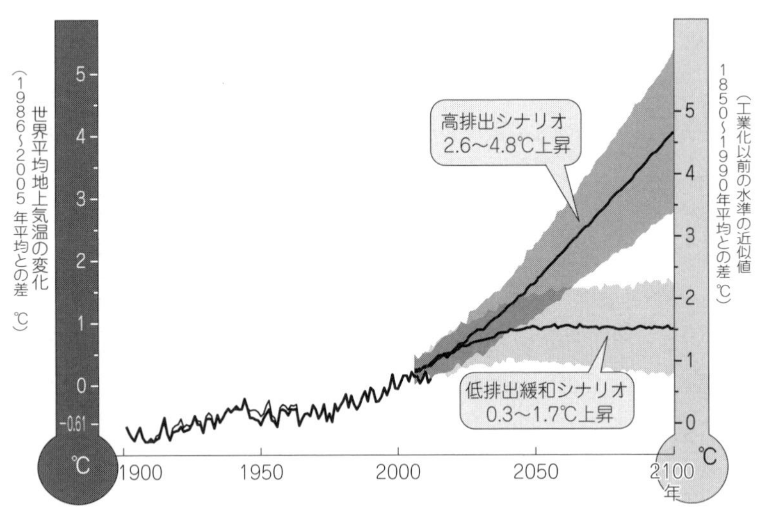

（出所）　IPCC『第5次評価報告書 第2作業部会報告書』2014年3月より筆者作成。

れた。図3-2はIPCCによる予測結果を示したものである。非常に高い排出が続くシナリオでは，気温上昇（1986～2005年平均との差）は2.6～4.8℃の範囲に入ると予想されている。これに対して可能なかぎりの温暖化対策を実施することを前提としたシナリオでは，気温上昇は0.3～1.7℃（同上）にとどまる。2018年にIPCCが公表した特別報告書によれば，気温上昇を1.5℃にとどめるためには，2050年前後には世界のCO_2排出量が正味ゼロになる必要がある。このように，今後，世界が経済成長をめざし続けるのか，それとも各国が協調して温暖化対策に取り組むのかに，地球の100年後の姿は大きく依存しているのである。

温暖化が社会に及ぼす影響

もし，地球温暖化が進むと，社会はどのような影響を受けるのだろうか。

第1に，海面上昇の問題がある。気温が上昇すると海水が熱膨張し，氷河が融けることで海面水位が上昇することが予想される。IPCCによると，2100年までに温暖化による海面水位上昇は高排出シナリオでは0.45～0.82mであると予想されている。このため，海抜の低いオセアニア諸国の島々などでは，温暖化によって多くの土地が海面下に沈み，土地を失う危険性がある。

第2に，降水量が変化することで，地域によって渇水や洪水などの被害が生じる。降水量の変化は地域によって異なるため，水不足が深刻化する地域もあれば，逆に降水量が増えて洪水被害が生じる地域も出てくると予想されている。

第3に，極端な気象現象より電気・水供給，医療・緊急サービスなどのインフラが機能停止に陥り，社会システム全体に影響を及ぼすことが予想されている。

第4に，健康への影響も考えられる。熱波や洪水などの異常気象が多発することで，多数の人びとが命を失う危険性がある。また，マラリアのように熱帯地域にしかみられなかった感染症が，熱帯地域以外にも広がっていく可能性もある。

第5に，気温上昇や干ばつ等によって食料安全保障が脅かされることが予想されている。気温上昇，干ばつ，洪水，降水量の変動や極端な降水によって食料システムが崩壊するリスクがある。

表 3-1 温暖化によって予想される被害

1. 海面上昇，沿岸での高潮被害などによるリスク
2. 大都市部への洪水による被害のリスク
3. 極端な気象現象によるインフラ等の機能停止のリスク
4. 熱波による，とくに都市部の脆弱な層における死亡や疾病のリスク
5. 気温上昇，干ばつ等による食料安全保障が脅かされるリスク
6. 水資源不足と農業生産減少による農村部の生計および所得損失のリスク
7. 沿岸海域における生計に重要な海洋生態系の損失リスク
8. 陸域および内水生態系がもたらすサービスの損失リスク

（出所） IPCC『第5次評価報告書 第2作業部会報告書』2014年3月より筆者作成。

第6に，水不足や農業生産の減少により農村部の経済が深刻な影響を受けることが予想されている。半乾燥地域では農民や牧畜民の生計や収入が失われる可能性がある。

第7に，沿岸海域において海洋生態系の損失が予想されている。とくに熱帯と北極圏では漁業が沿岸部の人びとの生計を支えているが，気候変動により海洋生態系が影響を受けて漁業に深刻な損失が生じる可能性がある。

第8に，陸域および内水生態系がもたらすサービスの損失が予想されている。森林，河川，農地，湖沼，湿地などの自然資本はさまざまな生態系サービスを提供しているが，気候変動により深刻な影響を受ける可能性がある。

このように，地球温暖化は，人間社会や経済活動に大きな影響を及ぼすことが予想されており，温暖化対策への世界的な取り組みが求められているのである。

温暖化問題の経済モデル

次に，経済成長によって温暖化問題が深刻化するメカニズムを経済学のモデルを用いて考えてみよう。経済成長によって石油などの化石エネルギーの使用量が増加すると，石油を燃やしたとき CO_2 が発生し，地球温暖化の危険性が高まる。化石エネルギーの使用量は，化石エネルギーに対する需要と供給のバランスによって決まる。

図 3-3 は化石エネルギーの需要を示したものである。たとえば，石油価格が P_1 のときに消費者は X_1 だけ消費し，価格が P_2 のときは X_2 だけ消費するとし

図 3-3　化石エネルギー需要曲線

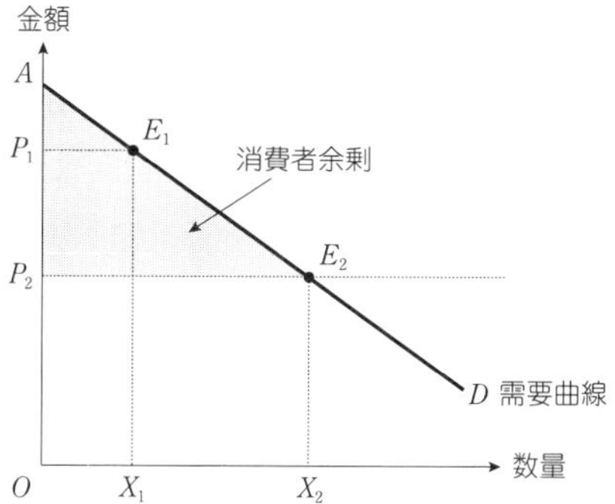

図 3-4　化石エネルギー供給曲線

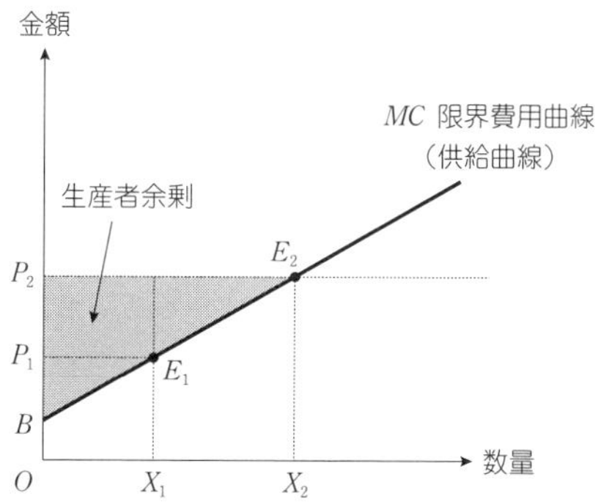

よう。このとき価格と消費量の関係を示すと図の需要曲線が得られる。一般に，価格が安いほど多くの石油が消費され，逆に価格が高くなると消費者は石油の使用を抑制すると考えられるため，図のように需要曲線は右下がりの曲線となる。

現在の価格が P_2 としよう。このとき，消費量が X_1 のときは，価格が P_1 であっても消費者は購入しようと考えるが，実際の価格は P_2 であるから，その差額（P_2-P_1）だけ消費者は得をしたことになる。ほかの消費量の場合も同様に，実際の価格と需要曲線とに挟まれた部分は消費者が得をしている。この部分の面積（$\triangle AP_2E_2$）は**消費者余剰**と呼ばれている。

図 3-4 は化石エネルギーの供給曲線を示したものである。たとえば，石油価

格が P_1 のときに生産者は X_1 だけ石油を生産し，価格が P_2 のときは X_2 だけ生産するとしよう。このとき価格と生産量の関係を示すと図の供給曲線が得られる。一般に，価格が高いほど多く生産すると考えられるため，図のように供給曲線は右上がりの曲線となる。

供給曲線は限界費用曲線とも呼ばれる。限界費用とは，1単位だけ生産量を増やしたときに追加的に発生する費用のことである。生産者は利潤を最大になるように生産量を決めるため，価格と限界費用が一致する水準まで生産を行う。たとえば，現在の価格が P_2 としよう。このとき，生産量が X_1 だとすると，1単位だけ生産量を増やしたときに収入は P_2 だけ増加するが，このときの限界費用が P_1 であるから費用は P_1 だけ増加する。したがって生産量を1単位増やすと，その差額（P_2-P_1）だけ生産者は利益を得ることができる。このように価格が限界費用を上回っているならば，生産量を増やすことで利益が得られるので，生産者は価格と限界費用が一致する X_2 まで生産量を増やすであろう。生産量が限界費用を上回るようになると，生産を増加したときの収入の増加分よりも費用の増加分が上回ってしまうので，これ以上，生産を増やすことはない。したがって，生産者は価格と限界費用が一致する生産量を選ぶので，限界費用曲線が供給曲線となるのである。なお，実際の価格と限界費用の差額が生産者側の利益になるので，価格と限界費用曲線（供給曲線）で挟まれた面積（$\triangle BP_2E_2$）は**生産者余剰**と呼ばれている。

実際の石油の価格と使用量は，石油市場における需要と供給のバランスによって決まる。図3–5は需要と供給の均衡を示したものである。需要曲線と供給曲線の交わる点 E が需要と供給が均衡する点であり，このときの価格 P^* が均衡価格である。このとき，消費者余剰と生産者余剰の合計である**社会的余剰**が最大となり，もっとも効率性の高い状態となる。つまり，市場メカニズムによって価格が調整されることで，需要と供給のバランスがとれて，効率的な生産量が達成されるのである。

ここで，経済成長により化石エネルギーに対する需要が増加したとしよう。図3–6は需要が増加した場合を示している。需要が増加すると需要曲線は D から D' のようにシフトする。このとき，以前の価格 P^* では需要曲線との交点は F となり需要量は X_3 となるが，生産者はこの価格では X^* までしか生産し

図 3-5　需要と供給の均衡

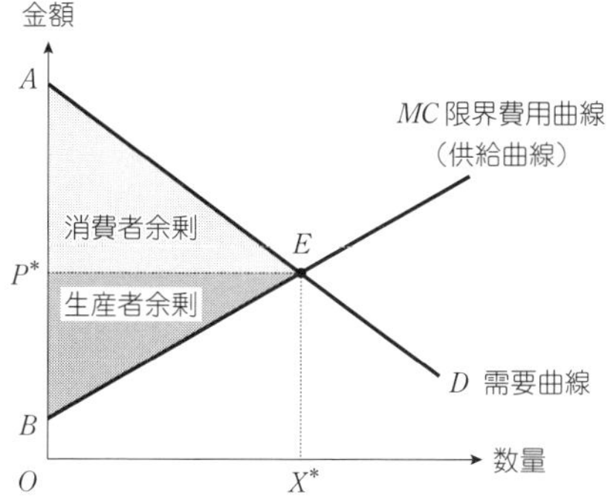

図 3-6　需要増加の影響

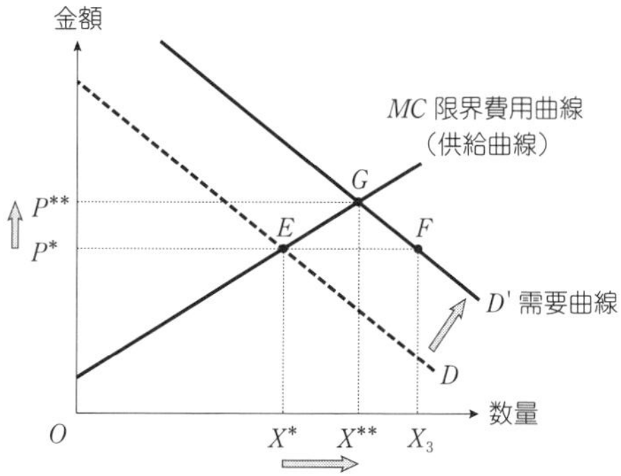

ようとしないため，需要超過が発生する。その結果，価格は上昇していくが，価格が P^{**} まで上昇すると，新しい需要曲線と供給曲線の交点は点 G となり需要と供給は均衡する。こうして経済成長によってエネルギー使用量は X^* から X^{**} まで増加し，一方でエネルギー価格は P^* から P^{**} まで上昇する。

エネルギー使用量が増えると，それに対応して CO_2 の排出量も増加し，地球温暖化の危険性も増大することになる。だが，これまでみてきたように，市場メカニズムでは，化石エネルギーの需要と供給のバランスは維持されるものの，地球温暖化への影響は考慮されていない。つまり，地球温暖化問題に対しては市場メカニズムは有効に機能せず，市場に任せておくと，地球温暖化問題を解決することは困難になるのである。

コラム

温暖化を防ぐためには

地球温暖化を防止するためには，その原因である温室効果ガスの排出を削減する必要がある。しかし，温暖化問題に対しては市場メカニズムが有効に機能しないため，市場に任せていても排出削減は進まない。しかも，地球温暖化問題は世界的規模で発生するため，ある国が単独で排出を削減しても効果が得られず，世界的規模での国際協調が必要不可欠である。

こうした背景から，1992年に開催された地球サミットで気候変動枠組条約が採択された。この条約は，地球温暖化問題に関する国際的取り組みについて枠組みを設定し，先進国は1990年代末までにCO_2などの温室効果ガスの排出量を90年レベルまで戻すことを求めている。1997年には温室効果ガスの排出量の上限を定めた**京都議定書**が採択され，日本は90年比で6％削減することが目標として設定された。また，京都議定書では，少ない費用で排出削減を実施するために，先進国間で協力して排出を削減する「共同実施」(JI)，途上国が削減するための資金を先進国が提供する「クリーン開発メカニズム」(CDM)，排出量を国際的に売買する「排出量取引」の制度も認められた。

しかし，京都議定書に対しては，主要な排出国であるアメリカが国内経済を優先して批准していない。また，京都議定書では先進国のみが排出削減を義務づけられているが，今後，経済成長により排出量の増加が予想される途上国に対しては具体的な排出削減目標が求められていない。そこで，先進国だけではなく，途上国も含めて世界全体で温暖化対策に取り組むことを目的とした新たな国際的枠組みとして「パリ協定」が2015年に採択された（詳しくは **unit 13, 14** を参照）。

要　約

経済成長により化石エネルギーの使用量が増加したことから，地球温暖化の危険性が高まっている。化石エネルギーの使用量は需要と供給のバランスによって決まるが，地球温暖化の被害が考慮されないため，地球温暖化問題に対しては市場メカニズムが有効に機能しない。地球温暖化対策に取り組むためには，先進国・途上国の枠を越えた世界的な対策が重要である。

確認問題

□ ***Check 1*** 地球温暖化を防止するために，私たちは何をすればよいのかについて，考えなさい。

□ ***Check 2*** 「経済成長によって石油の使用量が増えると石油価格が上昇し，企業や消費者は省エネを行うようになるので地球温暖化は生じない」。この意見は正しいか，それとも間違っているか。その理由も説明しなさい。

□ ***Check 3*** 石油の需要関数が $x=4-p$，供給関数が $x=p-2$ とする。ただし，p は石油価格，x は石油の数量である。このとき，以下について答えなさい。

1. 均衡価格とそのときの石油使用量を求めなさい。
2. 経済成長により需要が増大し，需要関数が $x=8-p$ となったとする。このとき，石油使用量がどれだけ増加するかを求めなさい。
3. 需要が増大した後の消費者余剰と生産者余剰を求めなさい。

第2章

環境問題発生のメカニズム

▶石炭火力発電所から排出される煙（ドイツ，写真提供：dpa/時事通信フォト）

この章の位置づけ

この章では，環境問題が発生する経済メカニズムを解説する。環境問題が発生する原因として，環境問題に対しては市場メカニズムが有効に機能せず，いわゆる「市場の失敗」が発生していることがある。この章では，こうした市場の失敗がなぜ環境問題において発生するのかを経済モデルを用いて説明する。

最初に外部性について考える。大気汚染や水質汚染などの環境汚染は，市場を経由することなく，地域住民の健康被害を引き起こす。こうした現象は「外部不経済」と呼ばれており，環境汚染の影響が市場経済では考慮されていないため，過剰に環境汚染が進んでしまう。次に，共有資源（コモンズ）の問題を考える。森林や水産資源など自然環境のなかには共同で利用・管理を行うものがある。こうした共有資源は，誰でも利用可能であれば，利益が得られるかぎり使い尽くされてしまう。このため，共有資源の利用を適切に管理する必要がある。そして，公共財におけるフリーライド（ただ乗り）問題を考える。生態系保全や温暖化対策は，その効果がすべての人びとに及ぶため，公共財的性質をもっている。このため，自分だけ公共財の費用負担を逃れようとするフリーライド現象が発生する。

また，この章では環境問題が発生するメカニズムに対して経済実験を用いて考える。実際に実験を試してみることで，環境問題がなぜ発生するのかを体験することができるだろう。

この章で学ぶこと

unit 4　環境汚染は市場を経由することなく住民に被害を引き起こす。このような外部性が存在するときに，市場メカニズムが機能せずに「市場の失敗」がどのように発生するのかを具体的な環境問題を例に考える。また，簡単な経済実験を用いて地球温暖化による将来世代への影響を調べる。

unit 5　共同で資源を利用する共有資源（コモンズ）について解説する。誰でも自由に資源を利用できる場合，資源が使い尽くされて「コモンズの悲劇」と呼ばれる現象が発生する。また，魚類資源などの再生可能な資源においても，なぜ資源が過剰に採取されてしまうのかを考える。

unit 6　温暖化対策の効果はすべての人びとに影響するため，公共財的な性質をもつ。ところが，公共財に対しては，自分だけ費用負担を逃れてただ乗りしようとするフリーライド問題が発生する。こうした公共財の問題点について経済実験を用いながら解説する。

unit 4

外部性と市場の失敗

Keywords
外部性，外部経済，外部不経済，市場の失敗，死荷重ロス

環境問題と外部性

環境問題が発生する背景には，市場経済のしくみが存在する（図4-1）。市場経済では，製品価格が存在し，需要と供給のバランスによって価格が決まる。生産者は価格をもとに利潤が最大になるように生産量を決める。一方，消費者は価格をもとに効用が最大になるような消費量を選択する。このように，価格が存在することで，市場メカニズムが機能し，経済的な効率性が達成される。

しかし，環境問題においては，このような市場メカニズムは有効に機能しない。たとえば，工場からの排煙によって大気汚染が深刻化し，周辺住民の健康被害が発生した場合を考えよう。この場合，工場の排煙には市場が存在しないため，市場を経由することなく，周辺住民に直接的に被害をもたらしている。このように，市場を経由することなく他者に影響を及ぼす現象を**外部性**と呼ぶ。外部性が，他者にとってプラスに働く場合は**外部経済**，逆にマイナスに働く場合は**外部不経済**という。工場排煙の大気汚染は周辺住民にマイナスに影響して

図4-1　外部性と環境問題

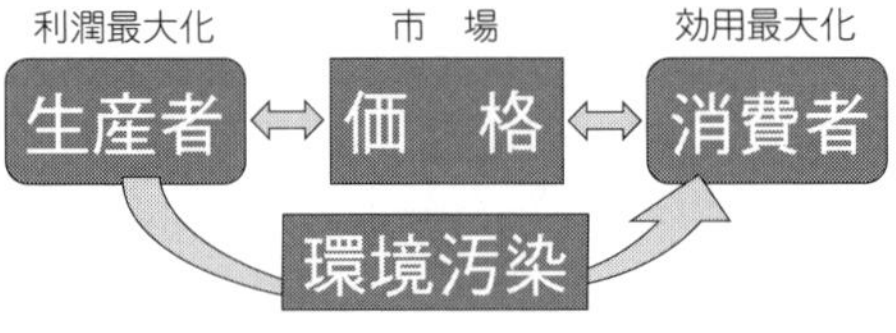

利潤最大化　市　場　効用最大化
生産者 ⇔ 価　格 ⇔ 消費者
環境汚染

表 4-1 代表的な環境問題と外部性

環境問題の種類	原因者	被害者
公害問題	特定少数（工場）	特定少数（周辺住民）
自動車排ガス問題	不特定多数（多数のドライバー）	特定少数（道路周辺の住民）
熱帯林破壊	特定少数（熱帯地域の住民）	不特定多数（世界の人びと）
地球温暖化問題	不特定多数（現在世代の人びと）	不特定多数（将来世代の人びと）

いるので外部不経済に相当する。

このように環境問題の多くは外部不経済に相当するが，さらに詳しくみると外部不経済にはさまざまな形態が存在する。表 4-1 は代表的な環境問題と外部不経済の関係を示したものである。工場を原因とする大気汚染や水質汚染などの公害問題は，原因者は特定の工場であり，被害者はその工場周辺の住民や下流で生活する住民である。したがって，公害問題は特定少数の原因者から特定少数の被害者への外部不経済に相当する。

これに対して，自動車の排ガスによって道路周辺の住民に健康被害が生じる問題は，被害者は交通量の多い道路の周辺住民に特定化されるものの，原因者はこの道路を通行した多数のドライバーであるので特定化することは難しい。熱帯林破壊の場合，熱帯林を開発して農地に転用しているのは熱帯地域の住民だが，それによって多数の野生動植物が絶滅し，生物多様性が失われると，その影響は世界的規模に広がるため，被害者は世界のすべての人びととなる。そして，地球温暖化問題では，現在世代のすべての人びとが原因者であり，その影響は将来世代の非常に広範囲の人びとに及ぶ可能性がある。

このように，「外部不経済」といっても，その中身はさまざまであり，したがって対策を考えるときには外部性の原因者や被害者が空間的・時間的にどのように広がっているのかを考慮する必要がある。

外部性と市場の失敗

外部性が存在すると，市場メカニズムは有効に機能せず，**市場の失敗**と呼ばれる現象が発生する。発電所から排出される温室効果ガスの問題を例に考えてみよう。火力発電は石油を燃やして発電するため，地球温暖化の原因である二酸化炭素（CO_2）を大量に排出する。発電方法には，原子力発電や風力発電な

図 4–2 電力市場の市場均衡

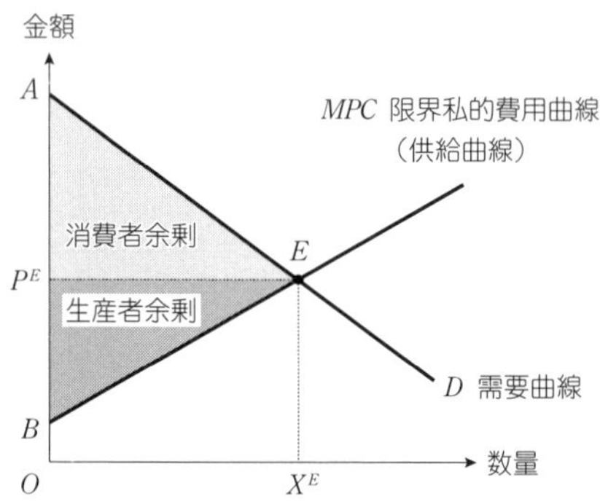

どさまざまな方法があるが，ここでは単純化のため火力発電のみの場合を考えよう。

図 4–2 は電力市場の市場均衡を示している。電力市場では電力の需要と供給のバランスによって市場価格が決まる。曲線 D は電力の需要曲線である。電気料金が低いほど使用電力は増加すると考えられるので，需要曲線は右下がりとなる。一方の曲線 MPC は限界私的費用曲線である。これは電力会社が 1 単位の電力を供給するために追加的に必要な費用を示しており，電力の供給曲線に相当するものである。限界私的費用曲線は，発電所の建設や維持管理など電力供給のために必要な費用は含まれているが，地球温暖化への影響は含まれていない。需要と供給が均衡するのは，需要曲線と供給曲線の交点 E であり，これが市場均衡点である。このときの市場価格は P^E，電力の生産量および消費量は X^E となる。消費者余剰と生産者余剰は図 4–2 のとおりであり，両者の合計である総余剰は $\triangle ABE$ となる。

次に，火力発電による地球温暖化の影響を考えよう。地球温暖化の被害は将来世代に深刻な影響を与えると予想されるため，火力発電は将来世代に対して外部不経済をもたらすと考えられる。したがって，電力供給を考える際には，発電所建設などの直接的な費用だけではなく，将来世代で発生する被害額（外部費用）も考慮しなければならない。

図 4–3 は外部性を考慮したときの電力市場を示したものである。まず，図の下のグラフをみてみよう。下のグラフは火力発電による地球温暖化の被害を示

図 4-3　電力市場の外部性による市場の失敗

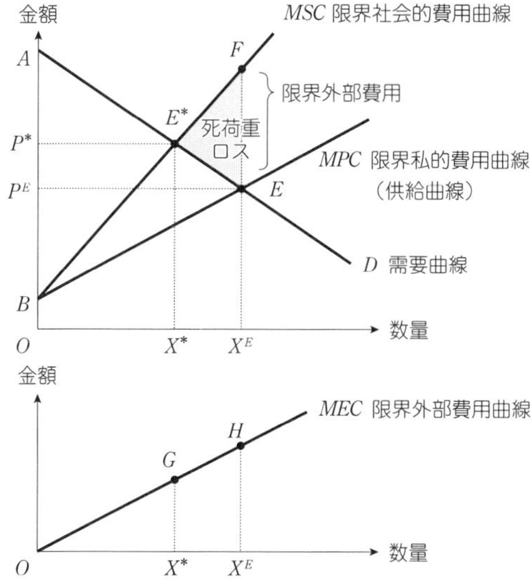

したものである。曲線 MEC は限界外部費用を表し，電力供給量を 1 単位増加させたときに，将来世代で発生する地球温暖化の被害額がどれだけ増加するかを示している。電力供給量が増加するほど，地球温暖化への影響はますます深刻化するので，限界外部費用曲線は右上がりとなる。

次に図 4-3 の上のグラフをみてみよう。曲線 MSC は，限界私的費用に限界外部費用を加算したものであり，限界社会的費用曲線と呼ばれる。たとえば，電力供給量が X^E のとき，上のグラフより限界私的費用は X^EE であり，下のグラフより限界外部費用は X^EH（EF に等しい）で示されることから，両者を合計した X^EE+X^EH が限界社会的費用（X^EF）となる。限界社会的費用曲線は，発電所建設などの私的費用だけではなく，温暖化の影響などの外部費用も含まれている。したがって温暖化の影響を考慮すると，曲線 MSC と需要曲線 D の交点 E^* が社会的に最適な点となる。このとき，社会的に最適な電力料金は P^* であり，社会的に最適な電力供給量は X^* となる。市場メカニズムによって達成される市場均衡では電力供給量は X^E であったから，X^*X^E だけ過大に電力が使用されていることがわかる。このように外部不経済が存在する場合，市場均衡では外部性が評価されないため過大に生産が行われてしまう。

次に，外部性によって総余剰がどのように変化するかについて，図4-3を使ってみてみよう。外部性を考慮した社会的に最適な点E^*においては，消費者余剰は$\triangle AP^*E^*$，生産者余剰は$\triangle BP^*E^*$，そして両者を合計した総余剰は$\triangle ABE^*$で示される。

一方，外部性を無視した市場均衡Eにおいては，消費者余剰は$\triangle AP^EE$，生産者余剰は$\triangle BP^EE$である。両者を合計すると$\triangle ABE$となるため，一見すると$\triangle BEE^*$だけ余剰が増加しているようにみえるだろう。しかし，地球温暖化による外部費用が$\triangle BEF$だけ発生するため，これを差し引く必要がある。すると，市場均衡では社会的に最適な場合と比べて$\triangle E^*EF$だけ余剰が失われていることがわかる。このように外部性を無視したことによって失われた余剰$\triangle E^*EF$は**死荷重ロス**と呼ばれている。

このように外部不経済が存在すると市場メカニズムが有効に機能せず，過大に生産が進むことで余剰が失われ，市場の失敗が生じるのである。

外部性の内部化

外部性によって市場の失敗が生じている場合は，市場に任せておくと生産が過大となり，環境汚染が過剰に進んでしまう。市場の失敗が生じる原因は，環境汚染によって生じる被害（外部費用）が考慮されていないことである。したがって，市場の失敗を解決するためには，環境汚染の被害額を評価し，汚染水準を適正化する必要がある。具体的には，排出規準などを設定し，環境汚染の量を一定以内に制限する方法（環境規制），汚染量に対して課金することで汚染量を低減させる方法（環境税），汚染排出に対する権利を設定し，汚染するためには排出権を購入させる方法（排出量取引），汚染者と被害者が交渉して汚染量を削減する方法（直接交渉）などがある。このように外部性を考慮して汚染量を最適化することは「外部性の内部化」と呼ばれている（第3章を参照）。ただし，外部性の内部化を実施するためには，環境汚染の被害額（外部費用）を正しく評価する必要があるが，自然環境には価格が存在しないため，環境汚染の被害額を評価することは容易ではない。このため，環境の価値を貨幣単位で評価する「環境評価手法」の開発が進められているのである（第5章を参照）。

要　約

環境汚染は市場を経由せずに他者に被害を引き起こす外部不経済の性質をもっているため，市場メカニズムは有効に機能せず，市場の失敗が発生する。このため，市場に任せておくと環境汚染が過剰に進んでしまうため，環境汚染の外部費用を評価し，環境汚染を適正な水準にまでコントロールすることが必要である。

確認問題

□ ***Check 1*** 熱帯林を農地に転換するときの転換面積を x ha とする。このときの転換費用は $2x^2+2x$ とする。農地の市場価格が 1 ha 当たり p 円のとき，農地の需要関数は $x=7-0.5p$ とする。

1. このとき市場均衡の農地転換面積とそのときの市場価格を求めなさい。
2. 農地転換によって x ha の熱帯林が失われることの損失を $6x$ 円とする。このとき，熱帯林消失の影響を含めた社会的に最適な農地転換面積を求めなさい。
3. 死荷重ロスを計算しなさい。

□ ***Check 2*** 公害問題に対して外部性を用いて説明しなさい。

□ ***Check 3*** コラムの図 4-4 の外部性の経済実験において，将来世代の被害を少なくするためには，どのような対策が必要かを検討しなさい。

コラム

外部性を経済実験で考えよう

次に，外部性の問題を簡単な経済実験で考えてみよう。図 4-4 は外部性の経済実験を示したものである。実験のプレイヤーは「現在世代」と「将来世代」である。1 人だけで実験をするときには，順番に現在世代と将来世代の役割を演じる。2 人で実験をするときは，それぞれが現在世代と将来世代の役割を演じる。

実験の手順は以下のとおりである。まず，図のように 5×5 のマス目を作成する。次に，現在世代が生産活動を行って環境を汚染する。生産すればするほど利益が増えるが，それにともなって汚染も増加する。ここでは，マス目に○をつけることで汚染が広がることにしよう。現在世代は 5 秒間でマス目を順番に○で埋めていく。○ 1 つにつき 1 億円の利益が得られるとする。したがって，現在世代は制限時間内にできるだけ多くの○を埋めて汚染を広げるほど利益が得られる。5 秒が経過したら，現在世代の利益を計算する。図の場合，○は 15 個なので現在世代の利益は 15

図4-4 外部性の経済実験

①	②	③	④	⑤
⑥	⑦	⑧	⑨	⑩
⑪	⑫	⑬	⑭	⑮
16	17	18	19	20
21	22	23	24	25

汚染量（1）	15トン
現在世代の利益（2）	15億円
除去量（3）	5トン
残った汚染量（1）−（3）	10トン
将来世代の被害額（4）	100億円
総利益（2）−（4）	−85億円

実験手順

1. 5×5のマス目を作成
2. 現在世代　5秒間でマスを順番に○で埋めていく
   ○の数が汚染量（○1つにつき利益1億円）
3. 将来世代　汚染を除去。5秒間で○を■で塗りつぶす
4. 残った○の数だけ被害発生。○1つにつき10億円の被害
5. 現在世代の利益から将来世代の被害を引いて総利益を計算

億円である。

次に将来世代が汚染を除去する。汚染の除去は，マス目を■で塗りつぶすことで行われるとしよう。将来世代は，5秒間で○のついたマス目を順番に■で塗りつぶしていく。5秒が経過したら，除去できずに残ってしまった汚染の被害額を計算する。残ってしまった○の1つにつき10億円の被害が発生するとしよう。図の場合，5個だけ除去できたが，10個○が残ってしまったので，将来世代の被害額は10個×10億円＝100億円となる。したがって，将来世代は，被害を少なくするためには，制限時間内にできるだけ多くの■で塗りつぶして汚染を除去しなければならない。

最後に，現在世代の利益から将来世代の被害を差し引くことで，総利益が得られる。図の場合，現在世代の利益15億円－将来世代の被害100億円＝－85億円となる。この実験は，現在世代の汚染が将来世代に対して外部不経済を引き起こす現象をモデル化したものである。一般に，環境を汚染することは容易だが，汚染を除去するためには多額の費用が必要である。この実験では，汚染するのは○をつけるだけだが，汚染を除去するのはマス目を■で塗りつぶす必要があり，汚染の除去が困難であることが反映されている。その結果，現在世代が自分の利益だけを考えて汚染を増やすと，将来世代で深刻な被害が発生してしまうのである。

unit 5

共有資源の利用と管理

Keywords
コモンズ/共有資源，コモンズの悲劇，オープン・アクセス，枯渇性資源，再生可能資源

コモンズの悲劇

大気，森林，河川，海洋，景観など自然環境のなかには，個人が占有的に利用するのではなく，共同で資源を管理し，利用することがある。多くの人びとが利用可能な資源のことを**コモンズ**あるいは**共有資源**と呼ぶ。たとえば，大気はコモンズの一種である。工場が排煙を大気に排出したり，自動車から排ガスを大気に排出するなど，多くの人びとが大気を排出物質のごみ捨て場として利用してきた。誰かがこの大気を自分だけで利用を独占することは難しいため，多くの工場や多数の人びとが共同で大気を利用しているのである。

コモンズは，誰もが自由に資源を利用できるため，資源利用が適切に管理されていないと，資源の過剰利用によって資源の枯渇が進む危険性がある。たとえば，共同で牧草地を利用し，そこに牛を放牧する場合を考えよう。自分が1人で牧草地を所有している場合には，牛が牧草を食べ尽くさないように，牛の数を適切に制限しようとするが，共同の牧草地の場合には，自分が牛の数を減らしても，ほかの利用者が牛の数を増やしてしまう可能性がある。その場合，牛の数を減らした自分だけが利益を失うことになるので，牛の数を減らそうとは考えないだろう。その結果，すべての利用者が自分の利益を考えて牛の数を増やし続け，最後には牧草が食べ尽くされてしまう。このような共有資源の過剰利用による劣化の現象は，ギャレット・ハーディンが1968年に学術誌『サイエンス』に掲載された論文のなかで**コモンズの悲劇**（「共有地の悲劇」ともい

図 5-1 コモンズの悲劇

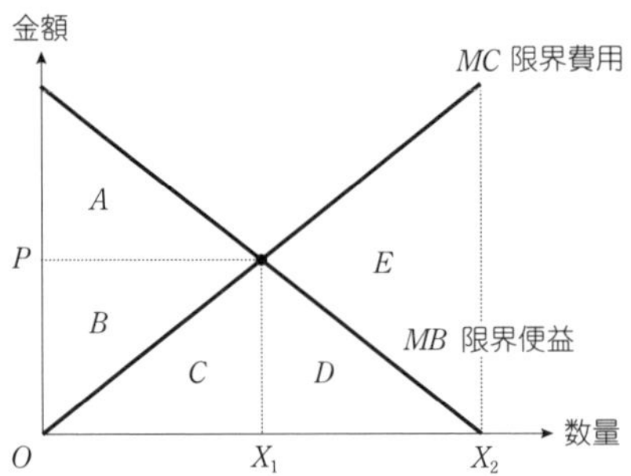

う）として名づけたことで広く知られるようになった。

図 5-1 はコモンズの悲劇を示したものである。ここで先ほどの放牧の例を考えよう。農家は，この放牧地で牛の数をいくらでも増やすことができ，そのときの農家の費用は無視できるとしよう。しかし，牛の数を増やすと牧草が失われ，地域社会では被害が発生するとする。横軸はこの放牧地を利用する牛の数であり，縦軸は金額である。限界便益は牛の数を 1 頭増やしたときに農家が得られる利益である。一方，限界費用は牛の数を 1 頭増やしたことで牧草が失われたときの被害額である。社会的に最適な牛の数は限界便益と限界費用が等しい X_1 のときである。このとき，農家が得る便益は $A+B+C$，牧草が失われた被害額は C であるから，社会全体では $A+B$ の便益が発生する。

しかし，この最適点 X_1 のときに，さらに牛の数を 1 頭増やすと農家は OP の利益をさらに得ることができる。もし，ある農家が牛の数を制限したとしても，OP の利益を得ることを目的にほかの農家が牛の数を増やすに違いない。その結果，利益が得られるかぎり，農家は牛の数を増やし続けるのである。限界便益がゼロになると，もうこれ以上増やしても利益が得られなくなるため，最終的に牛の数は X_2 まで増え続ける。このとき，農家の便益は $A+B+C+D$ であるが，牧草が失われたことによる被害は $C+D+E$ となるので，社会全体の便益は $A+B-E$ となる。つまり農家が自分の利益だけを考えて牛の数を増やしたために過剰利用が発生し，最適水準に牛の数を制限したときに比べて社会全体では E の損失が発生するのである。

このように，多くの人が共同利用するコモンズにおいては，利用が制限されないと過剰利用によって資源の枯渇が進み，コモンズの悲劇が発生する。このような現象は，森林の劣化，漁業資源の枯渇，河川の水質悪化，土壌汚染など多くの環境問題でみられる現象である。さらには，地球環境が世界的規模で共同利用されるグローバル・コモンズの性質をもっているため，地球温暖化や熱帯林破壊などの地球環境問題も，コモンズの悲劇の一種として考えることができる。

コモンズを守るためには

では，このようなコモンズの悲劇を防ぐには，何が必要だろうか。コモンズの悲劇が生じる原因は，多くの人がコモンズを自由に利用できてしまう**オープン・アクセス**の性質をもっていることにある。したがって，コモンズが過剰利用されないように利用を制限する制度を導入することが必要である。

第1の方法は，コモンズの私有化である。たとえば，放牧の場合，共同利用されていた牧草地を分割して各利用者の個人所有にすると，自分の牧草地が過剰放牧によって枯渇しないように牛の数を制限するようになるだろう。第2の方法は，コモンズの公有化である。国や地方政府がコモンズを所有することで，過剰利用されないように政府が利用をコントロールすることが可能となるはずである。

だが，現実にはコモンズの私有化は実現困難なことが多い。たとえば，大気を分割して各個人に与えることは技術的に困難である。また，生態系は森林・河川・野生生物などの相互作用によって構成されているので，生態系を分割して利用することはできないため，生態系の私有化は難しい。

また，仮に技術的に私有化や公有化が可能だとしても，利用を制限するためには膨大な費用が必要なため，実現できないこともある。たとえば，国立公園にあまりにも多くの観光客が訪問し，過剰利用によって自然環境への影響が生じる可能性がある場合，この過剰利用を防ぐためには，国立公園に入るすべての道路にゲートを設置して利用者を制限する必要がある。アメリカでは国立公園に通じる道路が少ないため，ゲートを設置することが可能である。しかし，日本の場合，国立公園内に私有地が含まれることがあり，多数の道路が存在することなどの理由から，すべての道路にゲートを設置するためには膨大な費用が生じるため，国内の国立公園は無料で誰でも利用できるオープン・アクセスの状態となっている。

資源を公有化した場合も，必ずしも資源利用が適正化されるとはかぎらない。熱帯地域では，多くの熱帯林が国有化されており，熱帯林の伐採が制限されている。しかし，不法な焼き畑や伐採を取り締まるためには，広大な熱帯林を常に監視する必要があるが，膨大な費用が必要なため熱帯林破壊を阻止することは難しい。

一方で，コモンズのなかには，地域住民が利用を適切に制限したことで，共同利用にもかかわらず資源が劣化することなく維持されていたケースが少なくない。たとえば，日本ではかつて全国各地に入会林（いりあいりん）が存在した。入会林とは，地域住民が共同で利用し，管理する森林のことである。地域住民は入会林から薪炭材やキノコ類を採取し，日常生活で入会林を利用してきたが，過剰利用による資源劣化を防ぐために，資源利用に対してさまざまなルールが設けられていた。たとえば，1回当たりに採取できる量を制限するなどのルールが決められ，ルールに違反すると入会林の利用を禁止されるなどの制裁が科せられていた。こうしたルールによって資源利用を適切に管理することでコモンズの悲劇が生じることなく資源を維持することが可能であったのである。しかし，高度経済成長期に入ると，農山村にも電気やガスの燃料が導入され，入会林はそれまでの薪炭材の採取源としての役割が急速に失われていくとともに，農山村の過疎化が進んだことから，入会林の管理が不足するようになり，里山の荒廃が目立つようになった。つまり，入会林の解体が進んだのは過剰利用によるコモンズの悲劇が原因ではなく，むしろ薪炭材利用の減少や過疎化などの地域社会の変化が影響していたのである。

このように，共同利用のコモンズであっても地域住民が利用を適切に制限することで，過剰利用を引き起こすことなく長期的に資源を維持している事例は，世界各地でみられる。ただし，そのためにはコモンズの利用に関する明確なルールが存在し，このルールを破った住民に対する制裁措置が設けられること，そしてコモンズの共同利用に関する権利を政府が認めることなど，コモンズを維持管理するための制度が不可欠である。

再生可能資源とオープン・アクセス

自然資源には，一度利用すると再生できない**枯渇性資源**と，利用した後に再生することが可能な**再生可能資源**がある。たとえば石油は枯渇性資源である。地球に埋蔵されている石油を利用するだけで，再生することはできないため，埋蔵量をすべて使い尽くしてしまえば石油は枯渇する。これに対して，森林，水，農産物，漁業資源など自然環境の多くは再生可能な資源である。たとえば，森林は，伐採することで木材を生産できるが，伐採した後に造林し，適切に保育管理を行うことで数十年後には伐採前と同じ量にまで再生することができる。むろん，森林を大量に伐採したり，伐採後にまったく管理を行わないと，森林を再生できない可能性が高い。森林を維持しながら利用を続けていくためには，森林の伐採量を制限したり，伐採後の管理を適切に行うことが不可欠である。同様に，漁業資源も再生可能資源である。過剰に漁獲量を増やすと漁業資源は失われてしまうが，漁業資源は成長するので，漁獲量を成長量以下に制限すれば，漁業資源を安定的に維持することができる。

図 5-2 は，再生可能資源の成長量を示したものである。たとえば漁業資源の場合を考えよう。横軸の資源ストックは現時点で漁業資源がどれだけ存在するかを示したものである。縦軸の成長量は，翌年までに漁業資源が成長して増加した量を示している。成長曲線は，現在の漁業資源ストックと成長量の関係を示したものである。漁業資源が少ないと繁殖できる可能性も低くなるが，漁業資源があまり多くない間はストック量の増加につれて成長量も増加していく。ただし，漁業資源が増えすぎると，エサが足りなくなり成長量は低下する。こ

図 5-2　再生可能資源の自然成長量

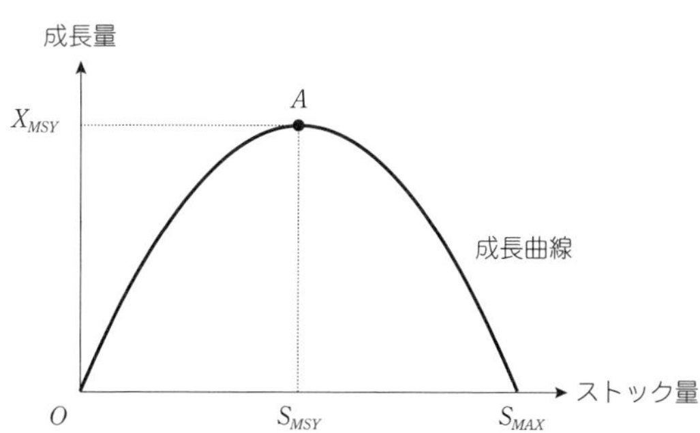

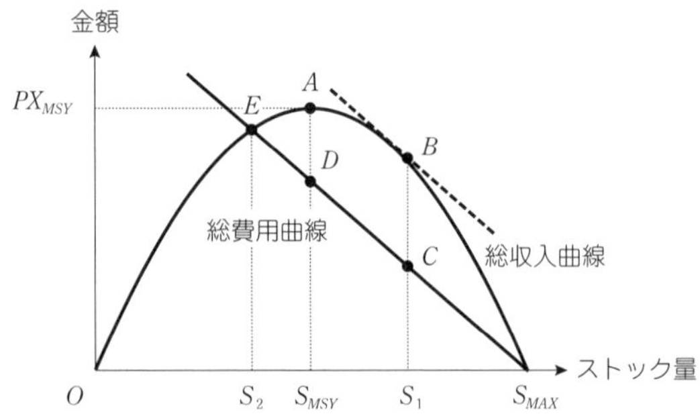

図5-3　オープン・アクセスと過剰利用

のため，成長曲線は図のように逆U字型となる。

まったく漁業を行わない場合，成長量がプラスであれば漁業資源は増え続けるので，漁業資源は成長量がゼロとなるS_{MAX}まで増え続け，その後はこの資源量で安定化する。一方，漁業を行う場合，成長量よりも漁獲量が多ければ，しだいに漁業資源は減少していく。逆に成長量よりも漁獲量が少なければ，漁業資源は増えていく。そして，成長量と漁獲量が等しければ，漁業資源は成長した分だけ減ることになるので，翌年も同じ資源量を維持できる。漁業資源を安定的に維持しながら漁獲量を最大にするためには，成長量が最大となる点Aの状態を維持する必要がある。このときの漁獲量X_{MSY}のことを最大持続可能収穫量（maximum sustainable yield: MSY）と呼ぶ。

次に漁業による利益を考えよう。図5-3は漁業による収入と費用を示したものである。図の総収入曲線は，漁業収入を示している。収入額は漁獲量（X）に魚の単価（P）をかけたものであるから，価格が一定で成長量と漁獲量が等しいならば，総収入曲線は成長曲線と似たような逆U字型となる。図5-2は縦軸が成長量（または漁獲量）であったが，図5-3では縦軸の単位は金額であることに注意されたい。一方，図の総費用曲線は漁業の費用を示している。漁業をいっさい行わないときの費用はゼロであり，このときの漁業資源量はS_{MAX}である。漁獲量を増やしていくと漁業資源はしだいに減少するのに対して漁業費用は増えていく。このため総費用曲線は図のように右下がりの曲線となる。

漁業による利潤は総収入から総費用を差し引いたものである。たとえば，漁

図 5-4　日本の漁業生産量の推移

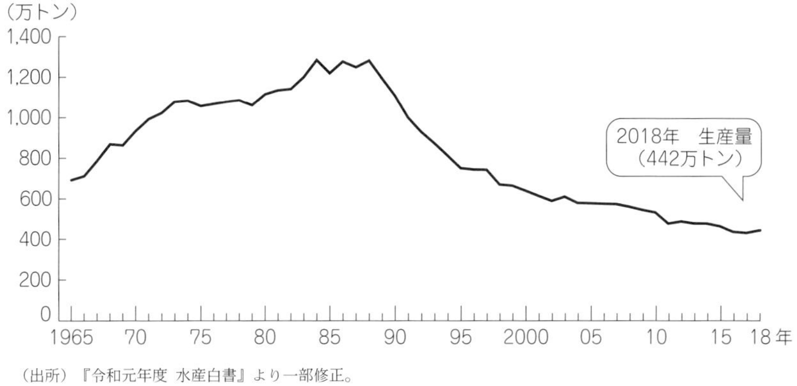

(出所)『令和元年度 水産白書』より一部修正。

獲量が最大持続可能収穫量の場合，総収入は $S_{MSY}A$，総費用は $S_{MSY}D$ の高さで表されるため，利潤は AD となる。利潤が最大となるのは，総収入曲線と総費用曲線との間がもっとも離れる（総収入曲線の接線の傾きが総費用曲線の傾きと等しくなる）漁業資源量 S_1 のときであり，このときの利潤は BC で示される。つまり，持続可能な収穫量を最大にしようとすると漁業資源量は S_{MSY} となってしまい，利潤が最大となる S_1 よりも漁業資源が少なくなってしまうのである。

ここで，この漁場が誰でも自由に利用できるオープン・アクセスの状態にあるとしよう。利潤を最大にするためには漁業資源量を S_1 にとどめておく必要があるが，たとえ自分が漁獲量を制限したとしても，漁獲量を増やせばさらに利潤を得ることができるので，ほかの漁師がこの漁場に入ってきて漁業を行うだろう。その結果，総収入と総費用が等しく利潤がゼロとなる点 E の状態まで漁獲量は増え続ける。その結果，漁業資源量は S_2 まで減少し，漁師はいくら漁業に力を入れても利潤が得られない状態に陥ってしまうのである。

このように，再生可能資源は，誰でも自由に利用できるオープン・アクセスの状態では，過剰利用が発生し，コモンズの悲劇が発生するのである。再生可能資源を維持するためには，資源利用を適切にコントロールする必要がある。たとえば，日本の漁業の場合をみてみよう。日本では漁業法によって漁業権が設定されており，漁業権をもっている者のみに漁業が許可されている。さらに，

コラム

個別譲渡可能割当制度

日本では，漁業の投入量や漁獲量の総量を規制することで，漁業資源の回復をめざす制度が導入されている。ただし，総量を規制した後，個々の漁業者に漁獲量を配分するときに問題が生じる。たとえば，すべての漁業者に均等に漁獲量を配分すると，生産性の低い漁師にも漁獲量が割り当てられるので，漁業の生産性を向上させることができない。経済効率性を考えると，生産性の高い漁師に優先的に漁獲量を配分させるほうが望ましいはずである。そこで，海外では個別譲渡可能割当制度（individual transferable quota: ITQ）が導入されている事例がある。この制度は，各漁業者に漁獲量を割り当てた後，各漁業者は自分に与えられた漁獲量をほかの漁業者と取引できるものである。この制度では，生産性の高い漁業者は，ほかから漁獲量を購入して漁獲量を高めることができ，逆に生産性の低い漁業者は漁業を自分で行うよりも漁獲量を他者に販売することで利益を得ようとする。こうしてITQ制度では漁獲量の総量を規制しつつ経済効率性が達成できるのである。実際，ニュージーランドでは1986年からITQ制度が導入されたが，これにより資源回復が進むとともに，漁業の生産性が向上したことが知られている。

漁船数制限，漁場制限，禁漁期間，漁獲物の体長制限等も行われてきた。しかし，これらの規制はいずれも漁業への投入を規制する入口規制にすぎず，漁獲量そのものを規制するわけではない。このため，日本の漁獲量は1984年をピークに急激に減少してしまった（図5-4)。

そこで，1997年に「海洋生物資源の保存及び管理に関する法律」（資源管理法）を制定し，漁獲量そのものをコントロールするTAC制度を導入した。TACとは漁獲可能量（total allowable catch）のことで，TAC制度は，魚種ごとに漁獲可能な総量を設定することにより資源を維持し，回復しようとする制度である。漁業団体は漁獲量を報告し，漁獲可能量を超えると操業を停止しなければならない。これにより漁獲量は，設定された漁獲可能量を超えないようにコントロールされる。さらに2001年に資源管理法が改正され，漁獲努力量の総量規制を行うTAE制度が導入された。TAEとは漁獲努力可能量（total allowable effort）のことであり，この制度では，資源に投入される漁獲努力量の総量を規制することで，漁業資源の回復をめざしている。たとえば，資源を回復させるために漁船を減らしても，ほかの漁業者が漁船を増やしてしまえば資源の回復は進まない。そこで，このような事態を避けるために，漁船などの投入量の総量を規制するのである。

再生可能資源は，誰でも利用可能なオープン・アクセスの状態では，コモンズの悲劇によって資源の劣化が進んでしまう。このため，資源利用を適切に管理する必要があるが，単に総量を規制するだけではなく，経済効率性を考慮した制度が求められているのである。

要　約

共同で資源を利用するコモンズでは，誰でも利用可能な場合にはコモンズの悲劇によって資源が使い尽くされてしまう。ただし，地域住民が資源利用に対してルールを設定し，利用を適切に制限することができる場合には，コモンズは安定的に維持することができる。再生可能資源もコモンズと同じ性質をもっており，資源の収穫量を適切にコントロールする必要がある。

確認問題

□ ***Check 1*** コモンズの例を調べなさい。また，そこでコモンズの悲劇が発生しているか否かを調べ，その理由を検討しなさい。

□ ***Check 2*** 日本の国立公園は無料で利用できるが，有料化すべきか否か。その理由をあわせて考えなさい。

□ ***Check 3*** 漁業資源の成長関数が $x=-S^2+10S$ とする。ただし，S は漁業資源のストック，x は漁業資源の成長量（トン）である。また，漁業資源の価格は1トン当たり1円とする。漁業の総費用（TC）は $TC=20-2S$ であるとする。このとき，以下について答えなさい。

1. 最大持続可能収穫量（MSY）を求めなさい。
2. この漁場がオープン・アクセスの場合，漁業が行われたときの漁業資源のストックを求めなさい。
3. 漁業利潤が最大となるときの漁業資源のストックを求めなさい。

unit 6

公共財とフリーライド問題

Keywords
フリーライド（ただ乗り），公共財，排除不可能性，非競合性，私的財，クラブ財，費用負担

公共財と環境問題

森林や大気などの自然環境の多くは，個人的に利用を占有できない公共財の性質をもっている。たとえば，生物多様性の場合を考えてみよう。熱帯林には多数の動植物が生息しているが，熱帯林が急速に減少しているため，多数の生物種が絶滅したり，絶滅の危機に瀕している。熱帯林を保護し，生物多様性を維持すべきと考える人は多いだろう。だが，こうした生物多様性の価値は，誰かが独占的に占有することはできない。生物多様性の価値は，世界中のすべての人びとに及ぶことから，代価を支払わなくても生物多様性の恩恵を受けることができる。このように，自然環境が公共財の性質をもつと，代価を支払わなくても自然環境の恩恵を得られることから，人びとはわざわざお金を支払って，自然環境を守ろうとはしないであろう。このように代価を支払うことなく自然環境の恩恵を受けられる現象は**フリーライド（ただ乗り）**と呼ばれている。

経済学においては，**公共財**は，排除不可能性と非競合性の性質をもつ財として定義される。**排除不可能性**とは，利用者を特定の人びとに限定することが困難な性質のことである。たとえば，自家用車の場合，代金を支払って自動車を購入した人だけがキーをもっていて，所有者だけが自動車を自由に使用できる。これに対して，大気の場合，誰でも二酸化炭素（CO_2）や排ガスの排出先として利用できるので，特定の人だけに利用を制限することは不可能である。排除不可能な場合，代金を支払った人のみに利用を制限できないことから，利用料

表 6-1　排除不可能性と非競合性

	排除可能	排除不可能
競　合	私的財 （自動車，食糧品など）	共有資源 （魚類資源，水資源など）
非競合	クラブ財 （映画館，ケーブルテレビなど）	公共財 （生態系，温暖化対策など）

金の徴収が困難となる。

一方の**非競合性**とは，ある人が消費してもほかの人の消費量が低下しない性質のことをいう。たとえば，ある森林を開発して宅地を造成し，そこに 2 軒の住宅を建設して販売したとしよう。このとき，ある人が 1 軒の住宅を購入すると，ほかの人が購入できる住宅は残りの 1 軒のみとなる。つまり，住宅は競合性があるため，ある人が消費するとほかの人の消費できる量がその分だけ減少する。これに対して，宅地開発を行わずに，この森林を森林公園として残すことにしたとしよう。この森林公園を訪れた人は自然の景観を楽しむことができるが，訪問者が一定限度内であれば，訪問者が 1 人増えたとしてもそれ以前と同じように景観を楽しむことができる。つまり，景観は非競合性の性質をもっているため，利用者が増えても消費量が変化しないのである。

表 6-1 は私的財から公共財までを排除不可能性と非競合性の観点から分類したものである。**私的財**は，排除可能で競合性の性質をもつ。自動車や食品など通常の製品は私的財である。公共財は，排除不可能で非競合性の性質をもつ。生態系の保全活動や地球温暖化対策は，地球上のすべての人びとに便益が発生するので公共財とみなすことができる。共有資源（コモンズ）は，排除不可能で競合性の性質をもっている。魚類資源などの共有資源は，何も規制されていない場合は誰でも利用可能である。しかし，漁業者が増えすぎると漁業資源が枯渇してしまう。このように共有資源の場合は，利用者が増えたときに混雑現象が発生して資源の便益が低下するという特徴がある（unit 5 を参照）。そして**クラブ財**は，排除可能で非競合性の性質をもつ。たとえば，ケーブルテレビは，契約をした加入者のみ番組をみることができるので，非加入者を排除可能である。しかし，通常の製品とは異なり，加入者が 1 人増えたとしても，ほかの加入者の視聴できる番組の量が減るわけではない。

排除可能性をもつ私的財とクラブ財は，代金を支払った消費者のみに財やサービスを提供することができるので，市場メカニズムが有効に機能する。しかし，公共財や共有資源の場合は，代金を支払っていない人でも利用することが可能なので，フリーライド現象が発生し，市場の失敗が生じてしまうのである。

公共財の最適供給

次に，公共財の最適供給量について考えよう。図6-1は公共財の最適供給量を示したものである。たとえば，温暖化対策を実施する場合を考えてみよう。単純化のため，ここでは住民は2人だけとし，これらの住民が温暖化対策の恩恵を受けるとする。温暖化対策を実施するためには，たとえば風力発電などの費用の高いエネルギーを使う必要があり，温暖化対策を進めるほど費用は上昇する。図の曲線 MC は限界費用であり，温室効果ガスを1単位削減するために必要な費用を示している。温室効果ガスを削減するほど温暖化対策という公共財が増えていくが，それにともなって実施に必要な費用は急速に増加していくため，限界費用曲線は右上がりとなる。

一方の曲線 MB は温暖化対策の限界便益である。限界便益は，温暖化対策を1単位だけ追加したときに住民が得る便益である。温暖化対策は住民のどちらにも影響が及ぶものの，環境の価値は人によって異なることから，温暖化対策の便益はそれぞれの住民で異なる。MB_1 は住民1の限界便益，MB_2 は住民2の限界便益を示している。たとえば，温暖化対策の水準が Q のときに，さら

図6-1　公共財の最適供給量

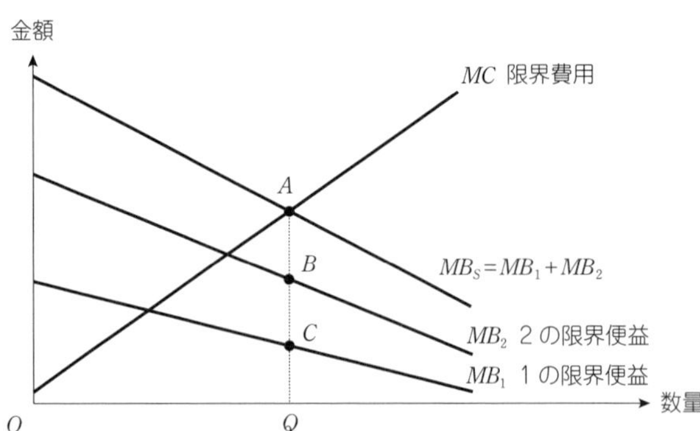

に1単位だけ温暖化対策を追加して実施した場合，住民1はCQだけの便益が得られ，住民2はBQだけの便益が得られる。住民は2人だけなので，社会全体の便益は住民1の便益と住民2の便益を合計したもの，すなわち$CQ+BQ=AQ$となる。このように2人の住民の限界便益を合計することで，社会全体の限界便益曲線MB_Sを描くことができる。

社会的に最適な温暖化対策の水準は，社会全体の限界便益（MB_S）と限界費用（MC）が一致するときである。もしも，限界便益が限界費用を上回っているならば，さらに温暖化対策を進めることで純便益は増加できる。逆に限界便益が限界費用を下回っているときは，費用がかかりすぎているので温暖化対策を縮小することで純便益を増やすことができる。社会全体の限界便益（MB_S）と限界費用（MC）が一致する点Aのときに社会的に最適な状態となり，そのときの公共財水準（Q）が最適な水準といえる。

公共財のフリーライド問題

ただし，このような最適水準を実現することは簡単ではない。最適水準を実現するためには，各住民に対して公共財の限界便益を調べなければならないが，そのためには，温暖化対策を1単位増加させるときにいくら支払っても構わないかをたずねる必要がある。そして，各住民に対して便益に応じた料金を課して，公共財を供給するための**費用負担**を実施しなければならない。しかし，住民は自分の答えた金額に応じて負担額が決まるのであれば，温暖化対策の便益を過小に偽って答えようとするだろう。自分が正しい便益を答えなくても，他者が費用を負担してくれることで，自分は温暖化対策にフリーライド（ただ乗り）することができる

表6-2は，このような公共財のフリーライド問題を説明するものである。2人の住民に対して温暖化対策の便益をたずねたとしよう。各住民は，自分の便益を正しく表明するか，過小に表明するかを選べるとする。2人とも真の表明をすると温暖化対策は最適水準で実施される。しかし，どちらかが過小表明をすると，温暖化対策は過小水準しか実施できない。たとえば表の（20, 0）という数値は左側が住民1，右側が住民2の便益を示している。この場合，住民1の便益が20，住民2の便益が0である。

表6-2　公共財供給とフリーライド問題

		住民2	
		真の表明	過小表明
住民1	真の表明	(10, 10)	(0, 20)
	過小表明	(20, 0)	(5, 5)

（注）括弧内の数値は（住民1の便益，住民2の便益）。

2人とも真の表明をすると，(10, 10) となり，両者ともに10の便益が得られる。しかし，住民1だけが過小表明をすると (20, 0) となる。これは，住民1は費用負担額を低く抑えることで高い便益を得られるのに対して，住民2は表明額に応じた費用負担を求められ，しかも住民1が正しく表明しなかったために温暖化対策が不十分となり，住民2の便益が低下することを意味している。逆に住民2だけが過小表明をすると (0, 20) となる。2人とも過小表明をすると，費用負担額を低く抑えることができるものの，温暖化対策も低い水準でしか実行されないため，両者の便益は (5, 5) という低い水準にとどまる。

ここで，住民1の立場で考えてみよう。もし，相手の住民2が真の表明を選んだとすると，自分が真の表明をするときに得られる便益は10であるのに対して，過小表明をすると20の便益が得られる。逆に相手の住民2が過小表明を選んだとすると，自分が真の表明を選んだときに得られる便益は0だが，過小表明を選ぶと5の便益が得られる。したがって，相手がどちらを選ぼうと，住民1は過小表明を選ぶほうが高い便益が得られる。住民2も同様に考えるだろうから，結果として2人とも過小表明を選ぶことになる。このように，公共財においては，便益を過小に表明してフリーライドしようとするインセンティブが存在するため，公共財の最適水準を実現することは困難である。

要　約

生態系保全や温暖化対策など環境対策の効果には，排除不可能で非競合性をもつ公共財的な性質をもつものがある。公共財ではフリーライド（ただ乗り）しようとするインセンティブが存在するため，市場メカニズムが有効に機能しない。このため，環境対策が公共財的性質をもつときには，消費者や企業の自発的対策のみに任せるのではなく，政府が環境規制や環境税などの形で公共財を適正水準に維持できるようにコントロールする必要がある。

確認問題

□ *Check 1* 公共財の性質をもつ環境問題を取り上げ，その環境問題においてフリーライド問題がどのように生じているのかを検討しなさい。

□ *Check 2* 日本の森林の約3割は国が管理を行っている国有林である。この国有林を民営化すべきか否か，そしてその理由を考えなさい。

□ *Check 3* 温暖化対策において企業の自発的取り組みが行われているが，その限界点について考えなさい。

□ *Check 4* コラムで紹介する公共財供給実験を実際に試してみなさい。また，公共財供給実験において，プレイヤーのフリーライドを回避するためには何が必要かを考えなさい。

コラム

公共財を経済実験で考えよう

ここで，公共財のフリーライド問題を簡単な経済実験で考えてみよう。この実験は数人でグループを作って行う実験である。図6-2は実験の手順を示したものである。まず，3〜6人程度でグループを作る。この図では3人の場合を示している。

実験は10回のステージで構成される。各ステージの最初には，各プレイヤーに対して15ポイントが渡される。各プレイヤーは，与えられた15ポイントのなかから，公共財のためにどれだけ支払うかを決定する。この図の場合，プレイヤーAは15ポイントすべてを支払い，プレイヤーBは5ポイントだけ支払い，そしてプレイヤーCはまったく支払っていない。集められたポイントを使って政府が温暖化対策などの公共財に対する投資を行う。その結果，集められたポイントの合計の半分が温暖化対策の便益として各プレイヤーに対して与えられる。この図の場合，集められたポイントは（15+5+0）=20ポイントなので，この半分の10ポイントが各プレイヤーに配分される。これは温暖化対策などの公共財の便益がすべての人びとに均等に及ぶことを意味している。各プレイヤーの手元にあるポイントと公共財から得られたポイントを合計したものが，このステージの利得となる。この図の場合，プレイヤーAは15ポイントすべてを支払ったので手元には0ポイントしかなく，公共財から得られた10ポイントだけが利得となる。プレイヤーBは5ポイン

図6-2　公共財供給実験

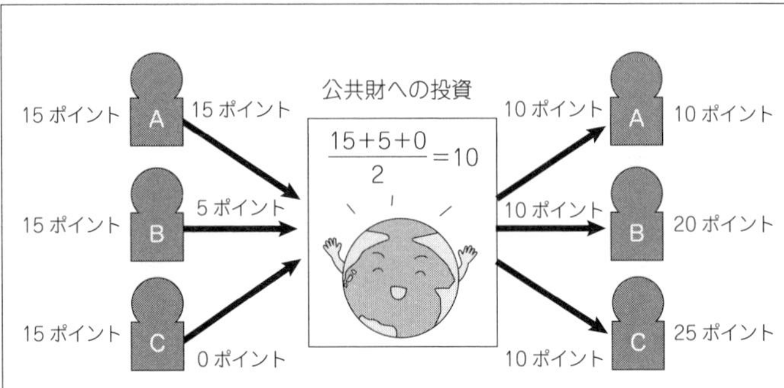

実験手順

1. 3〜6人程度でグループを作成。
2. 各プレイヤーに15ポイントずつ渡される。
3. 各プレイヤーは公共財のために自分の15ポイントからどれだけを提供するかを決める。
4. 各プレイヤーから集められたポイントで公共財への投資が行われ，集められたポイントの半分が各プレイヤーに渡される。
5. ステップ2〜4を10回繰り返す。

トだけ支払ったので手元には10ポイントが残っており，公共財から得られた10ポイントと合計すると20ポイントの利得となる。そしてプレイヤーCは15ポイントすべてが手元に残っているので，これと公共財から得られた10ポイントと合計すると25ポイントの利得となる。プレイヤーCのように，公共財に対して支払わなくても利益を得ることができるので，フリーライド問題が発生していることがわかるだろう。

ここで，すべてのプレイヤーが協力して公共財に全額を投資したらどうなるだろう。このとき，3人のプレイヤーは15ポイント全額を支払うので，集められたポイントは45ポイントであり，この半分の22.5ポイントが全員に与えられる。全額を支払ったので手元は0ポイントなので，公共財から得られた22.5ポイントが各プレイヤーの利得となる。このことは，全員が協力すると，最初の15ポイントから22.5ポイントまで利得を増やすことができることを意味している。つまり，全員が協力することで温暖化対策を進めることが可能となり，全員の利得を増やすことができる。

逆に，すべてのプレイヤーが公共財にいっさい支払わなかったらどうなるだろうか。3人のプレイヤーは手元に15ポイントを残したままとなり，公共財には投資

図 6-3　実験結果の例

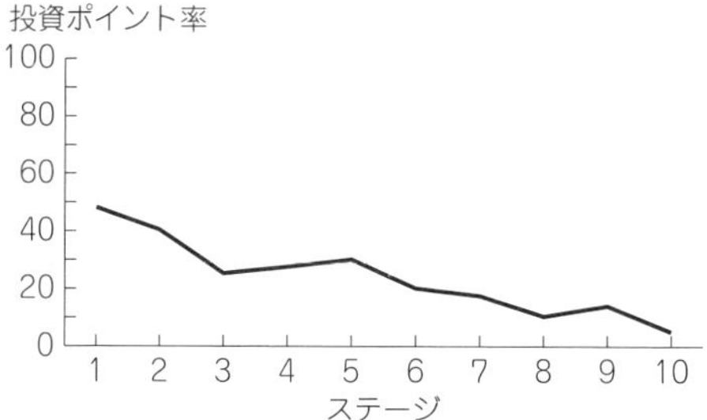

が行われないので，公共財から利益を得ることはできない。その結果，手元にある 15 ポイントだけが各プレイヤーの利得となる。つまり，全員がフリーライドすると，温暖化対策は進まずに，利得を増やすことはできない。

もし，自分だけ公共財に支払わず，ほかの 2 人が全額を公共財に支払ったらどうなるだろう。自分は手元に 15 ポイントが残っている。ほかの 2 人は 15 ポイント全額を支払ったので，手元には 0 ポイントである。集められたポイントは 2 人分の 30 ポイントなので，この半分の 15 ポイントが全員に与えられる。その結果，自分は手元の 15 ポイントと公共財から得られる 15 ポイントの合計 30 ポイントを得る。一方，ほかの 2 人は手元は 0 ポイントなので，公共財から得られる 15 ポイントだけとなる。つまり，ほかの人が公共財のために協力したのに，自分だけが裏切ったときに，もっとも高い利益が得られるのである。

このように，公共財に対してはフリーライドすることで高い利益を得ようとするインセンティブが存在するが，実際に実験を行うとどのような結果が得られるのだろうか。図 6-3 は実験結果の例を示したものである。横軸はステージであり，縦軸は最初に与えられる 15 ポイントのうち何パーセントのポイントを公共財に投資したかを示している。実験結果は，プレイヤーの人数や公共財から得られるポイントの大きさによっても影響を受けるが，一般に図 6-3 のように右下がりの形状を描くことが知られている。最初のほうのステージでは協力すれば公共財から多くの利益が得られることを期待して，比較的多くのポイントを公共財に投資する。しかし，しばらくすると，ほかのプレイヤーがフリーライドしていることに気づき，自分だけが公共財に投資しても損するだけだと考え，多くのプレイヤーが公共財への投資を減らしていく。その結果，図のようにステージが進むにつれてフリーライドする人が増えていくのである。

この実験からわかるように，公共財に対しては，フリーライドしようとするインセンティブが存在するため，人びとの自発的行動だけでは公共財への費用負担が行われず，公共財を適正な水準で供給することは難しい。このため，生態系保全や温暖化対策のように，環境対策の効果が公共財的性質をもつ場合には，消費者や企業の自発的行動に任せるのではなく，政府が環境規制や環境税などの形で介入していくことが求められるのである。

＊なお，ここで紹介された経済実験はウェブ上で体験することができる。学習サポートコーナー URL http://kkuri.eco.coocan.jp/research/EnvEconTextKM/

第3章

環境政策の基礎理論

▶エコカー補助金（2012年，写真提供：共同通信社）

Introduction 3

この章の位置づけ

この章では，環境問題解決へのアプローチについて解説する。採用すべき環境政策は，もっとも伝統的な政策手段である直接規制による命令・統制型と，近年より利用されるようになった経済的手法の2つに大別される。直接規制とは，たとえば二酸化硫黄（SO_2）の排出基準のような一定の基準を設け，これを超えて排出する者は権力を用いて取り締まるというように，命令と規制によって直接的に環境管理を行おうとする方法である。経済的手法は，環境汚染の社会的費用を製品やサービスを生み出すための費用に反映させることにより，各経済主体の合理的な意思決定を通じて間接的に環境管理を進めようとする方法であり，それぞれの特徴について紹介する。

この章で学ぶこと

unit 7 日本をはじめ，多くの国で，直接規制を中心とした環境政策が実施されてきた。この直接規制ではどういった影響が起きるのかについて紹介し，市場メカニズムを用いた経済的手法との比較を行う。

unit 8 環境税および補助金政策とはどのような手法なのかを紹介する。そして，税の負担が消費者と生産者のどちらにあるのかについて議論する。また，環境税および補助金政策がなぜ短期と長期では異なる影響が起きるのかについても考える。

unit 9 直接交渉による解決方法として，コースの定理を紹介する。どのような条件があれば，当事者間による外部性の解決はうまくいくかについて考える。また環境権についての議論も紹介する。

unit 10 排出量取引制度とは，排出される汚染物質ごとに，その権利を市場において取引可能とする制度である。排出量取引の実施上の問題点にはどのようなものがあるかを説明し，海外における事例を紹介する。

unit 7

直接規制と市場メカニズム

Keywords
直接規制，市場メカニズム，経済的手法，最適な生産量，自主規制

直接規制と経済的手法

これまで説明したように，外部性が発生する状況では，環境汚染を適切なレベルに保つために何らかの対策が必要となる。代表的な環境対策として，次のようなものがあげられる。

①汚染物質の排出量に対する**直接規制**（命令・統制型規制；command and control: CAC）

②汚染物質排出に対する課税および汚染物質排出削減に対する補助金

③直接交渉による取引

④取引可能な排出権市場の整備

市場メカニズムを用いる課税および補助金や排出量取引制度は，経済主体のインセンティブを重視した規制であるため**経済的手法**と呼ばれる。近年，直接規制の限界や非効率が認識されるとともに，経済的手法の優れた点が多くの人びとに受け入れられるようになってきた。経済的手法には，環境税，補助金そして排出量取引以外にも，当事者同士の直接交渉で解決する方法もある。

直接規制とは

環境問題を解決するために，伝統的にまず提案されるのは，命令・統制型手段である直接規制である。直接規制とは，政府が汚染発生者の行動を直接制限すること，またはある一定の行動をとるように命令し，汚染物質の排出に規制

をかけるものである。その方法として，排出総量規制と排出基準規制の2つがあげられる。排出総量規制とは，汚染物質の排出総量に対して一定の上限を設ける制度である。排出基準規制とは，生産活動を通じて発生した汚染物質の排出率，たとえば生産量1単位当たりに用いられる環境資源の量を示す環境資源投入係数（言い換えると，汚染物質排出係数）を制限する制度である。

直接規制は，政策の目的が一般に理解されやすいため，日本をはじめ多くの国で用いられている。例として，ダイオキシン類を考えてみよう。ダイオキシン類の発生源となっている焼却施設があると，その近くで作られている野菜など，周辺環境に悪影響を及ぼしていたことから，ダイオキシンは人の健康や生命に重大な影響を与える恐れがある物質であるとして，社会問題となった。

これを受けて，1999年に大気汚染，水質汚染および土壌汚染の環境基準を定めた「ダイオキシン類対策特別措置法」が制定された。ダイオキシン類は環境に悪影響を与えているという認識があったため，その排出を禁止するという規制であり，このような考え方は，一般に受け入れられやすい。しかし，環境に悪影響を及ぼすものの多くは，そもそも有益な製品などの生産にともなう副産物である。したがって排出の強制的な禁止は，その有益な生産自体も禁止または制限してしまうことにも注意する必要がある。そこで，適切な制限をかける方法とはどのようなものであるか，以下で説明しよう。

最適な生産量

望ましい環境の管理とは，汚染物質の排出量を社会的に望ましい最適な量にすることである。最適な量とは，経済活動によるプラスの効用から汚染物質排出による不効用を差し引いたものを最大にする量である。では，社会的に最適な排出量はどのようにして決まるのだろうか。まず，汚染物質の排出量を社会的に最適な量にするために，社会全体の汚染物質削減総量を決定する必要がある。そして次に，その汚染物質削減総量を達成するために，誰がどの程度汚染物質の排出量を削減するかを決定する必要がある。この配分は政策の選択に影響される。まず，1つめの作業について紹介しよう。

図7-1に1企業の生産にともなう限界収入 MR と限界費用 MC の関係を示している。限界収入とは，生産量を1単位増加させたときの収入の増加である。

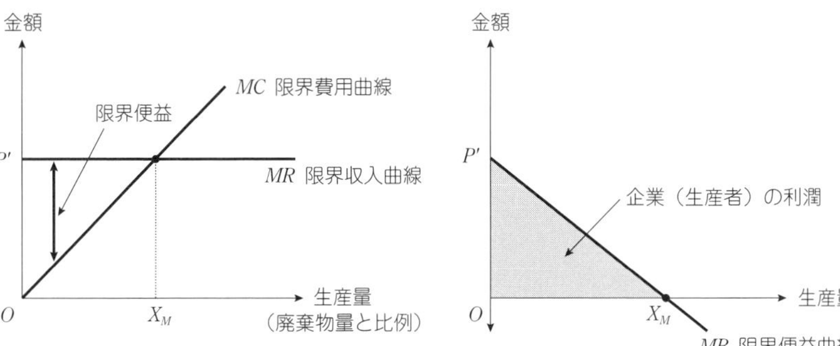

図 7–1　企業（生産者）の収入と費用

図 7–2　限界便益曲線

ここでは完全競争市場を想定しているので，限界収入は市場価格 P' と一致する。なぜならば，完全競争市場では多数の売り手と買い手がいるために，価格は市場全体の需要と供給が一致する市場均衡によって決まるので，各企業の限界収入は 1 単位の生産物を販売したときに得られる収入，すなわち市場価格となるからである。

限界費用とは，unit 3 でも説明したように 1 単位だけ生産量を増やしたときに追加的に発生する費用のことである。また限界費用曲線は，その企業（生産者）の商品に対する供給曲線を表す。

価格と限界費用との差が，商品の生産・販売を 1 単位増やすことにより生まれる追加的な便益（利潤），すなわち限界便益 MB である。図 7–1 では，限界収入曲線と限界費用曲線の垂直方向の長さで表されている。この限界便益を縦軸にして，限界便益曲線を示したものが図 7–2 である。

なお，この商品の製造にともない汚染が発生するものとして，その汚染・廃棄物量は生産量に比例して増加すると仮定する。つまり，この unit では一貫して横軸に生産量をとって説明していくが，横軸は同時に廃棄物量も表していると考えられる。

再び図 7–2 をみてみよう。生産量が X_M を超過すると，限界費用が価格を上回るため限界便益はマイナスとなり，これ以上の生産を続けると損失が発生する。そのため，企業の利潤を最大化する**最適な生産量**は X_M となる。このとき，企業は廃棄物量の発生についてはまったく考慮していない。また企業の利潤は，O から X_M までの限界便益を足し合わせたものとなるので，$\triangle OP'X_M$ の面積

図 7–3　削減量と利潤の減少

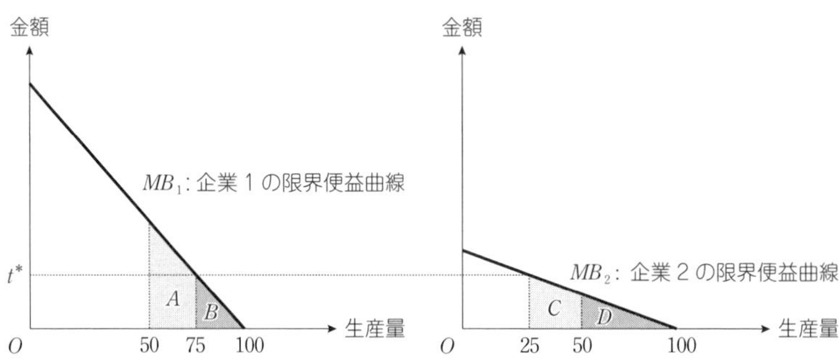

に等しくなる。

次に，簡略化のために，企業 1 と企業 2 の 2 社のみで生産し汚染を排出している状況を考える。図 7–3 にそれぞれの企業の限界便益を示している。なお，技術上の理由から限界費用曲線（限界便益曲線）の形状は両企業によって異なっているとする。

ここで，もし各企業に何の規制もかからないとき，社会全体でどれだけの汚染が排出されるのだろうか。廃棄物の発生に対して規制がないときには，生産量を増やせば追加的な利潤を得られるので，各企業は限界便益がゼロになるまで生産を行い，利潤は最大化される。だが，生産にともなって汚染物質も排出され，環境汚染が発生している。

図 7–3 のケースでは，企業 1 と企業 2 はともに 100 単位（たとえば 100 トン）の生産を行うときに，利潤が最大化されている。社会にこの 2 社しか存在しないと仮定した場合には，100＋100＝200 が社会全体で生産されていることになる。企業 1，企業 2 それぞれの限界便益曲線を MB_1，MB_2 とすると，それらを合計したものが社会全体の限界便益となり，図 7–4 で示されている限界社会的便益は 2 つの曲線を水平方向に足した（MB_1+MB_2）ものとなる。

ここで，生産とともに発生する廃棄物量は比例すると仮定しているので，図 7–4 の横軸を汚染物質排出量と考えれば，汚染により発生する限界外部費用を考えることができる。生産にともない汚染物質排出量が大きくなると被害の深刻さは増すので，環境汚染の限界外部費用は生産が増えるほど増加すると考えられる。つまり限界外部費用曲線は右上がりとなる。

図 7-4　社会的に最適な生産量

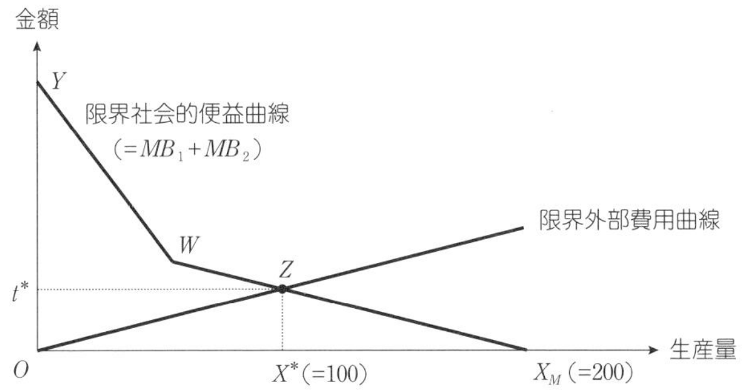

図 7-2 で説明したように限界便益曲線の下方の面積が企業の利潤となるので，この場合は 2 社の合計の利潤となる。そして，限界外部費用曲線の下方の面積が外部費用である。社会全体の純便益を求めるには，2 企業の利潤の合計から外部費用を引かなければならず，この値を最大にする生産量が，社会にとっての最適な生産量である。つまり，社会的に最適な生産量のもとでは，経済活動によるプラスの効用から汚染排出による不効用を差し引いたものが最大化されている。図 7-4 では，限界社会的便益曲線と限界外部費用曲線が交わる Z 点で与えられた生産量 X^*のときに，社会全体の純便益も面積 $OYWZ$ で表され，最大となる。

ここで，X^*を 100 であると仮定する。したがって，社会全体で規制がない場合の 200 の生産量（X_M）から 100（X^*）まで削減する必要がある。このように社会にとって最適な生産量および汚染量を求めることができる。

直接規制と効率的な規制水準

次に決定すべきことは，その汚染物質削減総量を達成するために誰がどの程度削減するかである。ここでは，対応する生産量の削減量（200－100＝100）を例に，一律に削減量を設定する直接規制と効率的な規制の 2 つを比較して説明する。

まず，直接規制を考えよう。企業 1・企業 2 ともに汚染削減のために生産量を 100 から 50 にまで一律に削減する規制がかけられたとしよう。生産量の削減にともない企業の利潤も減少するが，企業の技術レベルには差があるため減少する利潤の大きさは異なっている。削減される2企業の利潤は，図7-3における各企業の限界便益曲線の下方の面積から求めることができる。この場合，100の生産を行っていたものを50まで削減するので，図7-3の企業1では（A＋B），企業2はDの面積分だけ減少することになる。つまり，社会全体としては（A＋B＋D）の利潤が減少する。

ここで，一律の規制ではなく企業ごとの技術レベルに合わせた削減量が設定できるとしよう。図7-3に示されているように，企業1の技術レベルのほうが高く，生産量の削減にともなう利潤の減少も大きい。利潤の減少が大きい企業1の削減量を50から25へと減らし，企業1の生産量が75となる状況を考えよう。この場合，利潤はBの面積分だけ減少する。利潤があまり減少しない企業2は50ではなく，75の削減を行い，25の生産を行うとする。すると，利潤の削減は（C＋D）となる。社会全体での削減量の合計は直接規制と同様に100となり，利潤の減少は2社の損失を足し合わせて（B＋C＋D）となる。この（B＋C＋D）が直接規制の損失である（A＋B＋D）より小さければ，この方法はより効率的だといえる。2つを比較すると，

$$(A+B+D)-(B+C+D)=A-C>0$$

であるので，$(A+B+D)>(B+C+D)$ が成立する。つまり，企業が割り当てられた生産量を守るかぎり，政府が当初予定した目標を確実に達成することができるという直接規制の利点はある。しかし，一律の排出削減を行うよりも，技術レベルに合わせた削減方法のほうが効率的だといえる。

さて，企業ごとの技術レベルに合わせた最適な削減量は，政府が直接設定しなくとも達成することができる。たとえば，生産量1単位当たりにつき，図7-4で表されるt^*と同額の環境税が課されたとしよう。このとき，企業1の利潤は生産量が75のときに最大化される。なぜならば，それ以上生産量を増やすと，環境税の支払いが限界便益を上回り，利潤が減少してしまうからである。同様に，企業2の利潤は生産量が25のときに最大化される。削減量は25＋75となり，社会的に最適な生産量を達成できる。

このように生産量が最適になるように税率を決定することで，社会的に最適な生産量を達成できる。環境税の決定方法の詳細は次のunitで説明するが，最適な税率により利潤が社会から余分に失われる心配がなくなることは記憶に

とどめておこう。

自主規制

規制のなかには，政府が課す直接規制ではなく，業界が自らに課す規制，つまり**自主規制**（またはボランタリー・アプローチ）というものもある。これは，環境汚染物質の排出者が汚染物質の排出削減目標を設定し，自主的に汚染物質の排出削減努力を行うことで環境を改善する環境政策である。これには，排出削減目標の設定を排出者に委託した，強制力をもたない標準的な自主規制と，目標値の設定や達成についての問題点を克服するために，政府が基準を満たさない企業に対して勧告を行うなど，強制力をもつという意味で政府が関与する自主規制がある。

まず1つめの標準的な方法について考えよう。汚染物質の排出削減行為の多くは生産量の削減を必要とするため，業界の自主規制がどのくらい有効なのかは疑問である。そして，目標の設定が排出者の事情により決定され，政策目標との関連性が希薄になる傾向があるため，目標達成に関して確実性に欠ける政策と考えられる。このため，業界主導型の標準的な自主規制に依拠することには大きな限界があると考えられる。

次に，政府が深く関与する自主規制には，厳しい環境目標が設定され，かつ排出削減が達成されていることもある。その場合は，標準的な方法以上に効果的な環境政策であると考えられる。そこで，排出削減という効果の面では成功しているといえる，日本で導入されたトップランナー方式について紹介しよう。

石油ショック以降，そして，とくに最近では地球環境問題を背景として，省エネルギー（省エネ）への期待と役割が大きくなり，エネルギー消費機器のエネルギー消費効率を高めることが要請されるようになった。このような背景から民生・運輸部門の省エネの主要な対策の1つとして，自動車，家電などの機械器具のエネルギー消費効率の基準の策定方法にトップランナー方式が導入された。トップランナー方式とは，基準値策定時点において市場に存在するもっともエネルギー効率が優れた製品の値をベースとして，今後想定される技術進歩による効率性の改善を考慮して基準値を決定する方式である。

機器の製造事業者等にとっては，新しい技術開発を行わなければならず，技

コラム

直接規制を用いて効率的な汚染削減は可能か

経済的手法を用いずに直接規制により，社会的最適な汚染量を達成することは可能であろうか。つまり，各企業の限界削減費用を均等化できるような生産量を割り当てることが可能であるのだろうか。

まず，企業間の限界費用を均等化させるような割当を実現するためには，汚染の発生源での排出限界費用を知ることが求められる。そのためには，すべての企業の生産構造を正確に把握する必要があるが，現実には，当事者でない政府は企業の汚染削減に関わる限界費用曲線の不完全な情報しかもっていないため，非常に困難である。これを企業の立場から考えてみよう。企業にとっても情報を政府に伝えることで，企業自身に規制がさらに課されるのであれば正直に正確な情報を政府に伝える理由はないといえる。実際には，逆に政府への報告を戦略的に変更し情報を操作することがある。たとえば，企業の過去の排出量の実績に応じて，政府が将来の数量規制を行う予定であるならば，企業は意図的に報告する排出量を増大させる可能性がある。このように，規制を課す政府が知りうる情報と，規制を受ける企業などの報告者のもつ情報の正確さと量に違いがあることを「情報の非対称性」と呼ぶ。

とくに，生産性の低い企業への生産量の割当を過大にし，生産性の高い企業への割当を過小にした場合，市場全体の生産費用が大きくなり，社会的な利潤を最大にすることはできなくなる。さらに，汚染量の割当に対して政府の裁量が働くことに注意する必要がある。そのため，企業の交渉力や各産業への影響を政府が配慮して割当が行われる可能性が高い。この結果，規模が大きく交渉力の強い企業などへの割当が過大になる可能性があるために，一部の経済主体の利潤は守るが，社会的な利潤を小さくしてしまう。最後に，企業に対して行政指導を行うことが必要な場合もある。そして，その企業に厳しく指導することができず，規制が守られない状況を不当に放置する危険もつきまとう。また，行政指導を行うための費用は膨大なものになりうる。

術的，経済的に負荷をかけることになる。そして，製品の価格は従来品よりも高価にならざるをえない。そこで，販売事業者，消費者，製造事業者に技術開発を行わせるために，いくつかのインセンティブを設けている。まず，積極的に情報提供や販売促進を行っている店舗を表彰し，販売事業者の省エネに関する取り組みを推進している。また，エネルギー消費機器の省エネ性能を示すラベリング制度を用いて，高効率の機器の普及促進を図っている。そして，製造事業者が目標未達成の場合，経済産業大臣がその製造事業者等に対して勧告を

図 7-5　トップランナー基準によるエネルギー効率性の改善

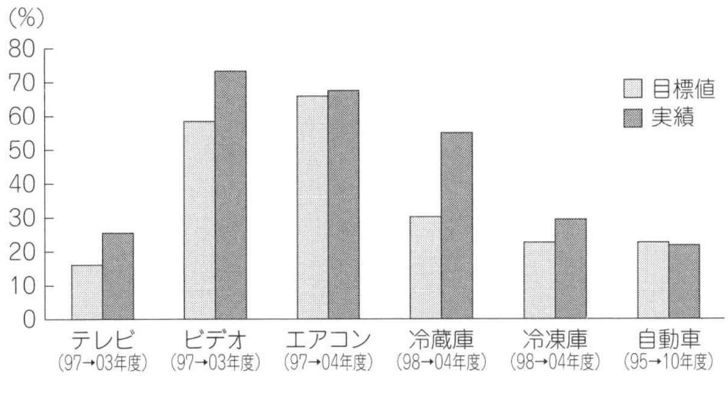

（出所）経済産業省資料より筆者作成。

行い，さらに，これに従わなかった際には，その旨の公表，勧告に従うべき旨の命令を行うことになっている。

これまでトップランナー方式が導入されてから一定期間が経過し，テレビジョン受信機，ビデオテープレコーダー，エアコンディショナー，電気冷蔵庫および電気冷凍庫が目標年度を迎えた。図 7-5 に示されているように，当初の見込み以上の効率改善が図られた。つまり規制導入により技術進歩は促されたという意味で大きな成果があがったといえる。

ただし，省エネの面では効果はあったといえるが，それにともなう企業の費用や行政指導などの膨大な費用と比較して効率的な制度なのか，また，unit **8** で説明するエネルギー課税などの市場メカニズムを用いた場合と比べてどの程度効率的なのかは疑問が残るものとなっている。

ナッジ

近年，省エネの分野で注目を集めている手法が**ナッジ**である。ナッジ (nudge) とは，直訳すると「ひじ等でそっと押して注意を引いたり前に進めたりすること」を意味し，行動科学（行動経済学，心理学，社会学，認知科学など）の知見を活用して人びとがより良い選択を自発的にとれるように手助けする政策手法である（環境省資料より）。環境・エネルギー分野だけではなく，労働，健康・医療などの幅広い分野で注目されている。

省エネ政策として実際に用いられたナッジとしては，大阪府の実証実験

(2018年度）がある（大阪府のウェブサイト参照)。これは，省エネや光熱費など消費者のエネルギーへの関心が高まるタイミングである引っ越し時に，転入・転居者に省エネに関する啓発リーフレット（説明が書かれた1枚の紙）を配付することで，転入・転居者の行動がどのように変容したかを調査した実験である。

リーフレットには，冷蔵庫の設定温度を調整しないと「年間1,600円損してしまうかもしれません」（傍点筆者）や，電力会社を切り替えた家庭数が「全国で600万件を超えました」などが書かれている。前者は，同じ金額でも利得より損失の方を嫌う「損失回避」という心理的傾向を，後者は，自分の意思決定が周りの人が何を行っているかに影響を受ける「社会規範」という心理的傾向をそれぞれ活用したナッジである。

実験の参加者のアンケート結果によると，社会規範を用いた電気の切り替え行動は高まることが確認されたものの，損失回避を用いた冷蔵庫の設定温度の行動変容は高まらなかった。大阪府は検証結果を踏まえ，リーフレットの改良や，効果的なタイミングや方法での啓発の実施に向けて検討するとしている。

要　約

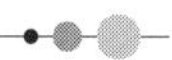

直接規制とは，政府が汚染発生者の行動を直接制限すること，またはある一定の行動をとるように命令することである。その方法としては，汚染物質の排出総量に対して一定の上限を設ける排出総量規制などがある。直接規制では，社会的に最適な排出量を達成することは難しく，経済的手法を用いることで効率的な環境管理が可能となる。

確認問題

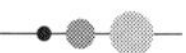

- □ *Check 1*　最適な汚染量はどのように決定できるのか説明しなさい。
- □ *Check 2*　なぜ直接規制を用いて最適な排出量の割当が難しいかについて述べなさい。
- □ *Check 3*　自主規制の2つの方法についてその効果を述べなさい。

unit 8

環境税と補助金

Keywords
環境税，ピグー税，税の負担，補助金，参入・退出

環 境 税

環境税とは，汚染の排出抑制を目的とし，課税の対象が環境に負荷を与える物質の排出に課される税である。これは，従来主流であった特定の汚染物質の取り扱いや排出について法律などによって基準を定める規制的手法ではなく，経済的手法で環境問題を解決するために導入される税の総称である。

汚染物質の排出量に応じて，環境税は課税される。汚染物質排出者にとっては，排出上限があるわけではないので，いくらでも排出が可能であるが，排出量は測定され，その量が多くなるにつれて税金を多く支払うことになる。このような税制のもとで，汚染物質排出者はできるだけ排出量を減らすインセンティブを示すだろう。環境政策がない状況では，環境財を自由に使ってきたが，環境税があればこれを節約しようとする。原料や労働力について，費用を減らそうとすることと同様に，排出量も減らそうとする。つまり，環境税によって外部不経済が内部化されることが期待される。なお，課税による外部不経済を市場内部へ取り込むことを主張したアーサー・ピグーにちなんで，**ピグー税**とも呼ばれる。

環境税を導入する場合，排出量を減らすための方法は，すべて汚染物質排出者に任される。これが環境税の特徴であり，汚染物質排出者は必要な努力をして削減をする。たとえば，排出物の処理方法，製造工程の変更，リサイクル，より汚染の少ない原料への転換などが考えられる。以下，この市場重視の政策

図8-1　最適な環境税

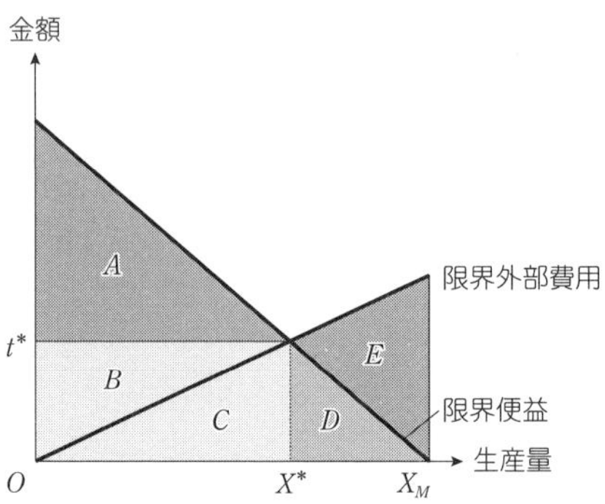

といえる環境税について説明する。なお，この unit では，エネルギーに関連する制度に関して説明し，廃棄物処理の有料化については unit 12 で説明する。

最適な環境税

図8-1を用いて，汚染物質排出企業に環境税 t^* が課された場合の生産量の変化をみてみよう。課税がなければ，企業は X_M の生産を行うことで利潤が最大化され，汚染排出量はその生産量に応じて決定される（unit 7を参照のこと）。このとき，企業は $A+B+C+D$ の利潤を得るが，生産にともない汚染物質が排出されているため，限界外部費用曲線の下側の面積 $C+D+E$ の外部費用が発生している。社会全体の純便益は，$(A+B+C+D)-(C+D+E)=A+B-E$ となる。

次に，生産1単位につき t^* 円の環境税が課されるとしよう。ここでは，生産量と汚染物質の排出量は比例すると考えているので，汚染物質の排出1単位（たとえば汚水1トン）につき t^* 円の税金が課税されると考えてもよい。このとき，企業は生産を1単位増加させると，生産費用（限界費用）に加えて t^* 円の税金を負担しなければならない。すると，企業は限界外部費用曲線と限界便益曲線が等しくなるところまで生産量を削減する。なぜならば，企業が X^* 以上の生産を行うと，限界便益よりも1単位当たりの環境税 t^* のほうが大きくなるので，企業の利潤は減少する。そのため，企業にとって X^* 以上の生産を行うインセンティブはなくなる。また，企業が X^* 以下の生産を行うと，1単位当たりの環境税よりも限界便益のほうが大きいので，企業の利潤は増加する。そのため，企業はX^*になるまで生産を増やすインセンティブがある。最終的に，環境税の賦課によって生産量はX_MからX^*に削減される。生産量と汚染物質の排出量は比例するので，課税により汚染が削減されることになる。

課税される前は，企業はX_Mの生産を行っていたため，限界便益曲線より下にある領域$A+B+C+D$に相当する利潤があった。課税後は，企業は生産量をX_MからX^*まで減らしているので，Dに相当する利潤を失ったことになる。さらに，政府に$B+C$（税額t^*×生産量X^*）に相当する税金を支払うので，企業の利潤はAのみとなる。このときの政府の税収は，環境問題の被害者に充てることもできるし，環境問題以外に使われることもあるため，社会全体の純便益に加えることができる。外部費用は，限界外部費用曲線の下側の面積Cとなる。よって，社会全体の純便益は，$A+(B+C)-C=A+B$となり，課税前の$A+B-E$よりもEだけ上回ることになる。

環境税による経済厚生の改善

前項でみたように，限界便益曲線と限界外部費用曲線の交点から最適な環境税の水準を求めることができた。ここで，限界便益とは限界収入から限界費用を差し引いたものであることを思い出そう（unit 7 を参照）。つまり，「限界収入－限界費用＝限界外部費用」となる生産量が最適な生産量である。この式を書き換えると「限界収入＝限界費用＋限界外部費用＝限界社会的費用」となる。また，完全競争市場であれば，限界収入は市場価格と等しくなるため，この式は「市場価格＝限界社会的費用」となる生産量が最適であることを意味している。市場価格は需要曲線に沿って決まるので，需要曲線と限界社会的費用曲線の交点で，経済厚生は最大化される。

しかし，企業は利潤を最大化させるために「限界収入＝市場価格＝限界費用」となる生産量を選択し，社会的に最適な生産量は達成されない。そこで，最適な生産量における限界外部費用の水準と等しい環境税を設定したとしよう。すると課税後の企業は，「限界収入＝市場価格－環境税＝限界費用」となる生産量を選択する。このとき生産量は最適な生産量となり，市場価格は限界社会的費用と一致することになる。また，企業が受け取る価格は市場価格から環境

図 8-2　環境税による経済厚生の改善

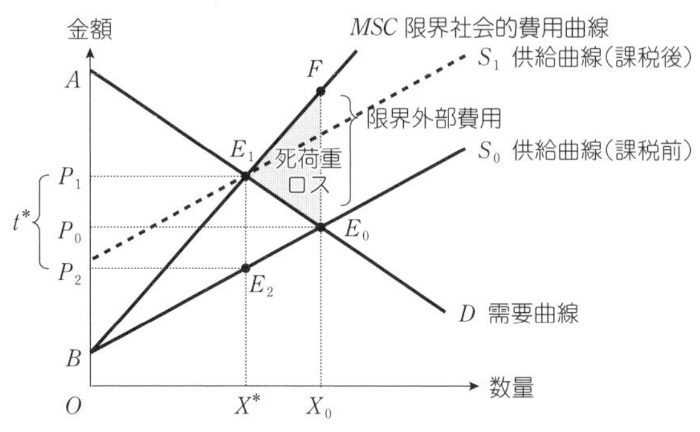

税を差し引いたものとなる（このような環境税がピグー税である）。

このことを需要曲線と供給曲線を表した図 8-2 を用いて確認してみよう。環境税が課税される前は，供給曲線と需要曲線が交わる均衡点 E_0 で取引されていた。このとき，unit **4** でもみたように△BE_0F の外部費用が生じるため，△E_0E_1F の面積に相当する死荷重ロスが発生し，経済全体の厚生は△ABE_1－△E_0E_1F となる。

ここで，1 単位当たりの生産につき，E_1E_2 に相当する t^* の環境税がかけられたとしよう。課税前，企業は生産量を 1 単位追加する際には限界費用しかかからなかった。しかし課税後は，生産量を 1 単位追加すると限界費用に加えて環境税 t^* を負担しなければならない。そのため，企業の供給曲線は S_1 にシフトし，需要曲線 D と供給曲線 S_1 が交わる均衡点 E_1 で商品が取引される（unit **4** で説明したように供給曲線は限界費用を表していることに注意しよう）。

次に課税後の経済厚生をみてみよう。市場価格が P_0 から P_1 へと上昇するのにともない，消費者の購入量も X_0 から X^* に減少する。このとき，消費者余剰は△AE_1P_1 となる。

一方，企業が受け取る価格は，市場価格 P_1 から環境税 t^* を差し引いた P_2 となる。このとき，企業が得られる収入は $P_2 \times X^* = \square OX^*E_2P_2$ となり，そこから生産にかかった費用を表す台形 OX^*E_2B を差し引いた，△E_2BP_2 が生産者余剰となる。

政府が得る税収は，$t^* \times X^* = \square E_1E_2P_2P_1$ となる。また，外部費用は△

E_1E_2B となる。よって，課税後の経済厚生を求めると，

$$\triangle AE_1P_1 + \triangle E_2BP_2 + \square E_1E_2P_2P_1 - \triangle E_1E_2B$$
$$= \triangle ABE_1$$

となり，環境税によって死荷重ロスの分だけ厚生が改善することがわかる。

環境税のメリット

このように環境税が優れているのは，汚染を効率的に減らすことができるという点である。環境税は，汚染する権利に価格をつけることを意味しており，外部性の存在に対して当事者のインセンティブを修正し，資源配分をより社会的に最適なものに近づけ，政府に収入をもたらしながら，経済効率を高める効果がある。

社会全体にとって，ある一定の汚染量を最小の費用で削減することができるため，政府は各企業の限界汚染削減費用の情報を集める必要がない。これは，各企業は与えられた税率をもとに，利潤最大化をめざす行動を自発的に行いさえすればよいということである。このとき，優れた技術をもっている企業は，安価に排出削減ができるのでより多くの削減を行うため，その技術を保有していない企業が無理に非効率な削減を行う必要はない。つまり，自動的に社会にとっての総費用が最小になるように，各企業に汚染物質削減を配分できるということである。

さらに，汚染量の削減が大きいほど支払う税金が減るので，汚染物質の排出を抑えようとする。そして，企業には排出量の削減方法が問われないため，技術開発を行うインセンティブを強くもつという利点がある。新技術を用いて排出量を減らした場合は，技術による費用の低下と支払う税額の減少という2つの費用削減が行われるため，規制を遵守する場合より，強いインセンティブをもつ。この意味で，環境税は，努力すれば課税を免れることができるので，技術開発を行うインセンティブがあるといえる。これには，排出者による汚染発生量の少ない生産方式の改善・開発，汚染除去技術の改善・開発，より環境に良い材料の利用が含まれる。

図8-3　環境税の負担

(1)　需要の価格弾力性が小さいケース

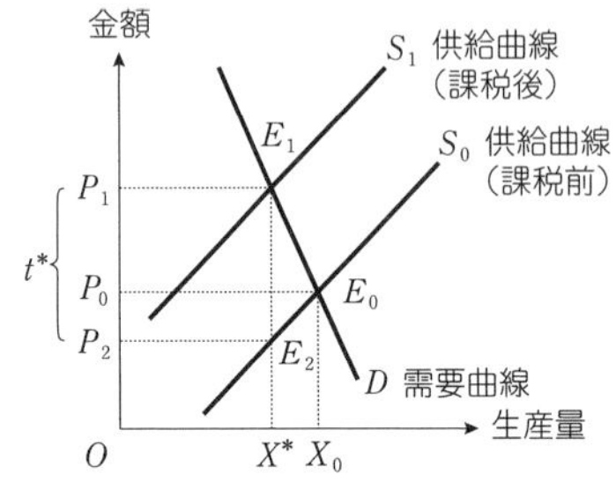

(2)　需要の価格弾力性が大きいケース

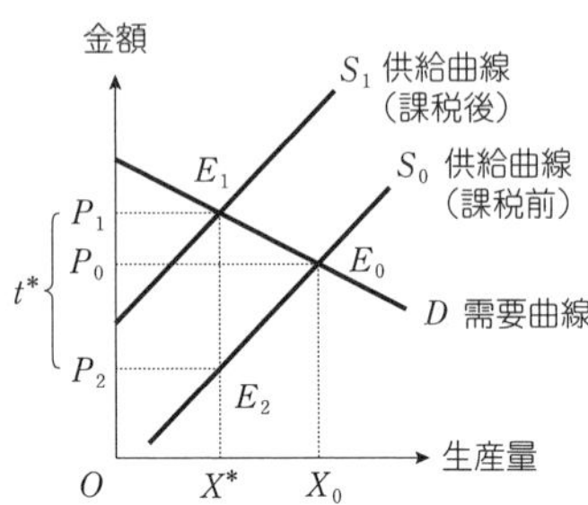

税金の負担は生産者か消費者か

財の需要がどれだけ価格の変化に影響を受けるかにより，それによりもたらされる汚染の減少および汚染物質排出者の負担がどれだけ大きいかを測ることができる。税が，どの程度の数量的な排出削減効果をもつのかは，汚染物質排出者がどの程度価格の変化に反応するのかに依存している。

ここで，価格の変化に対して需要量・供給量がどれだけ反応するかを測定するために，価格弾力性の考え方を用いる。需要の価格弾力性は，価格が1%変化したときに，需要量が何%変化するかを表している。需要量の変化が大きい（小さい）とき弾力的（非弾力的）であるという。つまり，需要曲線の傾きが急（緩やか）だと弾力性が小さく（大きく）なる。図8-3(1)は，財の需要の価格弾力性が小さいことを表しており，図の(2)では逆に財の需要の価格弾力性が大きいことを表している。ともに，供給曲線の形状は同じものとする。

まず，環境税における消費者の負担を考えよう。消費者が支払う価格は，P_0 から P_1 へと上昇するので，(P_1-P_0) に相当する部分を消費者が負担することになる。次に，生産者の負担を考えよう。一見すると，市場価格は P_0 から P_1 へと上昇するため，生産者は何も負担していないように思える。しかし，環境税が課せられるため，生産者が受け取る価格は，$P_2=(P_1-t^*)$ となる。つまり，(P_0-P_2) に相当する部分を生産者は負担していることになる。

ここで，図8-3の(1)と(2)を見比べてみよう。(1)の消費者の負担 (P_1-P_0) よりも(2)の消費者の負担のほうが小さい。需要の価格弾力性が大きいほうが，消費者の負担が小さくなることがわかる。

ガソリンにおける事例

ここで，環境税と需要の価格弾力性との関係の理解を深めるために，財としてガソリンを考えてみよう。電車やバスなどの公共交通が未整備の地域ではガソリン価格が上昇しても車以外の代替手段がないので，ガソリンの需要の価格弾力性が小さいものとしよう。そして，公共交通がある程度整備された地域では，ガソリン価格が上昇すると公共交通の利用者が増えるので，ガソリンの需要の価格弾力性は大きいと仮定しよう。

公共交通が未整備の地域でのガソリンの需要曲線が図 8–3 の(1)に相当し，公共交通がある程度整備された地域でのガソリンの需要曲線が図の(2)に相当する。図の(1)をみるとわかるように，需要曲線は急な傾きになっており，ガソリン価格が急騰しても消費者はガソリンの消費量を少ししか減らさないことから，非弾力的な需要曲線といえる。図の t^* に相当するエネルギー税または炭素税（炭素含有量に応じて課税する環境税）が課された場合，供給曲線が S_0 から S_1 へと変化し，消費者の支払う額は，P_0 から P_1 へと大きく上昇するが，ガソリン生産者が受けとる価格の減少は，P_0 から P_2 のみである。つまり，公共交通が未整備の地域という非弾力的な需要曲線の場合，消費者が課税の大きな部分を負担することになる。

次に弾力的な需要曲線である図の(2)をみた場合，消費者の支払う額である P_0 と P_1 の差額は小さく，ガソリン生産者が受けとる価格の減少である P_0 と P_2 の差額は大きい。つまり，公共交通が整備されている弾力的な需要の地域では，生産者が課税の大きな部分を負担することになる。つまり，このような状況の場合，課税対象製品の生産者は，税による費用上昇分を消費者に転嫁することがほとんどできない。

ここで，図 8–3 (1)と(2)において供給曲線と課税前の生産量 X_0 は同一であるとする。税収は，税額×生産量なので（$t^* \times X^*$）である。このとき，需要が非弾力的なほど税収が大きいこともわかる。ここで弾力的な場合と同じだけの汚染物質削減を行おうとするならば，より高い税率が必要であることもわかる。このように，環境税の導入の際には，需要の価格弾力性についての情報が重要であることがわかる。

ここでは，説明のために同じガソリンであっても価格弾力性が異なるという状況を考えたが，一般にエネルギー資源の需要の価格弾力性は小さいということが知られている。たとえば，日本で炭素税を導入する場合にどのように用いるかが議論されている。

地球温暖化対策税制専門委員会報告によれば，炭素税を化石燃料に対する課税として実施する場合，課税の類型として，上流課税（化石燃料の精製・加工前の採取，輸入・保税地域からの引き取り時の課税）および下流課税（個別燃料種別に，精製・加工等の製造場からの移出・卸売り，最終消費の直前の販売時等の課税）とに大別されている。上流と下流への課税によりどのような差があるか，影響は分かれるが，上流課税の場合を考えてみよう。

日本はエネルギーのほとんどを輸入に頼っており，上流企業のエネルギーの需要先である製造業などの産業にとって，彼らの需要は非弾力的であるという状況を考えてみよう。この場合，課税対象製品の生産者である上流企業は，炭素税による価格上昇分をほとんど転嫁することができることになる。つまり，上流課税の際に**税の負担**が日本国内の産業のごく一部である上流企業にのみかかるという批判は正しくなく，価格転嫁により，エネルギーの利用に応じて下流企業が負担を分担するということがわかる。

環境税か補助金か

補助金政策とは汚染物質を排出削減する汚染物質排出者に対し**補助金**を与えることにより，排出削減をめざす政策である。補助金は，補助金がない場合の市場均衡点よりも生産量を減らした場合に，削減量に応じて与えられるものである。環境税の代わりに補助金を用いても効率的な資源配分が達成されることを以下に示す。

生産量を1単位削減することによってs^*の補助金を得るとしよう。言い換えると，生産量1単位の増加によってs^*の補助金を失うことを意味している。これは，1単位生産することによる機会費用がs^*ということである。したがって，1単位の生産につきs^*の課税（環境税）がかけられているものとして考えることができる。税として支払うのでなく，補助金として政府から与えられることになるので，環境税の場合と逆の効果があるように考えられやすいが，逆になるのは生産量の増加に対して補助金が支払われた場合である。生産量を減らすこと，つまり汚染を減らすことで，補助金が支給されるので，環境税と同様に最適な補助金の額が計算できる。

最適な資源配分を達成するために必要な補助金，つまりピグー的補助金は，環境税の場合と同様に，最適な生産量（図 8-1 の X^*）における限界外部費用に等しく設定されなければならない。また，補助金によって最適な生産量を達成しても，環境税によって最適な生産量を達成しても，最適な生産量における限界外部費用は変化しないから，最適な補助金 s^* と最適な環境税 t^* は同じ水準になるという性質がある。

それでは，環境税と補助金に違いはないのだろうか。補助金制度を採用する場合，図 8-1 の X_M より X^* に生産量を減らしたとき，その削減量（$X_M - X^*$）に対して補助金が与えられるため収入の増加と考えられる。そして，環境税の場合は，生産量の X^* に対応して課税されるため費用が増える。つまり，補助金の場合，環境税と比較して企業の総費用が少なくてすむことになる。しかし，ともに生産量をより削減することで費用が少なくすむという点では同じである。そして，環境税と補助金は同じ金額が設定されるので，同量の生産削減を行えば同額の費用削減が可能となる。つまり，2 つの政策の違いは，補助金の支給によって固定費用が軽減されることから生じる費用削減のみである。補助金のほうが，補助金の収入のため固定費用も，そして総費用も少なくなる。

それでは，この固定費用の差が，企業の産業への**参入・退出**が可能な長期において，どのような効果があるのだろうか。企業は，長期的に利潤がプラスになると考えると産業に参入する。しかし，利潤がマイナス（赤字）になると産業から退出する。環境税を導入した場合には，企業の費用を引き上げることになるので，企業の利潤を現在よりも減らし，マイナスの利潤になる企業を産業から退出させることになる。ここで環境税負担が重くなり，マイナスの利潤になる企業というのは，環境保全型の生産方法をもたない企業である。すなわち，環境税導入の結果として産業には，より環境負荷の小さい生産方法を採用する企業が生き残りやすいことになる。そして，産業は環境低負荷型に移行する。

また，産業により，環境負荷が相対的に大きい産業もあれば，小さい産業も

コラム

実際の環境税と補助金

日本では主に，燃料・エネルギー・自動車に関して税が課されている。たとえば，ガソリンには，揮発油税と地方道路税，大型トラックなどが利用する軽油には，軽油引取税が，タクシーなどのための液化石油ガスには石油ガス税が課されている。これらは，課税によりエネルギー価格を上昇させ，エネルギー需要を抑える働きがあるため，環境税に分類されることもある。ただし，税収を道路整備や石炭・石油開発などの建設支援に使い，環境保全に利用していないため，環境保全を第一の目的としたものではない税ともいえる。しかも，環境への負荷に比例した税率になっていないため，環境負荷の低減を課税の主な目的としている環境税とはいえない。

補助金に関しては，日本では，これまで事業者の公害防止施設のいっそうの促進を図り，公害防止を実行するため，環境事業団，日本開発銀行，中小企業金融公庫などの政府関係機関などを通して助成を推進してきた。

また，他国における炭素税などの環境税については，さまざまな形で導入が図られているが，炭素税については表8-1のように4つの類型に分類できる。まず，新税として，上流課税を行った国にスウェーデンがある。すべての化石燃料に対し，新たに炭素税を課税し，あわせて既存のエネルギー税を半分に減税したが，全体では実質増税となっている。また，納税義務者は化石燃料の卸売者，製造者および加工者等であり，集めた炭素税は一般財源とし，措置された所得税減税の減収に充当している。

表8-1　炭素税の分類と事例

税の分類	実施国	内　容
上流課税・新税	スウェーデン	すべての化石燃料に対し，新たに炭素税を課税する。徴税については既存のエネルギー税の徴税システムを活用する。炭素税は一般財源とし，措置された所得税減税の減収に充当する。
上流課税・既存税	ドイツ	既存のエネルギー税である鉱油税の税率引き上げおよび電気税を新設する。税収の使途は雇用者，被雇用者双方への国民年金保険負担の軽減等に充当する。
下流課税・新税	イギリス	既存のエネルギー税である炭化水素油税の課税対象となっていないものに対して，新たに気候変動税を課税する。税収の使途は，社会保険料の雇用者負担の引き下げなど，すべて産業部門へ還元する。
下流課税・既存税	スイス	既存のエネルギー税である鉱物油税の課税対象に上乗せする形で新たに炭素税を課税する。税収は，その支払額に応じて国民と産業界に還元する。

次に，ドイツでは上流を対象に課税を行っており，既存のエネルギー税である鉱油税（石炭，灯油を除く化石燃料が対象）の税率引き上げおよび電気税を新設している。納税義務者は主に石油供給企業（鉱油税）および電力供給事業者である。税収の使途は雇用者，被雇用者双方への国民年金保険負担の軽減等に充当している。

新税として，下流を対象に課税した例としてイギリスを取り上げる。既存のエネルギー税である炭化水素油税（課税対象：ガソリン，軽油，航空機燃料，重油，灯油）の課税対象となっていないものに対して，新たに気候変動税（課税対象：LPG〔液化石油ガス〕，石炭，天然ガス，電気）を課税する。納税義務者は電力供給事業者等エネルギー供給事業者である。消費税方式により，最終消費者から料金とあわせて徴収して納税する。そして，税収の使途は，社会保険料の雇用者負担の引き下げなど，すべて産業部門へ還元する。

最後に，下流を対象にしたものとして，既存のエネルギー税である鉱物油税の課税対象に上乗せする形で新たに炭素税を課税したスイスの例を取り上げる。なお，自主的取り組みによる二酸化炭素（CO_2）削減目標達成が困難な場合に，新たに新税を導入することとされている。スイスではすべての化石燃料は輸入されており，通関時に鉱物油税が課税され，消費者に転嫁される。そして，税収は，その支払額に応じて国民と産業界に還元される。

なおヨーロッパでは，一般財源としての性格が強い炭素税であるが，日本では炭素税を環境対策に回すことを考慮に入れた議論がされている点に違いがある。現在の炭素税の状況については **unit 14** で詳細に説明する。

ある。たとえば，炭素税が導入されると鉄鋼業やセメント業などエネルギー集約的な産業の負担が大きくなり，それらの産業は相対的に小さくなる。逆に環境負荷の小さい産業が相対的に大きくなる。つまり，産業構造自体も環境低負荷型へ移行することになる。

補助金制度の場合には，これとは反対の結果になる。なぜならば，企業の費用を引き下げるため，環境負荷の大きい生産方法を保有している企業であってもプラスの利潤が確保されるため生き残れるからである。また，参入していない企業も補助金が収入源として付加されるので，産業への参入が促進されることになる。その新たな企業の参入によって企業の数が増加するので，産業全体の生産量は増加する。そして，環境負荷の少ない企業が生き残るという環境税と異なり，環境負荷の大きい企業が保護されるため，環境負荷の大きい産業が相対的に大きくなり，環境負荷の小さい産業が相対的に小さくなる結果，産業構造が環境負荷の大きいものに移行していく可能性がある。

以上より，外部不経済の効果が存在する場合に，企業の産業への参入・退出が起こらない短期と起こる長期において異なる影響があることがわかる。つまり，参入・退出が起こらない短期においては，環境税制度も補助金制度も同じ政策効果をもつ。しかし，参入・退出の起こる長期においては，環境税は産業構造を環境低負荷型に誘導する効果をもつが，補助金は環境高負荷型に誘導する効果をもつ。つまり，環境対策を実施する場合，長期的な観点から判断すると，補助金を用いずに，環境税を実施することが望ましいといえる。

ただし，ほかの政策で本来の政策目標が達成しにくいため，その達成を促進するために利用する場合，補助金が認められる場合もある。これには，公害防止の技術開発など環境政策が特定の地域社会や産業に著しい影響を及ぼすと予想される場合などがある。

要　約

環境税とは，汚染の排出抑制を目的とし，汚染物質の排出量に応じて課税する経済的手法である。また，補助金政策とは汚染物質を排出削減する排出者に対し補助金を与えることにより，排出削減をめざす政策である。2つの制度は，企業の産業への参入・退出が起こらない短期と起こる長期において異なる影響がある。

確 認 問 題

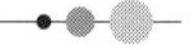

- □ *Check 1*　最適環境税の設定方法について説明しなさい。
- □ *Check 2*　環境税と補助金のそれぞれの利点，欠点について説明しなさい。
- □ *Check 3*　環境税の負担が誰に転嫁されるのかについて考察し，その帰着について説明しなさい。

unit 9

直接交渉による解決

Keywords
コースの定理，所有権，取引費用，補償金

コースの定理

通常は，政府の介入のような第三者による介入を通して，環境問題の解決が必要と考えられるが，この unit では，利害関係者のみの直接的な取引・交渉によっても解決されうることを示す。それでは，利害関係者のみの直接的な取引とはどういうことだろうか。ここでは，以下の工場排水を例に取り上げる。

ある人の購入した家の川上に貯水池があり，その近くに新しく工場ができたとしよう。その工場から出る排水で，貯水池の藻類にとっては栄養となるリンや窒素が過剰に増え，貯水池には藻が繁殖し，悪臭が出るようになった。ここで，政府が貯水池へ排水する工場に対し，法律によって排出基準を設定することができる。工場は，その法律を遵守するために，排水処理装置を設置し，リンや窒素の排出量を減らし，基準値以下に抑えようとする。また，環境税による規制を行うのであれば，排水中におけるリン・窒素の量に対して課税をすることによって排水を減らすことができる。工場は，生産の限界費用と税金を計算し比較したうえで，ある水準まで排水を減らすことになる。しかし，こういった政府による解決法に頼らずとも，利害関係者の自主的な取引という市場原理を利用した解決策があることを，1991 年にノーベル経済学賞を受賞したロナルド・コースは提案した。貯水池の所有者を決定することによって，この問題は当事者同士で解決できるというのである。

つまり，環境税のような政府の政策を用いなくとも，市場の失敗を避けることができるということを主張した。これは**コースの定理**と呼ばれる。汚染物質を排出する権利を利害関係者間で法的に定めることができれば，汚染に関わる当事者間での自発的な直接交渉に任せることで自然に合意形成を行うことができ，その結果として効率的な資源配分を実現することができるという。つまり，社会全体の厚生水準を最大化することができるため，政府の介入は必要ないとする。そして，加害者側に強い権利があろうと，被害者側に強い権利があろうと，最終的に実現する配分は変わらないという。

コースは次の条件を満たせば，外部性にともなう非効率性を交渉で解決できるということを主張した。

①環境利用について誰の権利であるか，明白な社会的合意がある，つまり**所有権**がある場合。

②損害賠償責任の規則が明確に決まっている場合。

③交渉の費用（**取引費用**）が不要である場合。

加害者と被害者が直接交渉できる状況として，たとえば，ある地域において工場（加害者）が稼働しているとしよう。そして，工場からは操業中は常に騒音が発せられていて，それが近隣住民（被害者）に大変な迷惑をかけている場合が考えられる。同様に，似たようなケースとして，川上に位置する汚染者の生産活動により，廃棄物が発生し，処理されずに川に排出されて，川下の企業や住民が損失を受ける場合でもかまわない。また別な例として，ダイバーと漁業の関係にも当てはめることができる。漁業関係者が，ある水域で漁業を営む権利である漁業権を得ており，ダイバーが原因で漁獲高が減っている場合も想定できる。それ以外にも，汚染者として喫煙をする愛煙家，被害者として同じ部屋にいる嫌煙家を考えてもよい。

ここで，汚染者と被害者の2者のみが互いに影響を与えうる状況を想定しよう。最初に，人びとには汚染のない環境を享受する基本的権利として，環境権があるものとする。被害者に環境権があれば，汚染者は汚染行動（工場稼働にともなう生産活動や喫煙者の喫煙行為）をするためには，被害者に予想しうる損害を賠償する必要に迫られる。そのために汚染発生行為にあたり，汚染者はその賠償金または被害者の効用の減少分を自らの損益計算に入れなければならない。逆に，汚染者に汚染する権利がある場合，つまり，外部不経済の発生を認める権利である汚染権がある場合を考えよう。たとえば，喫煙の制限がされていない部屋での喫煙者に喫煙権があること，または，建物の建築に何の制限もない場合などが考えられる。これらの場合は，外部不経済が発生しているため，社会的余剰が最適な水準ではない。そこで被害者は，汚染者に汚染行為を削減することに対する**補償金**を支払う必要がある。その際，汚染者は自らの損益計算に汚染削減による補償金を含めることができる。

コースの定理の重要な点は，環境権が被害者にあっても，または汚染権が汚染者にあっても，最終的に社会的に効率的な資源配分を達成できるという点においては変わりはない，ということである。一見，権利の所在はその後の取引に影響を与えるため，取引の結果である資源配分に影響を与えると思われやすい。しかし，コースの主張は，その権利の所在が最適な資源配分と無関係にあるという点で注目を集めた。

コースの定理の図解

(1) 住民に権利がある場合

ここで図を用いて，権利の所在の違いが資源配分に影響しないということを確認しよう。今，ある地域で工場が操業しているとしよう。その生産活動を行う経済主体（工場経営者）が汚染物質を排出して近隣住民に損害をもたらす場合を考えてみよう。この場合に，汚染物質排出量（操業時間）の増加にともなうこの工場の利益の増分，つまり限界便益曲線を図 9-1 の FT_1 とする。工場経営者は，汚染物質の排出を削減するときには，最初は排出してもしなくても利潤に影響を及ぼさない程度のものから削減を始め，最後には費用のかかる処理の難しい排出削減を行う。曲線 FT_1 は右下がりとなる。汚染物質排出量の増加にともなう外部費用の増分はすべて近隣住民の損失となる。これを限界損失（限界外部費用）曲線として曲線 OG で表す。排出物が追加されるごとに起こる追加損失は，周辺の汚染度が上昇するとともに増加するので曲線 OG は，右上がりの曲線となる。

環境規制がまったく行われていなければ，工場経営者は近隣住民が負担している損失費用を，工場自らの費用とは認識していないため，利潤最大化を達成できる T_1 時間の操業を実行する（unit 7 を参照）。それに対して，工場経営者の

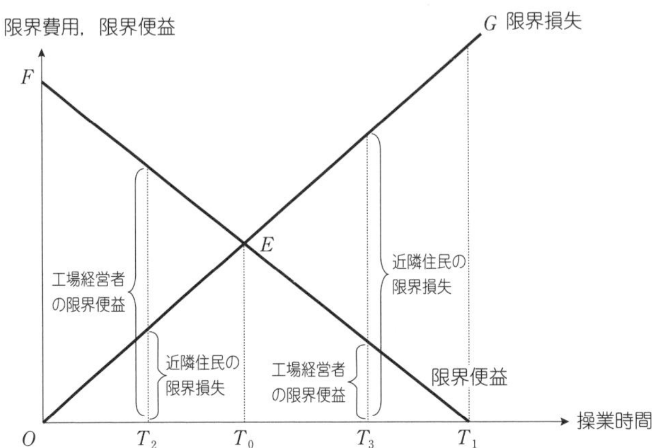

図 9-1　直接交渉による外部性の内部化

利潤から近隣住民が被る損失を差し引いた社会的余剰を最大にする操業時間，つまり社会的に最適な操業時間は，unit **8** の最適な環境税と同様に限界便益曲線と限界損失曲線の交点 E に対応する T_0 時間の操業である。このとき社会的総余剰は，工場経営者の利潤（台形 OT_0EF）から近隣住民の損失（$\triangle OT_0E$）を差し引いた$\triangle OEF$ となる。

他方，T_1 時間での社会的余剰は，工場経営者の利潤（$\triangle OT_1F$）から近隣住民の損失（$\triangle OT_1G$）を差し引いたもの，つまり$\triangle OET_1$ が重複しているので，その分を差し引き，$\triangle OEF-\triangle EGT_1$ となる。この場合，近隣住民へ過大な損失がかかるために$\triangle EGT_1$ に相当する分を差し引かなければならない。そのために，何も規制がかからなければ，最適な操業時間のときと比べて$\triangle EGT_1$ に相当する損失が社会に発生する。

ここで，もし近隣住民がきれいな環境で生活する権利をもっているとしよう。彼らがこの権利を行使できた場合の社会状態は，原点 O の操業時間および排出量がゼロということになる。したがって，工場が生産活動を行うためには，交渉の出発点も原点 O として，操業時間を住民に認めてもらう必要がある。ここから両者が交渉を開始して，住民が被る損失を工場が住民に対して補償するという合意が成立すれば，操業時間を増やすことができる。操業時間をゼロから 1 単位増加させることにより，近隣住民が被る損失の増分はゼロとなり，工場が得る利潤の増分は OF となるために，工場は近隣住民の損失を補償しても採算がとれる。次に，操業時間を T_2 まで増やしたときを考えると，ここでも工場経営者の限界便益が近隣住民の限界損失を上回るので，さらに操業時間を増やすインセンティブがある。

このように補償を増やしていき工場が利潤を追加的に増やせなくなるのは，操業時間が T_0 のとき，つまり限界便益と限界損失が等しくなる点 E になったときである。たとえば，操業時間を T_0 より多い T_3 まで増やした場合を考えると，工場経営者の限界便益が近隣住民の限界損失を下回っているので，操業時間を増やすインセンティブがないことがわかる。すなわち，両者の間での交渉が落ち着き，最終的に点 E という社会状態が成立することになる。点 E で住民が被る損失である $\triangle OT_0E$ の面積に相当する金額を，工場が住民に支払うのと引き替えに，T_0 時間の操業が許されることになる。そして，工場は住民に支払った補償額を差し引いた残りの $\triangle OEF$ の面積に相当する利潤を獲得することになる。

⑵　工場に権利がある場合

逆に，工場がもともと操業する権利をもっている場合もありうる。たとえば，この工場は住宅がまったくなかった山中で昔から操業していたとする。そして，宅地化にともない工場周辺がいつの間にか住宅地になったケースである。この場合，交渉の出発点は点 T_1 になる。初期時点で，工場は $\triangle OT_1F$ の面積に相当する利潤を得ており，住民は $\triangle OT_1G$ の面積に相当する損失がある。この場合，近隣住民は現行の操業時間 T_1 よりも引き下げるように交渉をもちかけるインセンティブをもつ。なぜならば，操業時間を T_1 から 1 単位削減しても工場には何の利潤の減少はないが，近隣住民にとっては GT_1 だけの損失を回避できるからである。次に，操業時間を T_1 より少ない T_3 まで減らした場合を考えると，近隣住民の限界損失が工場経営者の限界便益を上回っているので，操業時間を減らすインセンティブがあることがわかる。こうした交渉は，操業時間の短縮により工場が被る利潤減少に比べて，近隣住民の損失回避額が小さいかぎり続くことになる。そして，住民は，工場の限界便益の損失分を補償金として工場に支払い，操業時間を短縮してもらうことになり，その結果，社会的に最適な効率的操業時間が実現されることになる。

交渉の結果，住民が支払う補償金は面積$\triangle ET_0T_1$に相当する額になる。この補償金の受け取りを条件に，工場は操業時間をT_0にまで減らすことに同意する。そうしたとしても，T_0時間で得られる利潤（台形OT_0EF）に補償金を加えると工場は$\triangle OT_1F$の面積の利潤を得ることになり，たとえ近隣住民は補償金を支払っても損失を，T_1時間のときよりも$\triangle EGT_1$の面積分だけ減少させることができるため，近隣住民の経済状態は以前よりも改善する。つまり，環境権が被害者にあるのか，または汚染権が汚染者にあるのかによって，最終的に効率的な資源配分を決定する操業時間は変わらず，ともにT_0となる。

このように考えると外部経済の生み出す便益・損害について初期の所有権を明確に確定しておけば，所有権を誰に与えるかに関係なく，民間の工場と近隣住民との自発的な交渉によって，初期状態にかかわりなく社会的に最適な効率的資源配分が実現されることになる。以上がコースの定理のエッセンスである。

コースの定理の問題点

しかし，現実にはコースの定理のように，当事者間による外部性の解決はうまくいかないことが多い。なぜならば，コースの定理には，表9-1にまとめられるようにいくつかの問題があるからである。

1つめの問題として，権利の配分の変更が与える影響がある。もし権利の配分が変化する場合，所有権の配分方法により，新しい限界便益曲線と限界損失曲線のもとでの社会的に最適な効率的資源配分は達成できるが，その最終的な資源配分は両曲線が変化する前の資源配分とは異なることになる。現実的には，権利の配分は，外部性の当事者である汚染者と被害者の利潤や所得分配に影響を及ぼすと考えることができる。たとえば，近隣住民に環境権があり，交渉により多くの所得を得るようになった場合，限界損失曲線が高くなるということもありうる。これは所得増加にともなう所得効果により近隣住民が，より質の高い環境を求めるケースである。また，工場の側からすれば近隣住民に対する所得補償支払いにより実質所得が低下するために，汚染者の限界便益も低下する可能性がある。その結果，2つの曲線の交点も変わり，交渉の結果，実現する操業時間は図9-1の点T_0と一致しなくなる。

2つめの問題は取引費用の大きさである。コースの定理が成り立つためには，

表 9-1　コースの定理の問題点

問題点	説　明
権利の配分が与える影響	権利の配分の変更によって，汚染者の限界便益曲線と被害者の限界損失曲線が変化しないことが，コースの定理が成り立つ前提である。
取引費用	コースの定理が成立するのは，利害関係をもつ当事者間の交渉が契約に到達し，実行するのに不都合がない場合のみである。
情報の不完全性	交渉に関わる主体の限界便益・損失についての情報が不完全な場合には，効率的交渉は見込めない

当事者間の交渉が容易に行われる必要がある。しかし，実際には取引費用が大きくなる場合は多いと考えられる。たとえば，権利自体の規定が困難な場合がある。近隣住民や工場経営者がそれぞれ1人であれば問題はないが，多数存在する場合には，それぞれの権利について事前に規定し，その規定が利害関係者全員に認められている必要がある。

たとえば，ある人が地域住民の交渉の代表者になったとして，誰が彼を支援するのかを特定することは難しい。また，工場からどれだけ離れた人が，その損失を受けているのかを特定することも難しい。unit **6** からもわかるように環境問題は公共財的側面があるため，環境問題によって生じる損失額を特定するのは容易ではない。たとえば，大気汚染によって生じる健康損失はある程度推定することができるが，不快感の金銭的価値について推定することは難しい。また，工場密集地帯の事例であれば，汚染の責任をどうやって分配するのかということも問題になる。このように，交渉相手が複数となる状況であれば，その交渉は困難となる。

つまり，誰が誰からどの程度の権利を交渉により獲得したかを管理・監督することは難しい。このための費用は，いわば交渉を行ううえでの取引費用となる。また，利害関係のある交渉に関わる人数が多数であるほど，誰かが交渉してくれれば自分は何もしなくてもよいというフリーライドの問題が発生し，最悪の場合には交渉そのものが成り立たない可能性がある。つまり，取引費用が十分に大きければ，自発的交渉のみでは効率的資源配分は実現されないことになる。

3つめとして，情報の不完全性の問題がある。たとえば，近隣住民に環境権

コラム

さまざまな取引費用の実際

交渉のために必要な取引費用は，とくに以前の日本では大きくなる可能性が高かった。たとえば，三重県四日市市で1960年から72年にかけて大気汚染による集団ぜんそくが発生し（四日市ぜんそく），四大公害病の1つとされたが，訴訟解決には10年もかかった。このように，裁判において提訴してから判決が出るまでの時間がかかりすぎることからも取引費用の高さを予想できる。

また，大気汚染を原因とする健康被害で，1988年に尼崎住民472名の原告が，国，阪神高速道路公団および9企業を被告として訴えた公害裁判として，尼崎大気汚染訴訟がある。2000年に裁判所が国の責任を初めて認めた判決が出されたが，交渉相手の特定が難しかった。訴訟となった大気汚染の原因は工場排煙や自動車の排ガスであるが，その汚染者は，工場，自動車の運転手である。個々人が私用で乗る自動車に関しては，時間と場所の特定・予測は困難である。また，自動者の運転手に関しては交渉相手が特定できないなど，コースの定理が成り立たないのは明らかである。

また，別の事例として，化石燃料の消費によって生じる温室効果ガスを原因とする地球温暖化問題があげられる（詳しくは unit 3 を参照）。加害者は現在の世代，および私たち以前の過去の世代の人びとであり，被害者は将来の世代の人びとである。この場合，将来世代と現在世代（および過去の世代）とでは，明らかに被害者と加害者が交渉できないため，政策がまったく介入しないという状況ではコースの定理が成り立たない。つまり，政府の介入が必要となる。

そこでとられた対策の1つは，個々の当事者が互いに交渉するのではなく，政府が発行した温室効果ガスを排出する権利を市場で取引することで，取引費用を軽減しながら各国の汚染物質の総排出量を削減しようという排出量取引である。政府が温室効果ガスを排出する権利を企業に与え，企業はその分だけの温室効果ガスを排出できる。このとき企業は排出量が余れば，それを他の企業に売ることができ，排出枠の足りない企業はほかの企業から不足分を買い足さなければならない。この場合，政府には企業の排出枠と排出量を監視する役目がある（排出量取引については，詳しくは unit 10 を参照）。

この排出量取引では，汚染者と被害者を取引の対象とするのではなく，汚染者同士を対象とすることによって，取引費用という交渉における問題点を取り除くことができる。それにより，排出量の削減を最小限の費用で行うことができる。ただし，この取引を円滑に進めるには，市場の立ち上げの際に政府が手助けをする必要がある。

が認められる場合には，住民は自己の損失を過大に申告し，工場から多額の補償を引き出そうとするインセンティブが働く。つまり，お互いが自分に有利な配分になるように戦略的に行動することが予測でき，交渉が簡単に終わらず，過大な取引費用が発生することになる。

コース自身も，この定理により自発的な交渉による外部性の内部化が実際に起こりうることを示すことが目的ではなかったようである。交渉における当事者は一方的な関係ではなく，フリーライドの問題にもあるように自分以外の行動も影響しうるという問題を扱っていること，そして効率的な資源配分を促す取引，つまり取引費用の存在の重要性を目立たせることが，コースの定理の意図であったようである。

取引費用には，誰が当事者なのかを特定する費用，当事者を交渉の場につかせる費用，住民が交渉のための欠勤によって失われる所得や，戦略的行動を含めた交渉に要する時間費用などがある。ここで，最終的に交渉によって実現する効率的な資源配分によりもたらされる住民側の効用の増分など，各々の便益と取引費用の大小について考える必要がある。その場合に，交渉の取引費用が高額であるために，交渉によってもたらされる便益よりも取引費用が大きくなる状況が考えられる。これは，取引を行わない現状が効率的であるともいえる。このように，民間の当事者間の交渉によって，外部性の問題がうまく解決されないとき，行政や司法が介入する必要が出てくる。

環境権と資源配分の問題

コースの定理では，利害関係にある当事者たちが費用をかけずに資源配分について交渉できるのであれば，被害者に環境権を与えても，加害者に汚染権を与えても，到達する最適な汚染量は同じである。つまり，誰が所有権をもつにせよ，交渉が問題を解決し，社会的な利益は最大化されることになる。したがって，社会的に効率的な資源利用の観点からいうと，環境団体や自然保護運動家が被害者に環境権があると主張することに説得力はない。

しかし，所有権の決定はどちらが補償を受けるのかという分配の問題に大きく影響を与える。ここでは，公害問題の際に，日本の公害裁判では汚染の原因となった企業が被害者に補償したことについて考えよう。つまり，なぜ被害者に環境権を与えることが妥当とされたのか検討してみよう。

まず，公害に悩むような地域の住民は必ずしも富裕層ではない。そして，被害者が大勢いて分散しているような場合，被害者自らの財産で汚染者の利潤を補償することは社会的に受け入れがたかった。そこで，被害者が汚染者を訴えることによって生じる費用を軽減するため，「公害健康被害補償法」（公害健康被害の補償等に関する法律）を1973年に政府が制定した。この具体的な内容は，財源は全国の工場・事務所が負担するというものであり，1 m^3 当たりの二酸化硫黄（SO_2）の排出によって分担金を課すものであった。汚染者と被害者との間の交渉の取引費用の低下に政府が一定の役割を果たしたといえる。このように，現実的には所有権の特定が難しい際は，政府や司法が一定の役割を果たし，その後の交渉は利害関係者にゆだねるということもありうる。

要　約

コースの定理とは，交渉のための取引費用が不要な場合，所有権・損害賠償責任の規則が決まってさえいれば，被害者と加害者のどちらに損害賠償責任があるかにかかわらず，交渉による解決が社会全体の厚生水準を最大化するというものである。しかし，実際にはコースの定理のように，当事者間による外部性の解決はうまくいかないことが多い。なぜならば，コースの定理には，取引費用が存在しないことや，完全情報を仮定しているなどの問題があるからである。

確認問題

- □ *Check 1* コースの定理について説明しなさい。
- □ *Check 2* なぜ取引費用が重要なのかについて説明しなさい。
- □ *Check 3* コースの定理の限界点について説明しなさい。

unit 10

排出量取引

Keywords
排出量取引，市場の創設，初期配分，グランド・ファーザー

排出量取引とは

unit 9 でみたコースの定理は環境財の財産権について注目したものである。この unit で取り上げる**排出量取引**（排出権取引，排出許可証取引とも呼ばれる）制度はコースの定理を応用したものである。企業・工場などの各主体ごとに一定量の汚染物質を排出する権利を排出許可証という形態で割り当てる。ここで多くの場合は，政府が特定の汚染物質を排出してもよいという権利を排出許可証（つまり証券）として発行することになる。そして，証券会社などの団体が汚染物質を排出する主体間の排出許可証に関する取引市場を作る。

汚染者は制度上この排出許可証を取引市場で取得しなければならず，もし実際の企業・工場などの各主体ごとの排出量が保有する排出許可証よりも多ければ，ほかの排出者から購入することができ，余剰が出れば売却することもできる。このように，企業・工場などの各主体が互いに交渉をするのではなく，政府が発行した排出許可証を取引することで，取引費用を軽減しながら全体として効率的に排出削減を図ろうとする制度である。そして，ほかの経済的手法と同様に環境財（無償で大気を汚染すること）に価格をつけて市場で取り扱うことで，外部性の内部化を実現させようというものである。

排出許可証では汚染物質のある量を1単位と定め，この許可証の保有者は，その1単位分の汚染物質の排出が許される。汚染者は，排出許可証の割当以下であれば，何単位でも排出可能である。

ただし，社会全体における環境汚染物質の総許容排出量はあらかじめ政府が決めることになる。総排出量は政府（排出量取引制度の行政当局）によって管理されているので，政府が排出許可証の発行を調整することによって，総排出量を抑制することができる。この総量規制を行えることが，排出量取引の利点の1つである。

排出可能な総量を順次減らすことで，数年後に排出量を大きく減らすことも可能になる。たとえば，1990～95年に，アメリカの環境保護庁（EPA）が導入した排出量取引の制度では，規制対象施設の二酸化硫黄（SO_2）排出量を870万トンから530万トンに削減させることに成功した。

汚染物質の排出量を市場で譲渡可能なものとして自由に取引することができれば，排出量市場に参加している誰でも，許可証の売買により排出量を取引することができる。つまり，排出量取引を導入することで，汚染削減の容易な汚染者は汚染を削減し，削減の難しい汚染者は不足排出量を入手することになる。これにより，以下に図解で示すようにすべての企業に排出削減に対して同じ負担（限界費用）を負わせることが可能となり，企業間の生産活動を最適化できるため，政府によって決められた削減目標を達成するための社会的費用を最小化することができる。しかも，コースの定理の指摘するとおり，最適な排出量は初期割当をどのようにするかということに依存しない。排出量取引は，汚染物質を排出する権利を売買しているということで，いまだに聞こえが悪いようであるが，合理的な制度といえる。

排出量取引の図解

この排出量取引制度はどのように機能するのか，図10-1を用いて説明しよう。ここで企業は汚染物質排出をともなう資源を投入し，単一財を生産しているものとする。そして，右下がりの曲線は，企業にとっての汚染物質排出の限界便益曲線を表している。汚染物質排出が無料で自由に排出できれば，最適排出量としてX_Mだけの汚染物質を排出する。これは，排出量の市場価格がゼロであることに相当する。

ここで，図の水平な直線P^*が排出量の市場価格を表しているとする。つまり，1単位の汚染物質の排出に対してP^*の価格を支払わなければならないこ

図 10-1 個別企業の排出量取引

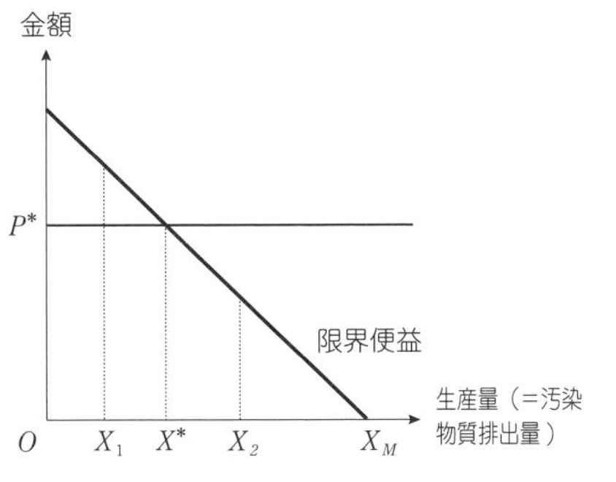

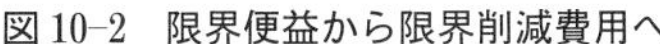
図 10-2 限界便益から限界削減費用へ

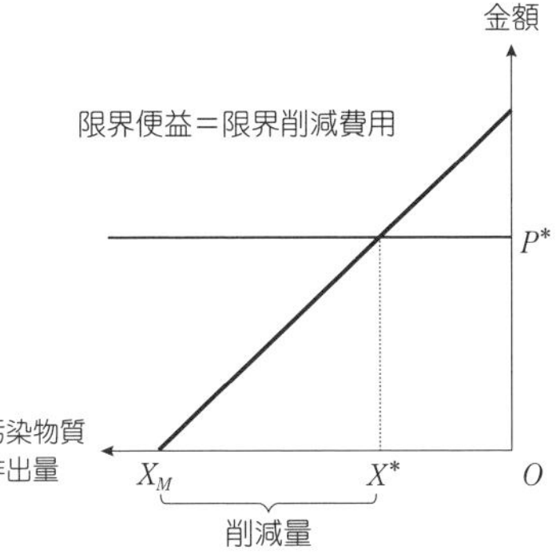

とになる。企業にとって利潤を最大化する最適な汚染物質排出量は，排出量の市場価格 P^* と限界便益曲線との交点に対応する X^* 単位である。なぜならば，X^* 以上では排出量価格が限界便益を上回り，排出量を増加させると利潤が減ってしまうからである。いずれの排出量であっても，ある与えられた排出量の市場価格さえ決定されれば，企業にとっての最適な汚染物質排出量は排出量価格だけに依存することがコースの定理よりわかる。つまり，排出量の初期保有量がいくらであるかに依存しないのである。これを以下の 2 つの例を通して説明する。

まず，排出量の初期保有量が X_1 としよう。この場合，(X^*-X_1) だけの排出量を市場から追加的に購入することになる。しかし，もし排出量初期保有量が X_2 のような水準であれば，企業は (X_2-X^*) だけの余剰となる排出量をもっていることになる。そこで，企業は，この余った排出量を排出量市場で売却することで追加利益を得られる。

次に，排出量取引市場の資源配分を考えるために，まず限界削減費用と限界便益の関係を考えよう。まず図 10-1 より，企業の限界便益が排出量価格 P^* に等しくなるようにその投入量を決定することがわかる。そこで，逆に排出量を減らす場合を考えると，限界便益は，排出量を 1 単位削減することで企業の利潤がどれだけ減少するのかを示しているので，これを限界削減費用として解釈することができる。

ここで限界削減費用についてみるため，図 10-1 の左右を反転させよう（図

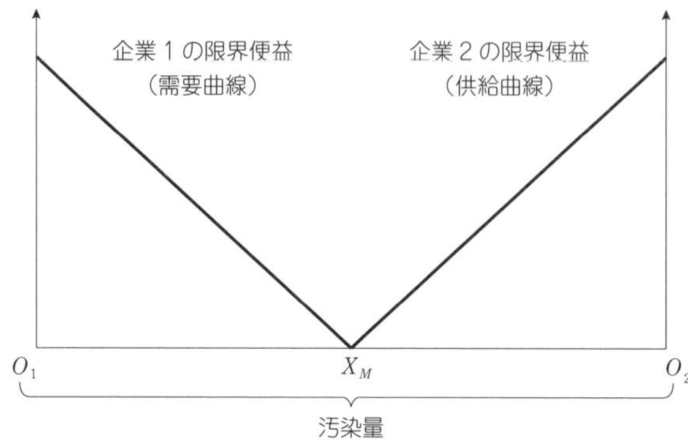

図 10-3　規制がない場合の需要曲線

10-2)。もし排出量価格がゼロであれば，汚染物質排出量は X_M となる。この X_M から汚染物質の排出量を削減すれば，その分だけ排出削減量は右に移動する。排出量価格が限界削減費用を上回る間は，排出削減を増やすことで利潤を増加させることができるので，排出量価格 P^* に対応する，(X^*-X_M) だけ汚染物質の排出量を減らすことが最適だといえる。

図 10-1 と図 10-2 を合わせると，図 10-3 のようになる。ここで点 O_1 は企業 1 の排出量の原点，そして点 O_2 は企業 2 の排出量の原点を表しているとしよう。排出規制がなければ，企業 1 は O_1X_M だけ，企業 2 は O_2X_M だけ汚染物質を排出する。すなわち線分 O_1O_2 の長さが規制のかからない場合の社会全体での汚染物質排出総量を表している。

次に，ある一定の削減量を社会で達成する場合について，図 10-4 を用いて説明しよう。政府が O_2O_2' に相当する排出総量を減らすために，線分 O_1O_2' の長さで表された排出総量に相当する取引可能な排出量を両企業に適当に配分したとする。汚染総量が $O_2'O_2$ だけ削減されたため，企業 2 の原点が O_2 から O_2' へとシフトし，企業 2 の供給曲線も左へシフトする。図 10-4 では企業 1 には O_1A，企業 2 には AO_2' だけの排出量が初期に割り当てられている。排出量取引が行われず，初期保有量の水準に従い両企業が汚染物質排出量を減らすことになると，企業 1 の限界便益は AC，企業 2 のそれは AB となる。企業 2 に比べて企業 1 のほうが限界削減費用は高く，つまり排出削減にかかる費用が大き

図 10-4　最適な排出量

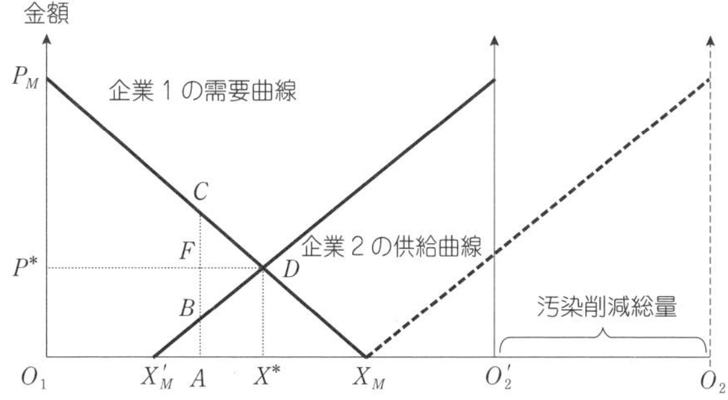

いので，2 つの企業の間で排出量取引の誘因が働く。

ここで，排出量取引により企業 1 は排出量を企業 2 から買うこととなる。買い手である企業 1 の限界便益曲線は企業 1 の需要曲線として表され，売り手である企業 2 の限界便益曲線は企業 2 の供給曲線として表される。そして，需給が等しくなるのは，排出量価格 P^*のときであり，排出量取引量は AX^*となる。こうして到達される市場均衡点 D では，政府が定めた総排出割当量を制約とした場合にもっとも効率的な資源配分が実現されている。

次に各企業の削減費用をみてみよう。企業 1 の場合，排出量取引が行われずに X_M から A まで削減しなければならない直接規制が実施されると，削減費用は$\triangle X_MCA$ となる。ここで排出量取引を行うと，X_M から X^*までは自社で削減し，残りは排出量（排出許可証）を購入するため，費用は自社の削減費用$\triangle X_MX^*D$＋排出量購入額$\square X^*AFD$ となり，$\triangle DFC$ だけ費用を節約できる。

一方，企業 2 の場合は，直接規制が実施されると X'_M から A まで削減するため費用は$\triangle X'_MBA$ となる。排出量取引が行われると，AX^*の排出量（排出許可証）を売却し，X'_M から X^*まで削減する。自社の削減費用は$\triangle X'_MDX^*$となるが，排出量の売却益$\square AFDX^*$が得られるため，$\triangle BFD$ だけ費用を節約できる。この結果，排出量取引を行うことで両企業では$\triangle BCD$ だけ費用を節約できることになる。このように，市場均衡で実現される配分のもとでは，総排出割当量を所与としたときに両企業の余剰の和を最大にしていることがわかる。

排出量取引の実施上の問題点

排出量取引制度の整備や実施において成功させるためにはいくつかの条件がある。それは，以下の3つに分けられる。

①**市場の創設**に対して，簡潔な規則の導入が必要である。

②排出量取引市場は完全競争市場であることが必要である。

③**初期配分**の決定を行うことが必要である。

まず，排出量取引市場には，実行の規則，契約実行の監視などを行う制度を導入する必要がある。コースの定理と同様に，制度が複雑になりすぎると取引費用が増加するので，簡潔な規則の導入が必要である。そして，排出量取引市場は完全競争市場であることが必要である。市場が寡占状況にある場合などは，市場支配力が生まれる可能性がある。たとえば，参加企業が少ない場合は，少数の企業が排出する権利を買い占めることが可能になり，新規参入者などへの売却を拒否することが可能になるといったように参入制限が起こりうる。

また初期配分の方法としては，**競争入札**と**グランド・ファーザー**方式の2つの方法が考えられている。競争入札が行われるとその収入は競売を実施する政府の収入となるため，既存の汚染物質を排出する企業は競売をともなう制度の導入は望まない。むしろ，初期の排出量を無料で配付する排出量取引制度の導入を望むであろう。もし，排出する企業の大きさなどによらず各企業に同じだけの権利を無料で与え，そのうえで取引を行ったならば，これまで多くの汚染物質の排出を行ってきた企業ほど導入年の排出量が多くなるので大きな損失を被るであろう。また，逆に排出量が少ない企業であるほど，排出量の売却収入があるため利潤を得ることができるであろう。つまり，このような配分は現実には難しいと考えられる。そこで，これまで排出してきた既得権に比例して無償で配分を行う制度をグランド・ファーザー方式という。

グランド・ファーザー方式では，排出を通じた外部損失に見合った費用負担を求めることにはならないという点で多くの批判が出されている。しかし，この代替案である競争入札方式には完全競争市場の実現が難しいという問題を抱えていることを考えると，負担の公平性などの適当な基準のもとに初期排出量を極端に偏在させないようなグランド・ファーザー方式のほうが望ましいといえる。

コラム

排出量取引の事例

排出量取引は，かつて思われていたほど目新しい制度ではない。この取引制度はこれまで多くの国の環境政策として用いられてきた。対象は，大気汚染のみでなく，土地管理，水資源管理，漁業管理において適用されている。とくに，アメリカでは，1970年代の後半から大気汚染対策の一部として取り入れられている。1980年代には石油精製業における鉛取引制度として，また，90年代のカリフォルニアでは二酸化硫黄（SO_2）と窒素酸化物（NO_x）の排出許可証取引制度として，この排出量取引は実際の環境政策として用いられている。なかでも，1995年に始まった二酸化硫黄排出許可証取引制度は成功例として有名である。そして，直接規制を行った場合と取引を行った場合で，どの程度費用が異なるかが調べられている。とくに，取引による費用削減が時間とともに増加していることが指摘されている。

水に関連した排出量取引は，オーストラリア，アメリカ，チリを中心に2つの異なった適用範囲がある。1つめは，水資源管理のために排水を排出する権利，あるいは取水する権利の取引が行われてきた。2つめは，地表の水質の保護と管理に対する排出量の取引あるいは水質汚染権の取引である。

漁業管理への適用は，個別譲渡可能割当制度（ITQ）としてオーストラリア，カナダ，アイスランド，オランダ，ニュージーランドおよびアメリカで漁業を管理するために用いられてきた（ITQについてはunit 5のコラムを参照）。伝統的に，漁業へ参入する権利はすべての者に平等という考え方のもとで魚類資源は管理されてきた。その結果，誰も将来の利用のために魚類資源を保護しようとしないことになり，魚類資源は縮小していった。そこで許容される捕獲量が各人に割り当てられ，取引権利の市場のもとで管理されるようになり，一定の成果を収めている。

コラム

排出量取引を経済実験で考えよう

排出量取引は，実際に経済実験で試してみると理解が進む。本書の学習サポートコーナーでは，排出量取引に関する経済実験をウェブ上で体験することができる。

＊学習サポートコーナーURL（http://kkuri.eco.coocan.jp/research/EnvEconTextKM/）

要　約

排出量取引制度とは，排出される汚染物質1単位ごとにその排出を認める権利を規定し，その権利を市場において取引可能とする制度である。したがって，政府があらかじめ総排出量を，目標とする汚染物質排出総量の水準に定めれば，経済全体で排出される汚染物質総量も目標水準内に収めることができる。

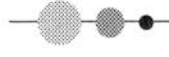

確認問題

□ *Check 1*　排出量取引制度について説明しなさい。

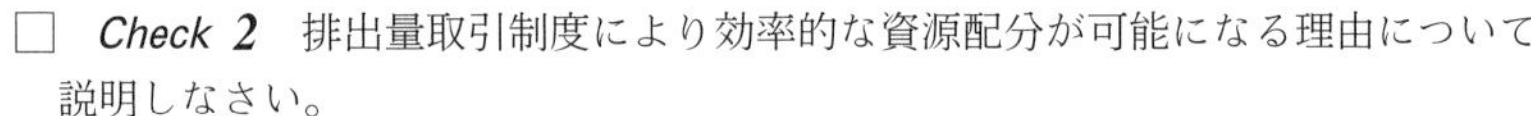

□ *Check 2*　排出量取引制度により効率的な資源配分が可能になる理由について説明しなさい。

□ *Check 3*　排出量取引の初期配分の難しさについて説明しなさい。

第4章

環境政策への応用

▶温暖化の影響とみられる氷河の融解（グリーンランド，写真提供：AFP＝時事）

Introduction 4

この章の位置づけ

この章では，環境政策の考え方について解説する。まず，複数の政策手段が考えられるときにどのようにして適した政策手段を選ぶのかについて解説する。直接規制よりも経済的手法のほうが費用効率的に環境目標を達成できると考えられるが，なぜこれまで多くの国で直接規制が用いられてきたのかを現実の政策決定に即して考え，説明する。そして，現在，よく議論される環境税と排出量取引制度の優位性について解説する。また，直接規制，経済的手法などの諸政策手段を，効果的に組み合わせる可能性についても紹介する。そして，より具体的に日本の廃棄物問題と日本以外の先進国および途上国も含めた問題である地球温暖化政策の現状と今後について，どのように経済学の理論が生かせるか詳細に解説する。

この章で学ぶこと

unit 11　環境政策手段の選択問題は，環境経済学において主要な位置を占めている。直接規制，経済的手法や複数の手段を組み合わせる方法など，どのように政策手段の選定を行うかについて解説する。

unit 12　ごみ排出量に応じて処理手数料の負担を求めるごみ処理の有料化制度やデポジット制度とはどのような手法であるのか紹介する。そして，状況に応じて適した手法が異なることについても解説する。

unit 13　現在，地球温暖化問題への対策が世界各地で議論されている。京都議定書の目標値達成のために，市場原理を活用する京都メカニズムが導入されたが，どのような制度なのかを紹介する。

unit 14　現状では，京都議定書の温暖化を抑制する実効性は小さい。現在，京都議定書後の対策がパリ協定後に検討され始めている。今後，どのように有効性を引き出すのかについて解説する。

unit 11

政策手段の選択

Keywords
経済的手法，不確実性，ポリシー・ミックス

環境政策手段の選択に関わる問題

環境政策手段の選択に際しては，政策課題の認識と設定に始まり，どのように解決するかという政策の立案・提案・審議・決定・実施・評価を経て，最後に評価に基づく新たな政策対応という一連の過程のなかで議論される。その過程でもっとも重要なことは，理論的にどのような政策手段が効果的かを理解することである。この unit では，それぞれの政策手段の特徴について解説する。

政策手段の選択問題は，環境経済学において主要な役割を果たしている。前章までに明らかになったのは，①直接規制よりも**経済的手法**のほうが費用効率的に環境目標を達成できること，そして②経済的手法のなかでは，参入・退出を考慮に入れた長期的な観点と，費用負担における公平性の観点からは，補助金よりも環境税と排出量取引制度のほうが優れていることである。なお，環境税と排出量取引制度が同じ効果を生むのは，環境税の場合に決定された税率のもとで決まる排出水準を，排出量取引制度の許可証の基準にすることである。

この unit では，まず直接規制と関連する技術規制と経済的手法についての比較を行い，なぜこれまで多くの国で直接規制が用いられてきたのかについて解説する。そして，環境税と排出量取引制度の政策手段を比較し，最後に直接規制や経済的手法などの諸政策手段を，効果的に組み合わせる可能性について解説する。

技術規制と経済的手法

環境汚染物質の排出基準がある直接規制については，前章において非効率であることを解説した。ここでは異なる性質の直接規制の手法として，特定の生産技術の採用や汚染防止設備の設置を企業における操業の条件とする規制について取り扱う。たとえば，欧米先進国では排ガス・排水などの排出基準値を設定する際，「実行可能な最良技術」(Best Available Technology Economically Achievable: BAT）の採用により達成される処理レベルに基づいて決められている。アメリカの大気汚染防止のための法律であるマスキー法では，自動車のある特定の装置についての設置義務があった。また，現在，日本国内で行われている自動車排出ガス規制も，排気ガス濃度の基準を満たす性能をもつ車両のみを製造・輸入・販売させる規制手法を採用している。

前章で説明した直接規制と同様に，この方法では経済的手法と異なり，効率的な規制とはいえない。なぜならば，まず特定の技術や装置さえ設置されていれば，どれだけ生産を増加させ，付随する汚染物質の排出量が増大しても規制することができないという問題がある。次に，企業は指定された技術や装置さえ設置すれば規制は守れているので，それ以上の排出削減の必要はなく，環境保全のための技術開発に努力するインセンティブが生まれない。そのため，技術開発投資や研究開発投資に対しては十分なインセンティブを与えられない。そして，使用する技術自体が指定された場合，指定された技術よりも効率的な環境技術があったとしても採用することができないといった問題もある。以上のような問題から，経済的手法のような有効性はないと考えられる。

環境税と排出量取引制度

これまでの章では，政府が財についての需要や供給の情報を正確に把握していることを暗黙の前提として解説してきた。さらに，最適な環境政策を実施するためには，政府には生産量を削減することによる利益の減少（限界便益曲線）に関する情報と，その汚染物質の排出がもたらす社会的費用（限界外部費用）に関する情報が必要である。これまで，これらの情報が完全に存在するという状況を想定して，環境税と排出量取引制度の考え方を紹介した。この状況を完全情報という。しかし，現実にはいずれの情報も政策当局にとっては費用をか

コラム

なぜ直接規制が用いられてきたのか

これまで多くの国で直接規制が環境政策として長く用いられてきた。その理由は，社会に理解されやすく，目的が明確だからである。逆に環境税は，政治的抵抗が少ない問題に用いられてきた。一般に，産業界および国民は，環境税に対して，税収からの収入を主な目的としており，環境への有効性があまりないと理解していることも多い。

環境政策の実施により大きな損失を被ったり利益を得る企業や団体は，政策手段に対してそれぞれ独自の選好の順位をもっている。大きな利得を得る団体は，その政策を推進するが，逆に大きな損失を被る団体は，その政策手段の導入阻止をめざす。つまり，自分たちの利益に合致するように，環境政策の推進，導入または撤廃，導入阻止を実現するために活動する。このような活動は，レント・シーキングと呼ばれている。

汚染物質を出す企業にとっては，同じ排出削減を行うにしても利用される政策手段の選好が異なる。もっとも彼らが望ましいと考えがちなのは，金銭援助のある補助金政策である。次に，直接規制であり，環境税が最後の選択である。なぜ直接規制が環境税よりも望まれるのだろうか。補助金政策および直接規制に関しては，特定の技術を補助金の対象とする，または直接規制では標準技術とするなど，既存の企業が政府の政策策定作業に参加する。その際には，既存の企業に有利になるように技術を指定し，新規企業の参入を困難とする手段をとることが考えられる。このように産業界は，自らの既得権益を守る手段として，環境税よりも直接規制が望ましいと考える可能性がある。このように，政策決定者が既存企業に取り込まれれば，政府は社会にとって望ましい政策手段を考えるのではなくて，既存企業の利益を増やすことを目的とするようになる。

これまでの政策の事後研究から，直接規制より経済的手法を採用したほうが，より大きな汚染物質排出削減が達成され，かつ低い削減費用ですんだということが明らかにされている。たとえば，アメリカの環境保護局が行った40以上の研究成果をまとめた調査によれば，経済的手法が直接規制よりはるかに費用効果的であることが示されている。アメリカで酸性雨問題の解決のために取り組まれた排出量取引では，企業の費用削減額は，長期にわたり年間1000億円であり，取引額は，年間1兆円にのぼると考えられている。また，そもそも汚染を管理する市場が存在しないことが，環境問題の大きな要因であったことも考えると，直接規制ではなく，汚染を取り扱う市場を創設し，その市場の枠組みのなかで利益の最大化をめざす行動によって，環境の最適な利用を達成できる経済的手法が有効である。

けずに正確に把握することは難しい。

完全情報下では，環境税と排出量取引制度の資源配分上の効果はまったく同一である。しかし，気候変動政策をはじめとする環境問題では，政府が政策決定に必要な情報を十分に入手できるとはかぎらない。そのなかでも，ここでは自然環境の変化や予測できない技術開発などの**不確実性**がある場合について考える。この場合，以下に紹介するように環境税と排出量取引制度との間に相違が生じる。まず環境税の場合，不確実性がある状況では，最適な税率設定が困難であるので，試行錯誤で税率を決めながら，その結果として決まる排出水準をみて徐々に最適な税率に接近していくほかはない。逆にいえば，税率は試行錯誤であれ政策的に固定できるが，その結果，どのような排出水準が実現するかは不確実である。また，消費税のように販売価格に対する割合で決めるのではなく，汚染1単位当たりの金額で税率を決定した場合には，インフレーションやデフレーションによって物価水準が変動する結果，環境税の実質税率が変動する。それにより，実現する排出水準も変動する可能性がある。

他方，排出量取引制度のもとで情報が不完全である場合には，最適な排出総量を確定することができなくなる。何らかの水準で排出総量を固定しても，排出量価格は市場で決定されるため，価格の変動を政策当局は予測できない。つまり，そのような不確実性が存在する場合は，望ましい価格がわからないため，市場参加者による戦略的行動や投機的行動が誘発され，排出許可証価格は乱高下に見舞われることになる。

このように，ともに利害得失があり，どちらか一方が他方に対して完全に優位性をもつということはできない。それでは，政府はどのような考え方に基づいて政策手段を選択すればよいのか。そこで，不確実性が存在するもとでは，どちらの政策手段を採用しようとも損失の発生は避けられないので，損失がより小さい政策手段を選択すればよいといえる。その判断基準を与えるのが，次に紹介するように「限界便益曲線と限界外部費用曲線の相対的な傾き」である。

不確実性の影響

限界便益曲線と限界外部費用曲線に関する情報を政府が十分に入手できない，つまり不確実性が存在する場合に選択すべき政策手段について図11-1を用い

図 11-1　限界便益に不確実性がある場合（ケース 1）

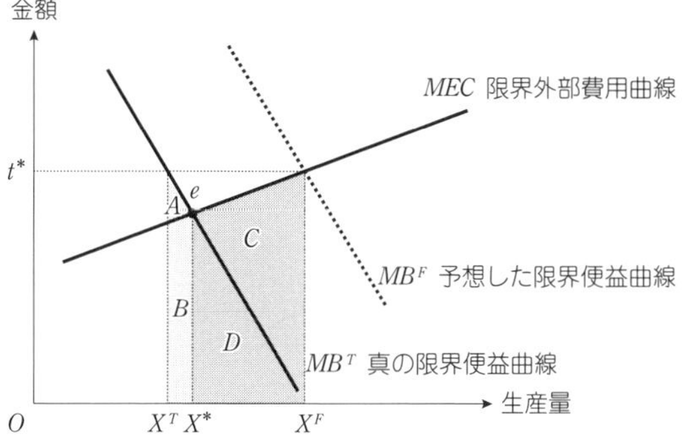

て説明しよう。ここでは，前章のように縦軸に金額（価格），横軸に汚染を生み出す商品の生産量（排出量）をとり，MB 曲線は限界便益曲線，MEC 曲線は排出の増大による限界外部費用曲線を示す。そして，両曲線の交点 e で生産量 X^*と生産量に付随する排出水準を決定することが，社会の純利益を最大化することになる。

(1)　限界便益曲線に関する情報が不確実な場合

ここで，限界便益曲線 MB についてのみ正確な情報を政府が得ることができない，つまり不確実な状況があるとしよう。政策当局は当初，MB が MB^F の位置にあると誤って予想して税率 t^*で課税するか，あるいは生産量 X^F の水準で排出量取引制度の規制枠を決定するかのどちらかの政策手段を利用したいとする。ところが，正しい限界便益は MB^T の位置にあるとする。そうすると，誤った予想のもとでとられた政策によって，社会への損失がもたらされるはずである。環境税の場合，企業は税率 t^*と正しい限界便益曲線 MB^T が等しくなる水準 X^T まで生産量の削減を行おうとする。結果として，最適な生産量の水準 X^*が実現される場合に比べて，利潤は面積（$A+B$）まで減少するが，他方で排出の削減によって外部費用は面積 B だけ減少する。したがって，課税政策によってもたらされる社会への損失は，両者を相殺した面積 A となる。

他方，排出量取引制度の場合，生産量 X^F の水準で排出量取引制度の規制枠を決定しているので，生産量が X^*から X^F に増大していることになる。そこで発生する 1 単位の追加的な社会的外部費用の増加分が面積（$C+D$），利潤の

図 11-2　限界便益に不確実性がある場合（ケース 2）

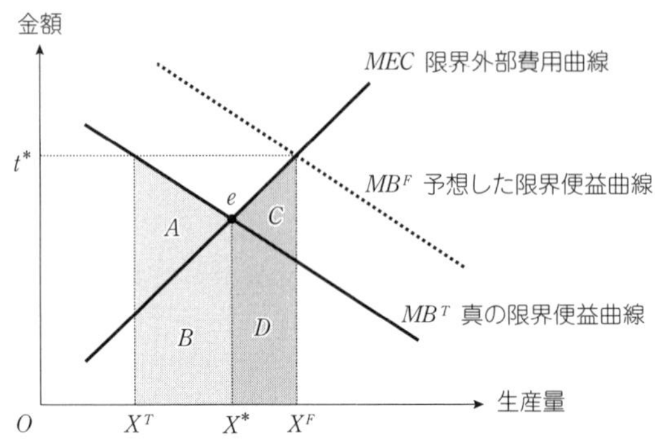

増加分が面積 D となるので，足し合わせると社会への損失が面積 C となる。ここで図 11-1 は，限界便益曲線の傾きが限界外部費用曲線の傾きよりも大きくなるという仮定に基づいて描かれた図であることに注意しよう。そのために，面積 A ＜面積 C となる。結果として，環境税導入のほうが社会への損失は小さくなり，政府は環境税を採用すべきだということになる。

しかし，図 11-2 のように逆の場合，つまり限界便益曲線の傾きが限界外部費用曲線の傾きよりも小さい場合には，面積 A ＞面積 C となって排出量取引制度のほうが社会への損失は小さくなる。こうして，環境税と排出量取引制度のどちらを採用すべきかの決定は，限界便益曲線と限界外部費用曲線の相対的な傾きに依存して決定される。では，この考え方を気候変動政策に応用すると，どちらの政策手段を推奨すべきなのだろうか。

地球温暖化の原因となっている温室効果ガス濃度は，年々の排出量自体ではなく，過去の排出量の蓄積量に依存する。たとえば，二酸化炭素（CO_2）は 200 年，亜酸化窒素は 114 年，フロンは 45〜200 年の間，大気中に停留する。よって，追加的に温室効果ガスの排出を削減しても，それによって得られる追加的な利益はかぎりなくゼロに近いことになる。つまり，限界外部費用曲線はきわめて水平に近い形状をしている。この場合，限界便益曲線の傾きは限界外部費用曲線の傾きよりも相対的に大きいので，環境税を選択するほうが望ましい。つまり，これを根拠に気候変動政策における環境税の優位性が主張できることになる。同じように考えて，年々の排出量自体によって環境の損害が大き

図 11-3　限界外部費用に不確実性がある場合

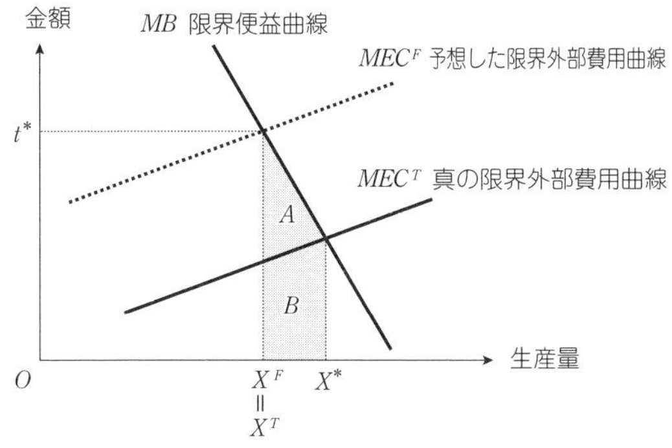

く変化する汚染物質の場合には，排出量取引制度が望ましいといえる。

(2)　限界外部費用曲線に関する情報が不確実な場合

次に，図 11-3 のように，限界便益ではなく限界外部費用の曲線が不確実な場合はどうであろうか。考え方は図 11-1 と同様である。つまり，政策当局は当初，MEC が MEC^F の位置にあると誤って予想して税率 t^* で課税するか，あるいは生産量 X^F の水準で排出量取引制度の規制枠を決定するかのどちらかの政策手段を利用したいとする。ところが，正しい限界外部費用は MEC^T の位置にあるとする。そうすると予想の間違いにより社会への損失がもたらされている。環境税政策のもとでは，企業は税率 t^* と限界便益 MB が等しくなる水準 X^T まで生産量の削減を行おうとする。結果として，最適な生産量の水準 X^* が実現される場合に比べて，利潤は面積 $(A+B)$ だけ削減されるが，他方で排出の減少によって外部費用は面積 B だけ削減される。したがって，課税政策によってもたらされる社会への損失は，両者を相殺した面積 A となる。

他方，排出量取引制度の場合，生産量 X^F の水準で排出量取引制度の規制枠を決定しているので，生産量が X^* から X^F に減少していることになる。そこで発生する削減できる外部費用が面積 B，利潤の減少分が面積 $(A+B)$ となるので，足し合わせると社会への損失が面積 A となることがわかる。つまり，どちらの政策手段を用いても同じだけの社会的な損失が発生する。したがって，限界外部費用の不確実性は，政策選択の問題に対して中立である。よって，われわれは限界便益曲線の不確実性に対してのみ注意を払えばよいといえる。

ポリシー・ミックス

直接規制，経済的手法などの諸政策手段を，効果的に組み合わせることを**ポリシー・ミックス**といい，さまざまな手法の組み合わせによる総合的な政策のことを政策パッケージという。これまで解説してきた個別の環境政策手段には，表 11-1 にまとめているようにそれぞれ長所・短所がある。そこで近年，環境問題の深刻化にともない，伝統的な政策の実効性が問題視され始めたことを受けて，対象とする政策課題の特徴を考慮したうえでいくつかの手法を相互に組み合わせて政策パッケージとして実施することによって，相乗効果が期待されるようになっている。

つまり，気候変動のように大規模で長期的な問題だけでなく，大気・水・土壌の汚染などに対しても経済的手法単独では，企業などからの受容性が低い場合が多い。そこで直接規制などの政策手段を一括して実施することで，経済的手法に対する受容性が高まり，ほかの手法とともに経済的手法を実施できる可能性が開かれることもある。ここで，複数の手法を一括して用いる場合，それらの長所と短所が補完的であるような組み合わせであれば，相互支援的となり効果的である。また，逆の場合は，競合的となり，短所が重なる場合もあり，推奨できないことに気をつけなければならない。つまり，個々の長所を生かしながら，それらの短所を補完的手法で補うことが大切である。このポリシー・ミックスをうまく実施することができれば，政策が失敗したとしても，単一の政策手段を採用した場合の失敗ほど損失が大きくはならない。そして，実際の政策の策定に関しては政府の担当機関，規制を受ける企業，そして関連する第三者的な団体などとの政策実施に向けたネットワークの形成が重要である。

たとえば，廃棄物・リサイクル対策においては，不法投棄の禁止といった直接規制，処理手数料の徴収といった経済的手法，環境方針の作成・実施・達成・維持・組織体制・プロセスを含む環境マネジメント・システムの構築といった手続的手法など，複数の政策手段が活用されている。また，2001 年 4 月より実施されているイギリスの気候変動税も政府の政策パッケージの良い例である。これは，家計部門を除いた産業・商業・公共部門におけるエネルギーの利用に対する環境税を中心にしたものである。しかし，1 つの手段ではなく環境税，協定および CO_2 の排出量取引を組み合わせた政策パッケージとして実

表 11-1　政策手段の長所と短所

政策手段	長　所	短　所
経済的手法	・費用の削減が可能 ・技術革新を促す ・必要な情報量が少ない	・行政，監視の費用が高い ・政治的に論争が多い ・税の場合，社会全体の排出量予測が難しい
直接規制	・法律による強制 ・予測が容易 ・明快である	・必要な情報量が多い ・技術革新を促さない ・行政，監視の費用が高い
自主的な規制	・費用効果的 ・同業者の圧力を利用できる ・環境問題を経営プロセスに統合化	・低い基準になる ・強制性が弱い ・説明責任が問題となりうる

行している。そして，政府と自主協定（気候変動協定）を締結した企業には気候変動税の 80% の減税措置を講じ，かつ事業者は協定の目標達成手段として排出量取引制度を活用できるしくみである。しかし，協定内容を達成できなかった場合には，次の 2 年間の減税措置を受けることができない。なお，イギリス政府は税収からエネルギー効率性改善および再生可能エネルギー開発のための投資に対する資金援助を行っている。

要　約

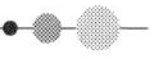

環境政策手段の選択問題は，環境経済学において主要な役割を果たしている。政策手段の選択の際には，直接規制や技術規制よりも経済的手法のほうが費用効率的に環境目標を達成できる。また，限界便益について不確実性が存在する状況においては，限界便益曲線と限界外部費用曲線の相対的な傾きの大きさによって，環境税と排出量取引制度の優劣が決まる。一方，限界外部費用について不確実性が存在する場合には，環境税と排出量取引制度は中立である。

確 認 問 題

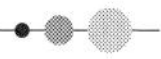

- □ *Check 1*　なぜ直接規制が現在でも用いられているのかについて説明しなさい。
- □ *Check 2*　環境税と排出量取引制度のどちらが望ましいのかについて説明しなさい。
- □ *Check 3*　ポリシー・ミックスが必要な理由について説明しなさい。

unit 12

廃棄物政策

Keywords
ごみ処理手数料，不法投棄，デポジット制度，リサイクル

ごみ処理制度

(1) ごみ処理の手数料

循環型社会の構築のために，廃棄物排出量の削減，リサイクル，再使用の促進が重要な廃棄物問題の課題となっている。環境省では，循環型社会に向けた取り組みとして，経済的手法，つまりごみ発生量を減らすほど損失が小さくてすむ**ごみ処理手数料**の有料化の推進などの必要性をあげ，十分な減量効果発揮のためには適切な料金設定が必要であることを述べている。家計や事業所に対するごみ処理サービスに対して手数料を徴収するかどうかは市町村によって異なる。近年では，各自治体においてごみ処理手数料有料化制度の導入が急速に進んでいるが，導入後5年で1割以上の削減を実現した自治体もある一方で，導入数年後に廃棄物の排出量が導入前の水準にまで戻ってしまった自治体もあり，有料化に対する評価にはばらつきがある。そこで，社会的利益を最大にするような，ごみの最適な排出量はどのような水準に設定されるべきか。ごみ処理手数料有料化制度はごみ排出量を抑制し，社会的利益を最大にするために有効か。有害廃棄物などのためのデポジット制度も含めて，望ましい廃棄物政策のあり方，または望ましい料金設定とはどのようなものか。これらに対する答えをこの unit で考えていくことにする。

(2) ごみ処理手数料が無料の場合

ごみ収集やごみ処理には，設備費・人件費・燃料費などの費用がかかる。従

図 12-1　企業の収入と費用

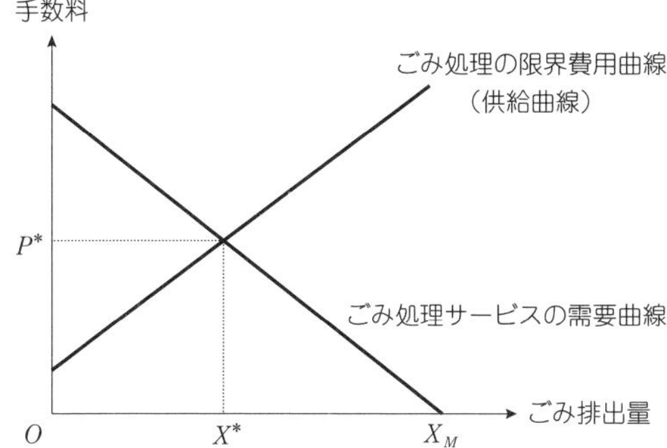

来，多くのごみ処理を行っている自治体では，その費用は住民税などの税金によってまかなわれるべき行政サービスと考えられていた。はじめに，ごみ処理手数料が無料である場合を考えよう。

ここで，ごみ処理サービスの需要量はごみ排出量で表されるものと考えた場合，図 12-1 において通常の需要関数と同じように右下がりの曲線となる。ここで，横軸 X はごみ排出量であり，縦軸はごみ排出量 1 単位当たりのごみ処理手数料または自治体によるごみ処理の限界費用とする。この場合，ごみ処理手数料は無料であるから，ごみを削減するインセンティブはなく家計からのごみ排出量は X_M となる。したがって，自治体は X_M のごみを処理することになる。このとき，社会全体に生じる利益は，横軸の原点からごみ排出量（X_M）までの需要曲線の下方の面積で表される。しかし，ごみ排出量が X_M のとき社会的利益は最大になっていない。なぜならば，ごみ処理には費用がかかるため，ごみ排出量を減らすことによって社会的利益をより大きくすることができるからである。つまり，ごみ処理手数料が無料の場合は，ごみ排出量が過大になり，ごみ処理に多くの税金が使われていることになる。

⑶　ごみ処理手数料が有料の場合

社会的利益を最大にするためにはどの程度までごみを削減すればよいのであろうか。そのために，ごみ処理手数料がごみの量により決定される従量制によって有料化されている場合を考えよう。ごみ処理の限界費用は通常の供給曲線と同じように右上がりの曲線である。

ごみ排出量が X_M のときは，ごみ処理サービスの需要曲線よりも，ごみ処理の限界費用曲線のほうが高い。これより，需要曲線は限界効用曲線を表しているので，ごみ排出量を1単位減少させることによって家計に生じるごみ処理サービス需要の限界効用の減少分より，ごみ処理費用の減少分のほうが大きいことになる。つまり，「ごみ排出の限界効用＜ごみ処理の限界費用」の関係が成り立っている。このとき，ごみ排出量が1単位減少すると，それによって生じる効用の減少が，ごみ処理費用の減少よりも小さい。このため，ごみ排出量を1単位減少させることによって，限界費用と限界効用の差の分だけ，社会的利益は増加する。この関係は，ごみ排出量を X^* に減らすまで続く。

それでは，ごみ排出量を X^* よりさらに減らすことによって社会的利益は増加するだろうか。この場合，ごみ処理サービスの需要曲線よりも，ごみ処理の限界費用曲線のほうが小さい。そのため逆に「ごみ排出の限界効用＞ごみ処理の限界費用」となり，ごみ排出量を1単位減少させることによる効用の減少分がごみ処理費用の減少分よりも大きくなるので，排出量を減少させることによって社会的利益を減少させてしまうことがわかる。

以上から，X^* は社会的利益を最大にするごみ排出量になっている。つまり，「ごみ排出の限界効用＝ごみ処理の限界費用」という条件が，社会的利益を最大にするごみ排出量である。そこで，ごみ排出1単位当たりの処理手数料を P^* に設定すれば，家計にとっては1単位当たりのごみ排出に P^* の費用がかかることになり，ごみ排出量が X^* を超えると，追加的に得られる効用の増加分が P^* を下回るため，それ以上はごみの排出量を増加させない。よって，ごみの排出量を最適な水準に抑制し，社会的利益を最大にすることができる。

しかし，現実には1家計当たりのごみ処理手数料が1カ月当たり，どれだけ排出しても変わらない固定額の手数料を徴収している自治体も多い。この場合には，たとえ有料制であってもごみ排出量を増やすことによる追加的な費用はいっさいかからないため，限界費用曲線は水平となり，値は常に0となる。この場合のごみ排出量は，ごみ処理手数料が無料の場合と同じく X_M となる。つまり，ごみ排出量を抑制することはできず，その結果，社会的利益は最大にならないことに注意する必要がある。すなわち，定額制のごみ処理手数料有料化制度は，自治体にとって，ごみ処理費用をまかなう財源を徴収することには役

コラム

不法投棄問題への罰則

処理経費節約のためにごみ処理への料金支払いを避けるなど，適正な処理に費用がかかる場合や，処分地が遠距離のため，処分場がないために不便を感じる場合などに**不法投棄**が発生する場合がある。不法投棄には，ポイ捨てや建設廃棄物から廃家電４品目（エアコン，ブラウン管式テレビ，電気冷蔵庫・電気冷凍庫，電気洗濯機）などさまざまな形がある（図 12–2）。

なお日本では，家電リサイクル法（特定家庭用機器再商品化法，2001 年４月１日施行）が実施されている。これは，家庭や事業所から排出された使用済み家電製品の部品や材料をリサイクルして，ごみの減量と資源の有効活用を進めるための法律である。これは，家電製品の使用者が廃棄の際に，費用負担を行うものである（表 12–1 に家電リサイクル・廃家電の料金例を示している）。

不法投棄による外部費用には２種類ある。１つは，本来負担すべき処理費用を他者へ負担させるものであり，２つめは，健康上の問題，美観の悪化に耐えなければいけないという意味での外部費用である。これらの不法投棄による原状回復のための費用負担に関しては，企業または政府が対策をとる必要がある。

不法投棄に対する対策としては，罰金を科すことができる。そこで，有料制を実施し続けながらも，不法投棄に対しては十分大きな罰金を科すような制度を設けることが必要である。なぜならば，摘発によって科される罰金などの法的責任に摘発

図 12–2　不法投棄の推移

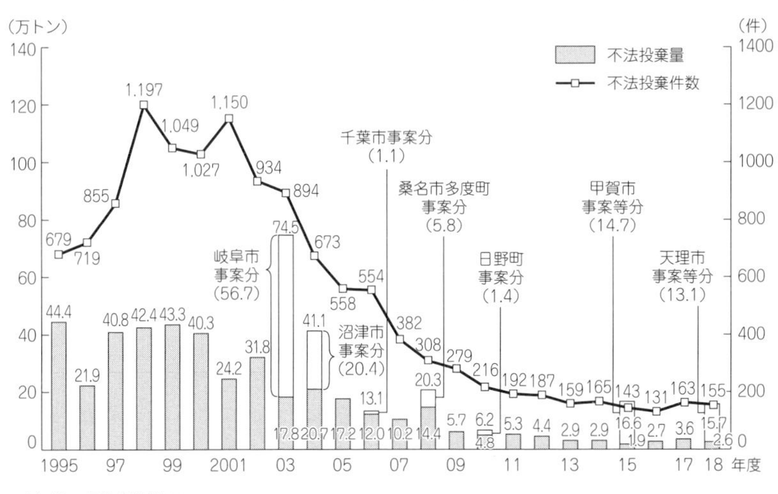

（出所）環境省資料より。

表 12-1　家電リサイクル料金の目安

対象の家電製品	リサイクル料（税込）	運搬料（税込）	合計
エアコン	990 円	3, 157 円	4, 147 円
テレビ　15 型以下	1, 870 円	2, 618 円	4, 488 円
16 型以上	2, 970 円	2, 750 円	5, 720 円
冷蔵庫　170L 以下	3, 740 円	3, 157 円	6, 897 円
171L 以上	4, 730 円	3, 157 円	7, 887 円
洗濯機（衣類乾燥機）	2, 530 円	3, 157 円	5, 687 円

（出所）東京二十三区家電リサイクル事業協同組合ウェブサイト（2020 年 6 月）。

確率をかけることで計算できる不法投棄の費用（罰金等）の期待値が，支払わなくてすむごみ処理手数料より大きくなければ不法投棄を行う可能性が高いからである。

実際に多くの国や地域で高額な罰金が最高額として定められている。たとえば，日本の「廃棄物の処理及び清掃に関する法律」では，不法投棄に対する罰金刑の最高額は 1 億円である。そして，不法投棄の発見のための取り締まりを強化することで，摘発確率を高くすることが重要になる。しかし，実際に罰金が徴収される場合は少ない。なおシンガポールは例外であり，ポイ捨ての初犯に 1000 シンガポールドル（日本円で約 6 万 1000 円），再犯に 2000 シンガポールドル（約 12 万 2000 円）の罰金と公園でのごみ拾いが科されている。そのためにシンガポールでは，ごみの散乱は問題になっていない。

立つが，ごみ排出量を抑制することには役立たない。

重要な点は，ごみ排出量に応じた処理手数料の負担を求められないかぎり，家計は排出量を抑制するインセンティブをもたないということである。そのことが，ごみ排出量を過大にし，廃棄物処分場の利用を過大にする結果，将来世代の廃棄物処分場の利用量を減らすことにつながる。その結果，将来世代は，過大なリサイクルを促進しなければならず，そのための費用負担も重くなる。

デポジット制度とは

これまで説明したごみ処理手数料有料化のような課税制度が実質上困難である場合がある。つまり，外部費用が大きすぎるため罰則に頼れない場合である。それは，空き缶の遺棄行為自体に課税することのように取り締まりの費用が膨

図 12-3　デポジットのしくみ

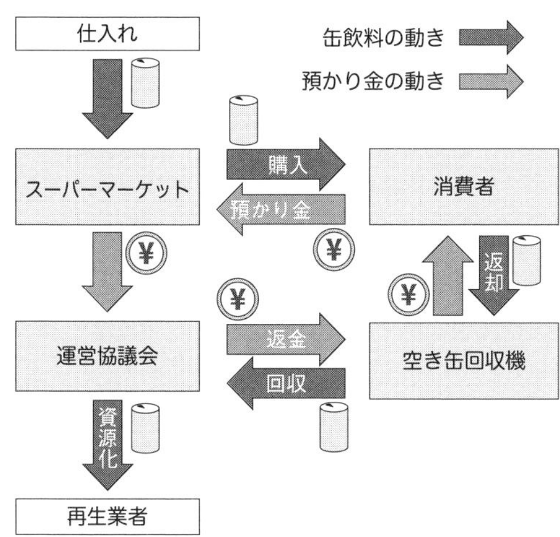

大になる場合である。このようなときに，**デポジット制度**（預かり金払い戻し制度）が有効となる。これは，図 12-3 にあるように再利用のための回収を目的として，一定の金額を預かり金（これをデポジットと呼ぶ）として販売価格に上乗せし，消費者が製品や容器を捨てずに返却すると預かり金を消費者に戻すというしくみである。

デポジット制度には，使用済み製品や容器の回収率が上がりリサイクルや適正処理が進み，ごみの散乱が防げるなどの特徴があり，不法投棄の防止や有害廃棄物などの普通ごみへの混入防止に有効な手段として用いられている。

日本やアメリカの多くの州などでデポジット制度がかつて確立されていたものとして，ビールびんや清涼飲料びんなどの，ガラスびん容器があげられる。これらは，法律で強制的に決められていたものではなく，それぞれの店舗や地域で自主的に再利用価値の高いびんを捨てずにデポジット制度を行い，空きびんを回収するシステムが存在していた。しかし，日本人の所得が増加し，ガラスびんの価格が相対的に安価なものとなり，もはや貴重な資源とみなされなくなっていった。また，容器が多様になり，回収費用が問題視されるようになっていった。さらに 1970 年頃から，再使用できないワンウェイ容器が消費者にとっては便利となり，**リサイクル**したびんの洗浄には費用がかかるなどの理由からデポジットも回収システムもなくなり，リターナブルびんはしだいに使われなくなった。今でも容器や乾電池などにデポジット制度の適用を求める声も上がってきてはいるが，メーカーや小売店の反対で実現されていない。

理論的には，デポジット制度は，製品（缶入り飲料）に対する課税（デポジット）に，容器（空き缶）回収に対する補助金（払い戻し）を組み合わせた制度とみることもできる。つまり，ピグー税と補助金の組み合わせである。ピグー税に対応するものは，不法投棄されるという前提で，製品（容器）購入時に課される税である。また，補助金に対応するものは，社会的に望ましくない不法投棄を防ぐための手段としての払い戻しである。

なお，必ずしもピグー税と補助金の額は同じ水準にする必要はない。なぜならば，製品（容器）が汚されずに正しく返却されても，回収費用や埋め立てなどの処理費用がかかる場合には，補助金（払い戻し）は処理費用の分だけ課税（デポジット）より低くすべきである。ただし，もしリサイクルを行い，リサイクル価格がもとの材料の価格とほとんど同じである場合は処理費用が相殺されるために，ピグー税と補助金の額は同じ水準にすべきである。

欧米では，缶やガラスびん，ペットボトルなどにデポジット制度が適用され，製品や容器の回収率が70〜90%にまで上がり，ごみの散乱を防ぐことに役立っており，リサイクルが進められている。しかし，デポジット制度を導入していない日本ではペットボトルの回収率は，1998年時点で約17%であった。しかし同時に，リサイクルのために生産者側には費用がかかることも考慮する必要がある。もとの材料の価格より過大に費用負担が必要な場合は，補助金（払い戻し）を課税（デポジット）より低くすることで対応しなければならない。

なお，実際に容器の回収を行う際に気をつけるべきことは，すべての小売店が返却の施設をもつ必要はないということである。回収費用を削減するためには，ある程度，近接している小売店にすでに施設がある場合には，ほかの小売店は返却施設をもたなくとも，消費者に不便を強いずに払い戻しの費用を削減することが可能となる。

ここで，ワンウェイ容器と回収する容器の両方が販売されている例を考えよう。ワンウェイ容器とは，ペットボトル，スチール缶，アルミ缶など一度使用しただけで，廃棄しなければならない容器である。その場合，処理費用等の分だけ課税額がかかるデポジット対象容器に比べて，相対的にワンウェイ容器が安価となり，ワンウェイ容器が普及することになるため，ワンウェイ容器に課税する必要がある。

リサイクル政策

最終処分場を節約して，将来の世代に残すためには埋め立てる廃棄物を減少させる必要がある。そこで，廃棄してしまうものもリサイクルすることで，廃棄物を出さないこともできる。つまり，リサイクルは廃棄に代わる選択肢であり，社会的便益と費用を考慮してリサイクルするか廃棄するかを決定する必要がある。これまでペットボトル，鉄，紙・板紙，布（衣料品），食用油，アルミ缶，インクカートリッジ，ガラスびんなどがリサイクルの対象と考えられている（ペットボトルのリサイクルの推移は，unit 2 の図 2-3 を参照)。

リサイクルの便益には，それまで捨てられていた物質（製品）を回収し再利用すること，捨てる必要がなくなった物質を削減することによる焼却量や埋立地の削減，廃棄物処理費用の削減がある。また費用には，物質の収集費用，再利用のための加工費用がある。すべてをリサイクルすることは社会的に最適ではなく，まったくリサイクルしないのも最適ではない。社会的利益を最大にするようなリサイクル量を決定することが望ましい。

unit 2 において，どれだけリサイクルすべきかは説明した。それでは，いつリサイクルを始めるべきなのだろうか。通常，安価に生産できるバージン資源（化石燃料を含む天然資源）はリサイクルが可能な資源と代替関係にあり，どちらの資源を利用するかについて競合関係にある。ここで石油・石炭などの埋蔵量に限りのある枯渇性資源を使い果たしつつある状況を考えよう。もしその資源が近い将来希少な資源となり，かつ代替となりうる資源がない場合には，希少価値が高まったときに有効利用されるようになる。これは石油価格が高騰した際に，代替可能な再生エネルギー資源が利用されるようになっていることからもわかる。プラスチックやアルミなどのバージン資源も同じ状況にある。

リサイクルされる資源とバージン資源は代替できると考えた場合に，バージン資源が安価な場合にはリサイクルされない。しかし，バージン資源の採掘には環境汚染が発生するなどの外部費用がある。ピグー税により採掘者に外部費用を負担させることなどによりバージン資源が高価となった場合には，リサイクルのほうがバージン資源に比べて社会的に安価なために，リサイクルされるようになる。さらに，もしバージン資源が代替可能であれば，代替資源の相対的な価格も比較の対象となる。

バージン資源が豊富にある場合，価格は低くなる。さらに歴史的にバージン資源は補助金や税金の優遇策により支えられていることが多い。たとえば，バージン紙を考えた場合，多くの先進国の林業は生産活動のための補助金を受けている。そのためにバージン紙の供給曲線は下方へシフトすることになる。このため費用は下がり，生産量を増やすことになる。そうなると代替関係にある古紙リサイクルの優位性はなくなる。

リサイクルを推進しようとする場合，バージン資源価格を過小にしてしまうような補助金や税金の優遇策は廃止する必要がある。さらに，バージン資源にピグー税をかけることでリサイクルを促進することができる。つまり，リサイクルを推進する経済的政策は，ごみのリサイクルであればごみ収集の有料化を行うこと，資源のリサイクルであればバージン資源への課税である。家計には，ごみの発生抑制を行い，リサイクルをするインセンティブを与える必要がある。これは，ごみ排出量に応じた有料化を求めることで実現できる。

実際に，ごみ処理手数料の有料化を始めた市町村が増えている。しかし，そのごみ処理手数料有料化制度には問題点もある。まず，引っ越しなどで多量にごみが発生する場合には有料になるという方法など，ある限度量を超える大きな排出量に対してのみ処理料金を課すことが多い。このように特定の事業者などを除いてごみ処理手数料を負担しなくてすむような方法をとっている自治体は，この unit で想定しているような費用負担とは異なるものであり，有効な政策とはいうことができない。また，従量制による有料化を進めている自治体にも問題はある。ごみ1袋当たりのごみ処理費用は全国平均で400円程度となっているにもかかわらず，多くの市町村での実際の手数料は，40〜80円程度であることが多い。このごみ処理手数料は，望ましい水準を大きく下回っているため，適切なごみ削減のインセンティブとはなっていないといえる。

ごみ排出量に応じた手数料有料化制度がない場合は，金銭的インセンティブを用いない地域ごとのリサイクル率目標や，税控除や補助金などによる援助が考えられる。しかし，リサイクル率を設定するだけでは，十分なインセンティブにはならずにリサイクル量が過小になると考えられる。税控除や補助金の場合は，リサイクル施設設置のための免税措置，設備購入のための補助金，リサイクル施設設置のためのより安価な土地の提供などがある。しかし，これらは直接的にリサイクルとかかわらないので，過剰に資本または土地集約的なリサイクル施設を設けるなど，リサイクルを行うための最適な制度とは必ずしもならない点に注意する必要がある。

要　約

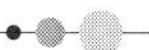

ごみ排出量に応じた処理手数料の負担を求められないかぎり，家計は排出量を抑制するインセンティブをもたない。そのため，ごみ排出量に応じた手数料有料化制度が排出量の削減のために必要である。また別の手段として，再利用のための回収を目的とするデポジット制度にも有効性がある。

確認問題

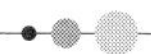

□ *Check 1*　なぜ定額制のごみ処理手数料ではなく従量制の有料化がよいかについて説明しなさい。

□ *Check 2*　不法投棄を減らすための罰則規定について説明しなさい。

□ *Check 3*　どのような状況でデポジット制度が望ましいのかについて説明しなさい。

unit 13

京都議定書と地球温暖化政策

Keywords
パリ協定，京都メカニズム，EU-ETS（欧州排出量取引制度）

地球温暖化問題

unit 3 ですでに説明したように，地球温暖化は進行している。地球環境は，排除不可能性と非競合性の特性をもつだけでなく，その影響が一国の領域を越え，地球レベルとなる地球公共財である。地球環境保護を政策が関与せず，個人や企業の自主的活動に任せた場合，保護は社会的に過小な水準になるであろう。そのため，何らかの公的な政策の介入が必要となる。現在，地球温暖化問題への対策が世界各地で議論されている。

2005 年には**京都議定書**が発効し，実際に温室効果ガスの削減対策が動き始めた（正式名称は，「気候変動に関する国際連合枠組条約の京都議定書」である）。京都議定書とは，1997 年に京都市で開かれた地球温暖化防止京都会議（気候変動枠組条約第 3 回締約国会議：COP3）で採択された国際的な約束をいう。京都議定書では，地球温暖化の要因である温室効果ガス（二酸化炭素〔CO_2〕，メタンなど 6 種類）の具体的な削減数値目標やその達成方法を定めている。目標値は先進国の 1990 年の温室効果ガス排出量を合計したものから 5.2% の削減である。そこでは表 13-1 にあるように，各国の排出削減目標が設定されており，日本では京都議定書目標達成計画を作成している。なお議定書では，中国などの途上国については排出削減の目標は設定されていない。

そして 2015 年 12 月 12 日に**パリ協定**（Paris Agreement）が締結された。この気候変動抑制に関する多国間の国際的な協定は，2020 年以降の地球温暖化

表 13-1　京都議定書における排出削減目標

国　名	数値目標	1990 年温室効果ガス排出量（100 万トン CO_2 換算）
フランス	0.0%	568.0
イギリス	−12.5%	748.0
ドイツ	−21.0%	1,243.7
EU 全体	−8.0%	4,240.0
ロシア	0%	3,046.6
日　本	−6%	1,187.2
アメリカ	−7%	6,082.5
カナダ	−6%	595.9

（出所）　京都議定書より。

対策を定めている。京都議定書から 18 年ぶりとなる気候変動に関する国際的枠組みであり，気候変動枠組条約に加盟する全 196 カ国すべてが参加する世界初の枠組みとして始まったが，2017 年にアメリカのトランプ大統領が協定からの離脱の意向を表明し，19 年に正式に離脱を表明した（20 年 11 月に正式な離脱となる予定。unit **14** を参照）。

京都議定書と京都メカニズム

(1)　京都議定書

京都議定書は，1992 年 6 月にブラジル・リオデジャネイロで行われた地球サミット（国連環境開発会議）において，気候変動枠組条約を採択したことに始まる。そこで世界の各国が一体となって大気中の温室効果ガスの濃度を削減，安定化させることに取り組むことが確認された。1997 年 12 月には COP 3 において，京都議定書を採択した。しかし議定書は採択されたが，アメリカやロシアの不参加により，すぐには発効しなかった。そして，2004 年 11 月 18 日にロシアが京都議定書を批准し，90 日後の 2005 年 2 月 16 日に京都議定書が発効した。

京都議定書は，温室効果ガス削減目標を具体的に設けた初めての国際的な合意であるという点で，大きな意義をもつものであり，温暖化対策の第一歩として，地政学的事情，価値観，利害などの異なる国の間で合意がなされた。しかも，温室効果ガスの削減のためには各国が経済的なコストを支払うことは明白

図 13-1　京都メカニズム

共同実施（JI）

先進国同士が共同で事業を実施し，その削減分を投資国が自国の目標達成に利用できる制度

先進国 A　　先進国 B

資金 技術

共同の削減プロジェクト

⇩

削減量

削減量（クレジット）

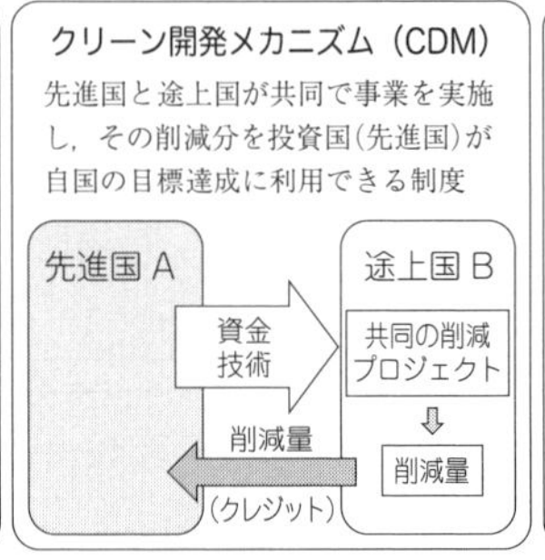

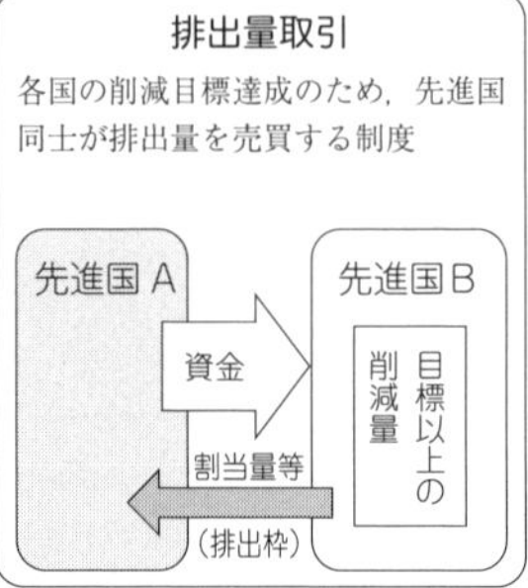

（出所）　環境省資料より。

であり，また温暖化問題が大きな不確実性（影響，削減効果）をもつにもかかわらず，そうした合意がなされたことには非常に意義がある。

京都議定書では，温暖化交渉のなかで先進国（付属書Ⅰ国）による温室効果ガスの排出量削減の数値目標が定められた。しかし，日本などでは，すでに省エネ技術の発達などによりエネルギー使用効率がかなり高く，これらの数値目標を国内のみで達成することは難しい。また，効率改善の余地の多い国（たとえば中国など）で取り組みを行ったほうが，費用も安くすむことから，他国内での温室効果ガス削減の実施に投資を行うなどの経済的な柔軟策，いわゆる**京都メカニズム**を採用したという点も重要である。京都議定書では，各国の数値目標を達成するための補助的手段として，市場原理を活用する，共同実施（Joint Implementation: JI），**クリーン開発メカニズム**（Clean Development Mechanism: CDM），排出量取引が導入された（図 13-1）。

(2)　京都メカニズム

京都メカニズムは，地球温暖化対策にあたり複数の国が技術・知識・資金を持ち寄り共同で対策・プロジェクトに取り組むことにより，全体として費用を低く抑えられるように推進することを目的とするものである。

①共同実施（JI）　JI とは，先進国同士（中東欧諸国，ロシアなどの市場経済移行国を含む）が共同で温室効果ガスの排出削減や吸収のプロジェクトを実施し，投資国が自国の数値目標の達成のためにその排出削減した量をクレジット（議定書で認められる削減量）として獲得できるしくみである。たとえば，日本企

業がロシアで排出削減プロジェクトを行った際には，その削減分を日本企業の削減分とみなす。なおプロジェクトの実施に協力する先進国を投資国，プロジェクトを受け入れる先進国をホスト国と呼ぶ。ただしこの場合，数値目標が設定されている先進国間での排出枠の取得・移転になるため，先進国全体での総排出枠の量は変わらない。

②クリーン開発メカニズム（CDM）　CDM は京都議定書に基づき，温室効果ガス排出量の数値目標が設定されている先進国が排出規制を受けていない途上国内において，温室効果ガスを削減するプロジェクトを実行し，その結果削減できた排出削減量（規定のベースラインから差し引く。ベースラインとは，当該 CDM プロジェクトが存在しなかった場合に，生じていたであろう温室効果ガスの排出状況の予想である）を自国の削減量（クレジット）とすることができる制度である。地球温暖化対策への貢献と途上国の持続可能な発展を目標としている。

CDM の利用により，温室効果ガスの限界排出削減費用が高い先進国は，より低い費用で自国の排出規制を守ることができる。途上国は先進国から技術的，資金的な援助を受けることができ，自国の排出抑制にもつながり，世界全体の排出削減に貢献もできる。

一見，CDM は効果的で，メリットの大きい制度であると考えられる。しかし，一方で CDM には問題があり，CDM の実施状況から，政治的な問題やベースラインの設定の問題などが指摘された。また，行われたプロジェクトの大半は，CO_2 よりも温暖化に対しての影響が大きい温室効果ガス（メタンやフロンなど）を，化学的な処理をして同じ量の CO_2 へと変えるものであった。これらの処理前のガスは，同じ量でも CO_2 より 1 単位当たりの温暖化への影響が大きい。それを同じ量の CO_2 に変えることにより，削減分をクレジットとして入手するのである。たとえば，ハイドロフルオロカーボン（HFC）と亜酸化窒素（N_2O）の削減のみで年間 CDM クレジット（温室効果ガスの削減・吸収量の権利）発生量の 70% 以上を占めた（図 13-2）。

CDM が京都メカニズムに採用された政治的な理由として，途上国と先進国の温暖化対策に対する軋轢（あつれき）を解消しようとするねらいがあった。CO_2 など温室効果ガスの現在までのストック（蓄積量）の大部分は，現在の先進国が過去に排出してきたものである。さらに，現在排出し続けている量（フロー）の多く

図13-2　CDMプロジェクト分野の偏り（2009年7月末時点）

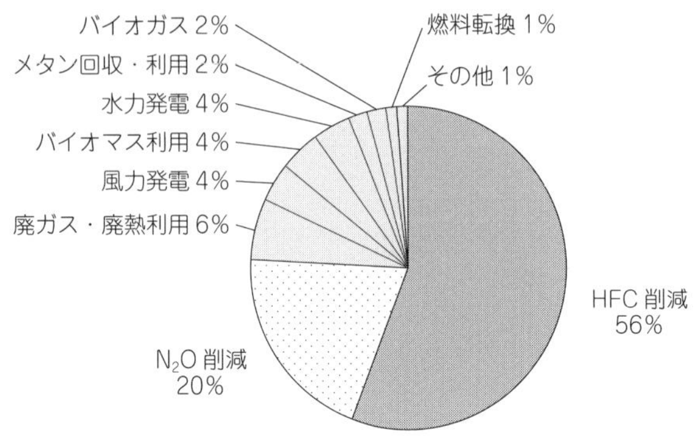

（出所）　CDM 理事会資料より。

も，先進国が排出しているものである。

また，途上国が温室効果ガス削減の数値目標設定に反対する理由は，地球温暖化の深刻な被害が中・長期の50年，100年後に出るために，現時点で温暖化対策にコストを支払うことに価値を見出さないことにもある。長い年月の後に顕在化する温暖化の影響を逃れるための将来的な便益は，社会にとっての現在と将来の間の財の交換比率である。社会的割引率で割り引いた割引現在価値によって評価される。しかし，温暖化防止の結果，得られる将来便益は途上国，先進国ともに同じだが，割引現在価値で評価した場合，途上国の割引現在価値は先進国よりもはるかに小さくなる。その理由は割引率にある。社会的割引率はその国の資本の限界生産力と時間選好に依存する。途上国では資本がほかの資源（労働など）と比べて少ないために資本の限界生産力（資本の収益率）は通常，高くなる。そのため途上国は割引率も高くなり，途上国の割引現在価値は資本の限界生産力の低い先進国よりもはるかに小さくなってしまう。結果的に途上国は自国の経済成長を優先し，温暖化対策を行うインセンティブが少なくなる。

だが，CDM により，少なからず途上国の排出抑制の可能性は高くなる。また，途上国にとっては，CDM により自国への投資や技術提供が経済成長にプラスに影響する可能性が高くなるため，京都議定書を批准するインセンティブが発生する。今後の温暖化対策に参加させるためにも，途上国の参加は不可欠

コラム

クリーン開発メカニズム（CDM）の問題点

CDM には本文でふれた以外にも問題がある。第 1 の問題点は排出量取引制度など，市場性のある制度全般に現れる問題である。たとえば，CDM により発生した排出クレジットの計測をどのように行うかという情報の非対称性である。持続可能な発展のうえで有効な CDM プロジェクトを立案しても，その重要性を証明し，何らかの特典を与える機関は存在しないために，先進国や企業がより途上国のためになるプロジェクトを実行するインセンティブをもたない。逆に企業は多くの排出クレジットを得るために，排出量をごまかすインセンティブのほうが高いという報告もされている。また，先進国や企業は途上国よりも多くの CDM に関する知識やモニタリング能力をもつ一方で，途上国はこうした知識や能力が不足しているため取引において相対的に不利な位置に立たされる。こうした状態での取引は何らかの問題が起こる可能性も捨てきれない。問題を解決するためには審査，情報収集，モニタリングといった費用がかかる。この費用は取引費用として CDM の調達コストに加算されてしまう。この取引費用は経験とともに解消される部分もあるが，このコストが最小化されるようにしなければならない。

CDM の第 2 の問題点として，追加性の問題がある。追加性の問題とは，CDM がなくても実施されるようなプロジェクトと，CDM でないと実行されないであろう追加的なプロジェクトをどう区別するかということである。仮に，CDM の必要がなくても実行される可能性の高いプロジェクトが CDM の対象となった場合，温暖化対策として認める必要がないということになる。CDM の実質的な運用方法は約 2 カ月おきに開催される CDM 理事会で決定されるが，その理事会でも追加性を立証するための規定が採択され，今後，ますます議論がされていく課題である。

環境への効果が CDM でないと実現できないものかどうかという環境的追加性，CDM という制度がなくても収益性が期待され，投資がされるプロジェクトかどうかという投資的追加性，既存の政府開発援助（ODA）などの制度が CDM として使われていないかどうかという財務的追加性の 3 つの追加性からプロジェクトを評価することは，本当に温暖化対策に効果のあるプロジェクトを実施できるかにおいて必要である。仮に，こうした追加性の基準を課さない場合，温暖化へまったく貢献しないクレジットが大量に発生し，社会的利益を損なうことになる。

しかし，この問題に対する解決策は，より多くの CDM を受け入れたいインドなどの反対があり，政治的には解決するのが難しいのが現状である。だが，追加性を議論せずに，質（温暖化対策への貢献，持続可能な発展への貢献）の低いクレジットが多く発行されることは，クレジット全体の供給量を増加させ，結局クレジット価格が低下し，途上国全体にとっても損失となる。

であり，こうした背景からCDMを認める政治的なメリットは大きかった。

③排出量取引　最後に排出量取引がある。排出量取引とは，排出枠が設定されている先進国の間で，排出枠の一部の売買を認める制度である（詳しくはunit 10を参照）。

⑶　京都議定書の意義と限界

この京都メカニズムの導入により，削減義務をもつ先進国は国内のみでの削減目標の達成よりも，低いコストで目標を達成できる。そのため，単に目標値を与えるだけとは違い，高い排出削減費用から逃れるために，企業が途上国に生産拠点を移すなどの，いわゆるリーケージ（漏れ）の可能性を低くする。また，CDMは途上国に温暖化対策のインセンティブを与える唯一の制度であり，先進国にとっても削減コストを減少させる柔軟策として，今後さらに重要になっていくという指摘は多い。そして，それを導入したことは京都議定書の大きな意義の1つである。

しかし，温暖化を止めるためにはCO_2濃度を，18世紀後半までの濃度である280 ppmに安定化させる必要があるが，そのためには現在の世界全体の排出量を半減させなければならない。さらに，1994年時レベルの排出がこのまま続けば，CO_2濃度は500 ppmにも達するとIPCC（気候変動に関する政府間パネル）は報告している。さらに，途上国の排出目標が設定されないことも考えれば，京都議定書の温暖化を抑制する効果は薄く，実効性は小さい。京都議定書の提案する削減案では不十分であることは明白であり，よりいっそうの対策が求められ，いわゆる「ポスト京都議定書」としてパリ協定が締結された（unit 14を参照）。

京都議定書と環境経済学

環境経済学からみた京都議定書の意義として，1970年代から提案され研究されていた排出量取引制度が一国の枠を越えて，実際に運用が始められたことにある。つまり，市場メカニズムを利用することで環境問題の解決を図る制度が実施されたのである。

ここで，代表的な事例である**EU-ETS**（EU Emissions Trading Scheme：**欧州排出量取引制度**）を取り上げよう。EU-ETSは，2005年1月より行われ，EU

図 13-3　EU-ETS の排出権価格の推移

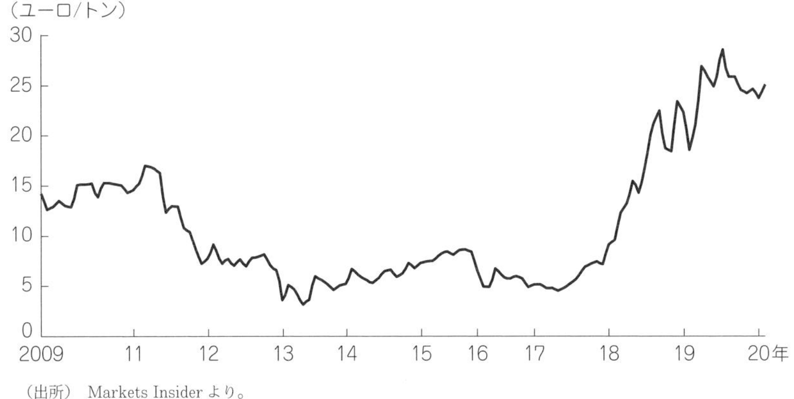

（出所）　Markets Insider より。

加盟国 27 カ国が対象となっているものである。2005 年から 2007 年を第 1 フェイズ，2008 年から 2012 年を第 2 フェイズ，2013 年から 2020 年を第 3 フェイズとしている。加盟各国は EU-ETS に従い，国内での計画を定め，企業などへ排出量を配付していく。第 1 フェイズは電力，熱供給および主要エネルギー多消費型産業部門の大規模排出者による CO_2 のみが対象となる。燃料プラント，石油精製，コークス炉，鉄鋼工場，セメント，ガラス，レンガ，セラミック，紙パルプなどがこれにあたる。このように範囲が制限されても，加盟国全体で 1 万 2000 件を超える工場施設が対象となり，ヨーロッパの CO_2 総排出量の約 45% に相当する。

第 2 フェイズは 2006 年頃の見直しを経て，さらに参加産業を増やし，また個人や企業，非政府組織なども排出量の売買が可能となった。第 3 フェイズはより多くの部門の企業が入る。そして，総量制限を毎年 1.74% 減らし，2020 年には 2005 年より少なくとも 21% 減らす決まりである。

EU-ETS の効果としては，第 1 に温室効果ガスの削減費用を低下させたこと，第 2 に参加企業へ技術革新のインセンティブを与えたこと，第 3 に排出権に価格がつけられたことにより，CO_2 の費用としての認識を広められたことがあげられる。欧州委員会でも排出量取引をもっとも費用対効果の高い方法であると位置づけ，排出量取引制度がない場合には，京都議定書の目標達成に年間

68億ユーロもかかったであろう費用が，制度の導入により年間29億ユーロから37億ユーロで可能になると試算している。また，企業の意識も，より積極的な排出削減や技術導入のインセンティブが高まったという報告もある。

しかし2011年以降は，ヨーロッパの景気が後退し，各国の生産量が当初の予想以上に減少したため，副産物である排出量も減少し，排出枠が余ることが予想され，排出権価格は低迷し続けた。そのため，EU-ETS市場の安定化のための対策として，一定のルールのもとで自動的に排出枠を吸収したり放出したりすることで調整する「市場安定化リザーブ」(Market Stability Reserve: MSR) が導入されたことにより，排出権価格は急上昇した (図13-3)。

要　約

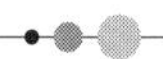

地球環境は，排除不可能性と非競合性の特性をもつだけでなく，その影響が一国の領域を越え，地球レベルとなる地球公共財である。現在，地球温暖化問題への対策が世界各地で議論されている。京都議定書は先進国全体の1990年排出量の5.2%の削減をめざした。その目的達成のために，市場原理を活用する京都メカニズム（共同実施，クリーン開発メカニズム，排出量取引）が導入されるなど，新しい取り組みが始まっている。その後にパリ協定が締結された。

確認問題

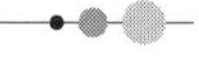

- □ *Check 1* 京都議定書の内容について説明しなさい。
- □ *Check 2* 京都メカニズムについて説明しなさい。
- □ *Check 3* クリーン開発メカニズムの問題点について説明しなさい。

unit 14

温暖化政策の現状と今後の対策

Keywords
EUバブル，参加インセンティブ，ポスト京都議定書（ポスト京都）

各国の温暖化対策への取り組み

これまでに主要各国はどのように温暖化対策を行い，京都メカニズムを運用してきたのであろうか。また，どのような問題が存在し，いかに対応すべきかについて，このunitでは学ぶ。以下，日本・EU・アメリカ・中国・インド・ロシアの実際の取り組みを例に説明する。

(1) 日　本

京都議定書において，日本は1990年比で，−6%の温室効果ガスの削減が義務づけられたが，この削減目標はほかの排出削減義務国と比べて，相対的に厳しい削減目標である。その理由として第1に，二酸化炭素（CO_2）の限界削減費用が高いことにある。IPCC報告書によると，国内対策のみでCO_2を削減する場合，日本・EU・アメリカと，削減義務を負う国のなかでも，日本の限界削減費用が概ねもっとも高いとする各国の推計が示されている（図14-1)。

第2はEUのような相対的な優位性がないことである。1990年比という目標は，日本にとっては魅力的なものではなく，また，後述するEUバブルのような，温暖化対策を柔軟に運用できる制度もない。アメリカが不参加で，EUには有利な条件である一方で，日本は高いコストを支払って，削減努力をしなければならない不利な状況にある。日本では目標へ向けた排出抑制が進まず，2012年の排出量は1990年比で6.5%増加している。そして，クリーン開発メカニズム（CDM）など，京都メカニズムを利用した費用をより少なくするため

図14-1　各国の限界削減費用の比較

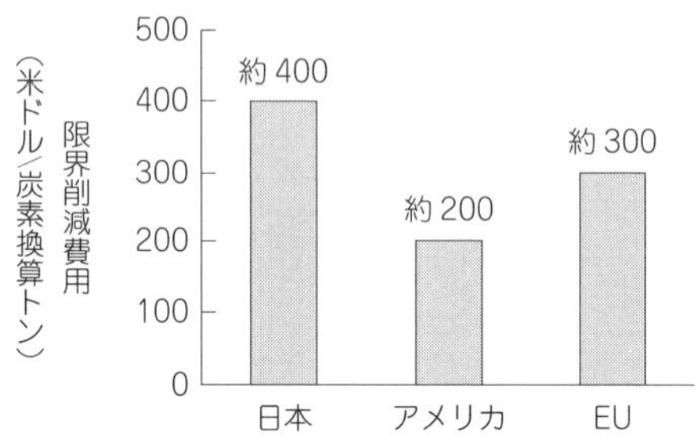

（出所）経団連意見書「地球温暖化問題へのわが国の対応について」（2001年9月19日）。

の施策が必要となった。実際には京都メカニズム等の利用により，2015年には京都議定書の目標（基準年比6%減）を達成している。今後，さらなる環境税，国内排出量取引制度など国内政策の充実が求められている。

⑵　E　U

EU各国は1990年代初めから温暖化対策を進めている。炭素税の導入や，近年では排出量取引市場の構築（EU全体および各国内における取引）が代表的である。制度設計において，ほかの国や地域と比べ，先進的な地位を得ている。また，CDMの活用も積極的である。技術移転のためにCDM理事会に認められたプロジェクトの上位4カ国中3カ国はEUであり，プロジェクトを先進的に進めていることがわかる（2008年時点）。しかし，EUは京都議定書において優位な立場にあり，公平ではないという指摘もある。

その理由は2つあり，第1の理由として1990年という排出基準年の設定がある。燃料転換（石炭からガスへの転換）などの結果，イギリスやドイツなど主だった国は1990年をピークに，CO_2排出量が減少へ転じていたためである。

第2に**EUバブル**といわれる制度の存在である。EUバブルとはEU全体で排出量の規制を行う制度である。そのために，1990年比で排出量を超過している国も，逆に排出量に余裕のある国（経済移行国）もあるなかでEU全体で排出量を守ることは，EU各国の排出量規制に柔軟性を与え，EUに相対的な優位性を与える結果になる。そのなかで，EU-ETS（欧州排出量取引制度）も開始された。EUバブルのような不公平な点を改善しなければ，今後，世界的な

図 14-2　世界の CO_2 のシェアの内訳（2018 年）

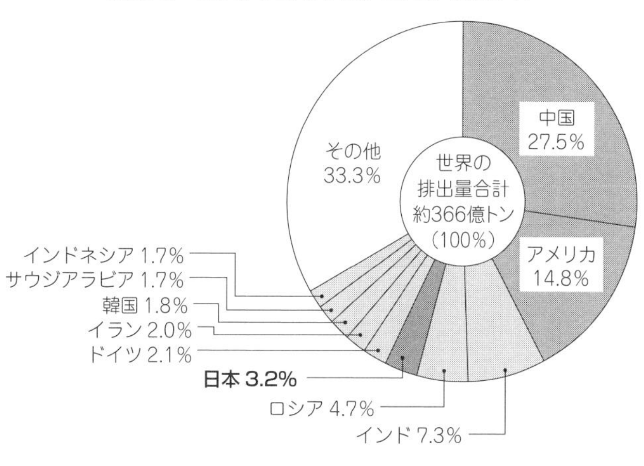

（出所）　statista より筆者作成。

取り組みを規定する際に，何らかの支障（参加国の非難，減少など）が起きる可能性もある。

(3)　アメリカ

アメリカの排出量は世界全体の排出量の約 15% と 2 番目に多い（図 14-2）。アメリカは 1997 年の京都議定書採択には温暖化対策への積極的な姿勢を示していたものの，アメリカ経済に悪影響を及ぼすこと，途上国に削減義務が課せられていないなどの理由から，議定書への不参加を続けた。しかし，2006 年の大型ハリケーンの相次ぐ襲来による地球温暖化に関する世論の変化や，エネルギー価格の急騰などから，気候変動・不確実な影響への対策を求める機運が高まった。実際に，州レベルであるがアメリカ北東部 7 州 RGGI（Regional Greenhouse Gas Initiative）やカリフォルニア州を中心とした WCI（Western Climate Initiative）で，独自の排出量取引制度を牽引（けんいん）している。現在では省エネやシェールガス革命といった新しい取り組みもあり排出量は減少している。

(4)　中国・インド

中国とインドは途上国という分類が現在はなされているが，経済成長が目覚ましく，人口も両国合わせれば，27 億人を超す。とくに中国はすでに，CO_2 の排出量が世界第 1 位である。両国では，経済成長への志向が強いため，コス

コラム

アメリカ企業の取り組み

アメリカ企業も排出量取引への支持が増えてきている。たとえば，クライメイト・アクション・パートナーシップ（United States Climate Action Partnership: USCAP）という組織は，アメリカ大手企業および環境保護団体により2007年1月に創設された連携組織で，アメリカ連邦政府に対して，温室効果ガスの削減を義務化する立法を促している。

USCAPのメンバーには，GE，アルコア，BPアメリカ，PG & Eなどのアメリカ企業30社以上が参加している。そして，これまで温室効果ガス規制に消極的とみられてきた自動車メーカー3社が参加したことで，USCAPのアメリカ連邦政府への影響力がさらに高まった。

USCAPの提言主旨6項目として，①地球規模の気候変動の原因究明，②技術革新の重要性の認識，③環境に配慮した効率化，④経済的な機会の創出と利点，⑤セクターごとに異なる影響を考慮した公正さの保持，⑥早期の行動の重視，がある。そして，USCAPにおける，温室効果ガス削減目標は，短中期目標として，

・今後5年間においては，排出増を抑制
・今後10年間においては，現状レベルから10% 削減
・今後15年間においては，現状レベルから20% 削減

長期目標として，

・2050年までに現状レベルから60〜80% 削減

が掲げられている。それでは，なぜアメリカ企業は自主的に規制を受け入れようとしたのだろうか。これには，州単位において異なる規制に対応することは，アメリカ国内に広く事業を展開している企業にとって，多大な負担が懸念されるため，アメリカ国内の統一規制ルールの導入を訴えているということが背景にあると考えられる。

トがかかるうえに自国経済への悪影響が発生する可能性のある温暖化対策を自ら進んで行うインセンティブは小さい。しかし，近年問題が大きくなっている排ガスからの健康被害に対応する必要から，よりきれいなエネルギーへの転換と輸出目的の風力や太陽光など再生可能エネルギー普及を図っており，結果的に温暖化対策も行っている。

また，両国は，CDMの誘致を積極的に行っている。この2国で行われているCDM件数は年々増加し，CDMが行われやすい環境が整っているかどうか

を表すホスト国の格付けでも，年々順位を上げている。こうした国々が温暖化対策を行うためには，先進国からの技術提供などの経済的インセンティブを与える必要性がある。

(5) ロ シ ア

ロシアの経済規模は国土に比べて小さいが，人口規模は大きいために将来的に排出量が増加する可能性が高い。また，世界有数の天然ガス・石油生産国であるために，国際的な取り組みの構築において非常に重要なポジションにある。また，CO_2 排出量も 2018 年において，世界の総排出量のうち 4.7% を占める排出国である。この排出量は，中国・アメリカ・インドに次いで，第 4 位（EU も含めれば第 5 位）の排出量である。

ロシアはソ連崩壊後，経済が混乱するなかで，基準年である 1990 年から排出量が減少している。その量は 1999 年において，約 18 億 CO_2 トンにも及ぶ。その大量の減少分（余剰分：ホットエアー）は排出量として，ほかの先進国に販売できることになる。そのため，京都議定書において，ロシアは最大の排出量の供給源としての位置づけがなされた。しかし，この大量の排出量は温室効果ガス削減にまったく役に立たないという批判がある。それは，今後，ロシアでは経済成長が見込まれ，それにともない，CO_2 の排出も増加するためである。

国際協調の難しさ

京都議定書のような国際的な取り組みを成立させることは非常に難しい。これまで主要なプレーヤーとなる国をあげてきたが，京都議定書の参加国も不参加国も，自国に利益をもたらすという前提で温暖化対策を行っている。

たとえば，アメリカは京都議定書への参加を自国経済への悪影響から回避する一方で，エネルギー価格の高止まりから，省エネ技術が確実に必要となっている。また，中国やインドなどの途上国がさらに経済成長を遂げた場合には，世界的なエネルギー不足が発生し，自国のエネルギー問題にまで発展することを恐れているともいわれている。そのため，エネルギー価格の上昇によって，省エネ技術を共同で開発・普及させる技術協定の締結が促進している。

EU は議定書において，ほかの規制国よりも良い条件を確保している。また，ロシアはホットエアーの売却により，収入を得ることができる。中国やインドはCDMにより，技術と資金を先進国より手に入れることができる。このように自国に利益をもたらすことが必要であるという前提をもとにして，今後，より実効性のある条約をつくることは非常に難しい。

京都議定書の問題点

各国の思惑，協調の難しさなどを考慮すると，京都議定書には結果的に問題があったといえる。京都議定書に対する問題点は多々議論されているが，ここでは主だったものを2つあげる。

第1に京都議定書の温暖化対策としての有効性の問題である。京都議定書は2012年までに，先進国の総排出量を1990年比で5.2%削減することを義務づけたが，経済発展とともに排出量の増加が見込まれる途上国には排出規制がなく，とくに世界最大のCO_2排出国である中国は前述のとおり不参加であった。こうした現状を考えると，いくら日本やEUが目標を達成しても，排出量のもっとも大きい中国は削減をせず，さらにインドなどの排出量が増加すれば，逆に温室効果ガスの排出量は世界全体でみれば増えることになってしまう。

第2の問題点は**参加インセンティブ**の欠如にある。京都議定書には法的な拘束力があり，削減義務を負う先進国は不遵守の場合，何らかの罰則措置がとられる。費用のかかる温室効果ガスの削減をするうえに，法的な拘束を受ける議定書への参加インセンティブは少ない。拘束をするならば，何らかのインセンティブを与える施策が必要である。

パリ協定までの議論

京都議定書は2012年までの枠組みである。そしてその後，議論が活発に行われてきたのが，2012年以降のいわゆる「**ポスト京都議定書**」（**ポスト京都**またはポスト2012）をどのようにするか，という問題であった。ポスト京都については大きな流れが2つある。1つは京都議定書の延長・改善であり，もう1つは京都議定書に代わる新たな制度設計である。個々の議論を紹介し，パリ協定ができるまでの議論について整理する。

(1)　京都議定書の延長・改善

考えられる第1の選択肢は京都議定書の延長・改善である。もし新たな枠組みを初めから作る場合，次期約束の設定に際しては政治的に複雑であり，時間がかかることが見込まれた。京都議定書の採択まで3年半かかり，そこからマラケシュ合意（京都議定書の包括的な運用ルール作り）までさらに3年かかっていることを考えると，まったく新たな枠組みを構築することは長い時間を要するであろう。京都議定書の延長ならば，そうした手間を省くことができる。

しかし，京都議定書の延長の場合には，問題点を改善していく努力が必要となる。第1に，参加国を増やす必要がある。たとえば，今まで不参加であったアメリカがその代表例である。京都議定書では，参加国の総排出量は世界の排出量の約55％ほどであり，長期的な削減を視野に入れれば，さらに参加国を増やす必要がある。また，議定書において，途上国として規定されている国のなかでも，すでにある程度，経済成長が進み，排出量も多い国が存在する。たとえば，中国や韓国などの国々にも，ある程度の措置（排出目標の設定など）が必要になってくるといえた。

第2に，京都メカニズムの改良がある。前述のとおり，京都メカニズムは先進各国のCO_2削減コストを引き下げ，柔軟な対応を可能とする。一方で，排出量取引やCDMなどの問題点は多く指摘されていた。CDMについていえば，ベースラインの設定，取引費用や温暖化対策としての有効性，追加性の問題などである（詳しくは unit 13 のコラムを参照）。こうした問題点を解消することにより，温暖化対策が加速される可能性は高い。

最後に，長期的な計画と各国の参加インセンティブの付与である。京都議定書は各国の思惑のなかで，有効性よりも現実性を優先した形になった。つまり，多くの国に採択してもらうために，範囲は広くグローバルである一方で，実際の温暖化対策としての有効性は弱い。つまり，温暖化問題は長期的な計画が必要であるが，京都議定書は2008〜12年の削減目標が低く，長期性を欠くものになっていた。また，参加インセンティブは前述のとおり少ない。

⑵　代替案（長期的な目標のために）

ポスト京都において，新しい枠組みでの削減努力をすべきであるという提案も多く，たとえば，2国間や地域間協定などである。京都議定書にもみられたように，多種多様なプレーヤーのすべてが合意できる国際条約を作る際には，大きな困難が生じるため，結果的に広く，中身の薄いものができてしまう。つまり，参加国が多い国際条約に有効性を求めるには限界がある。中身が薄いものであるかぎり，長期的に温室効果ガスの大幅削減を達成するという目標は困難になる。効率性を追求する環境税や排出量取引を用いるかぎりは，技術を利用していくことによる学習効果でのコスト削減は可能であるが，長期的な投資が必要となるため，技術のブレークスルー（躍進）には大きな期待ができないという面もある。

長期的な目標達成のための対策の1つに既存技術の改良や新しい温暖化対策技術を先進国で共同に開発し，使っていくための共同開発議定書がある。このメリットは，国益の合致，新技術の獲得など，参加するインセンティブが高くなることである。また，共同開発議定書は長期的な温暖化対策であることを考慮すれば，新技術や技術の改良は非常に有用な手段となりうる。たとえるならば，宇宙に基地を作るために，アメリカ・日本・カナダ・EU・ロシアが参加する国際共同プロジェクトの国際宇宙ステーションのようなものである。また，情報共有をめざすしくみも考えられる。このやり方は，大きな環境改善への効果は期待できないが，ほかのしくみへの補完として利用することができる。技術に関する移転の問題点や効果の可能性などの情報交換は可能であるが，あくまで情報の共有や整合が目的で大きな義務もないため，費用は大きくかからず実行は比較的容易である。技術が普及段階にあるときは，その普及を助けることができる。またR&D（研究開発）の段階であれば，研究開発のニーズ発見にもつながる。今後，対応するセクターを増やし，セクターごとの連携を強めていくことも必要である。

しかし，地域・各国間協定だけでは，各国の間に温暖化対策の格差を生み出す可能性がある。また，新たな枠組みを設定する場合，交渉の時間が非常にかかることは京都議定書の経験から明らかである。しかも，目標値のないまま協定した内容を実行に移せば，計画性に問題が生じる可能性が高いといったデメリットも考えられる。

パリ協定の締結

これらの議論のあと，世界的な長期目標として産業革命前からの世界の平均気温上昇を2℃未満に抑えること，さらに1.5℃未満に抑える努力を追求するというパリ協定が，2015年12月に締結された。

パリ協定では全196カ国すべてが参加する枠組みとして削減目標を表明した点が，これまでの目標と違う点である。しかし，アメリカの大統領に就任したドナルド・トランプは，2017年6月にパリ協定から離脱する意向を表明し，19年11月に正式に離脱を表明した（20年11月に正式な離脱となる予定）。

パリ協定の削減目標には法的拘束力はないが，各国は削減目標を段階的に引き上げなければならず，そのために5年ごとに提出・更新することが義務づけられている。さらに，2023年以降は，5年ごとに世界全体で協定がどの程度実施されたかを検討する制度（グローバル・ストックテイク）などが設けられた。

ちなみに日本では，地球温暖化税（炭素税）が2012年から導入されており，CO_2 1トン当たり289円に相当する。これは1991年から導入されているスウェーデンの119ユーロ（1万5670円，2017年3月時点。環境省資料）と比べると低い額である。

今後各国，各地域が，排出量取引制度や環境税といった取り組みを推進していくことになる。

要　約

途上国に排出目標が課されていなかったことなどを考えれば，京都議定書の温暖化を抑制する有効性は小さかった。パリ協定が締結され具体的にどのように進めるか，現在議論が進んでいる。今後，長期的な温室効果ガスの削減を世界規模で行うために，参加するインセンティブをどのように与えるか，どのように有効性を引き出すか，について解決する必要がある。

確認問題

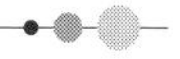

- □ *Check 1*　国際協調はなぜ難しいのかについて説明しなさい。
- □ *Check 2*　京都議定書の貢献した点および限界点について説明しなさい。
- □ *Check 3*　パリ協定がどのようにできたのか説明しなさい。

第5章

環境の価値評価

▶世界自然遺産・知床五湖の木道と知床連山（写真提供：時事通信フォト）

この章の位置づけ

この章では，環境の価値を貨幣単位で評価する手法について解説する。政府が提供する公共プロジェクトの評価を行うために，環境政策の費用便益分析では環境政策の費用と効果を金額で比較する必要がある。しかし，環境には市場価格が存在しないので，環境政策の効果を金額で示すことは容易ではない。そこで，価格が存在しない環境の価値を金額で評価するために，「環境評価手法」と呼ばれる手法が開発されてきた。環境評価は，環境経済学で誕生した新しい分野であるが，今日では環境経済学の主要な役割を果たしている。

最初に，環境の価値とは何かについて考える。環境はさまざまな価値をもっているが，経済学の観点から環境の価値を定義すると「支払意思額」と「受入補償額」として示すことができる。環境の価値を評価する方法としては，人びとの経済行動を観察することで間接的に環境の価値を評価する方法と，人びとに直接たずねることで評価する方法がある。本章では，これらの評価手法の詳細を解説するとともに，実際の環境政策でこれらの手法がどのように使われているのかも紹介する。

この章で学ぶこと

unit 15　環境の価値とは何かを具体的な環境問題を例に考える。また，なぜ支払意思額（最大支払ってもかまわない金額）と受入補償額（少なくとも必要な金額）が環境の価値に相当するのかを考える。

unit 16　環境の価値を金銭単位で評価する手法を紹介する。顕示選好法とは，人びとの経済行動を観察することで間接的に環境の価値を評価する方法である。顕示選好法の代表的手法を取り上げて，各手法の特徴を具体的に解説する。

unit 17　表明選好法とは，環境の価値を人びとに直接たずねることで環境の価値を評価する方法である。表明選好法は環境の非利用価値も評価できることから注目を集めている。また，環境評価の手法の政策適用事例を紹介し，今後の課題について考える。

unit 18　環境政策の費用便益分析とは，環境政策を実施するために必要な費用と，得られる便益を金額で評価し，両者を比較することで環境政策の効率性を示すものである。公共事業への応用について解説する。

unit 15

環境の価値

Keywords
利用価値，非利用価値，支払意思額，受入補償額

利用価値と非利用価値

環境の価値と一言でいっても，その内容は非常に多様である。環境の価値を利用形態から分類すると**利用価値**と**非利用価値**に大別される。たとえば，森林を例に環境の価値を考えてみよう（図15-1）。森林は木材として利用したり，登山やキャンプなどの森林レクリエーションの場として利用することができる。木材のように直接的に利用する場合は「直接的利用価値」と呼ばれる。他方，森林を景観として楽しむ場合は，利用することで森林が失われるわけではないが，森林を間接的に利用しているので「間接的利用価値」と呼ばれる。また，今すぐに森林を利用しなくても将来利用するかもしれないが，将来利用するために残しておく価値は「オプション価値」と呼ばれる。たとえば，熱帯林には

図15-1　森林の価値

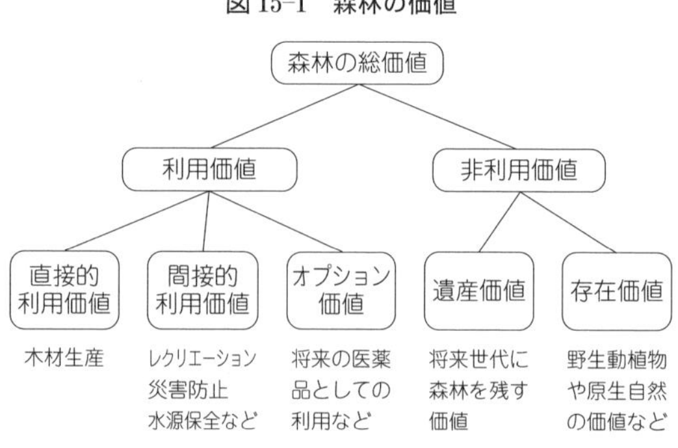

多数の野生動植物が存在するが，それらのなかには将来は医薬品として利用できるものもあるかもしれない。しかし，熱帯林が失われると，将来に医薬品として利用する可能性も失われてしまう。そこで，今すぐは利用できないとしても，将来に医薬品として利用する可能性を残すために，熱帯林を守りたいと考えるならば，熱帯林にはオプション価値が存在することになる。

一方，森林は利用しなくても価値が存在することがある。たとえば，屋久島，白神山地，知床（しれとこ）の森林が世界遺産に指定されているが，これらの森林にはほかにはみられないような特殊な生態系が残されている。私たちが，このような生態系を利用することはないとしても，私たちの子どもや将来世代のために，生態系を残すことは重要であろう。このように将来世代に環境を残すことの価値は「遺産価値」と呼ばれる。さらには，森林に生息する野生動植物のなかには絶滅が危惧されているものも多いが，誰も野生動植物を利用しないとしても，絶滅は回避すべきであると考える人は多い。この場合，野生動植物が存在するだけで価値が発生しているので，「存在価値」と呼ばれている。

このように森林にはさまざまな価値が存在するが，これらの価値のなかで，市場価格が存在するのは木材として利用するときの「直接的利用価値」の場合のみである。それ以外の場合は市場価格が存在しないので，市場価格をもとに森林を評価すると木材生産の価値しか評価されず，過小評価となってしまうのである。

支払意思額と受入補償額

(1) 支払意思額（WTP）

では，市場価格の存在しない環境の価値を正しく評価するためには，どうすればよいのであろうか。環境経済学では，環境の価値を金額で測るための尺度

表 15-1　支払意思額と受入補償額

	環境改善	環境悪化
支払意思額	環境を改善するために最大支払ってもかまわない金額	環境悪化を阻止するために最大支払ってもかまわない金額
受入補償額	環境改善策が中止されたことに対する代償として少なくとも必要な金額	環境が悪化されたことに対して少なくとも必要な補償額

図 15-2　無差別曲線

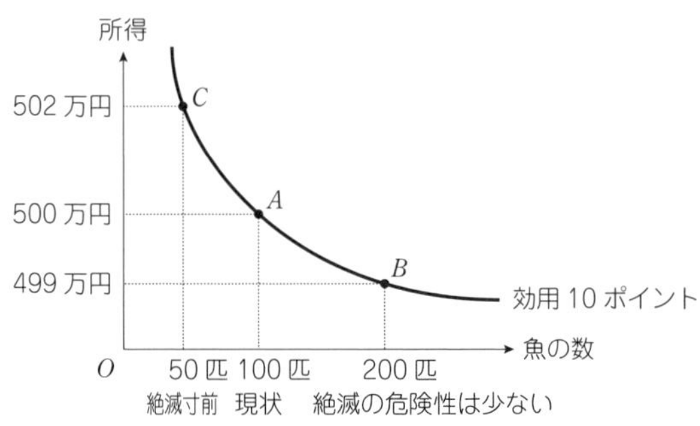

として「支払意思額」または「受入補償額」が用いられている。**支払意思額**（willingness-to-pay: WTP）とは環境の変化に対して最大支払ってもかまわない金額のことであり，一方の**受入補償額**（willingness-to-accept compensation: WTA）とは，環境の変化の代償として少なくとも必要とする金額のことである（表 15-1）。

支払意思額と受入補償額について魚の生息数を例に考えてみよう。たとえば，ある河川に魚が 100 匹だけ生息しているとする。この魚はこの河川に固有の種であり，現在の生息数では絶滅する危険性があり，下流で生活する都市住民は絶滅を危惧しているとする。そこで魚を保護し，200 匹まで増加させることで絶滅を回避させる保護策が検討されているとしよう。魚の生息数が増えることで，絶滅を危惧している住民の満足度は高まる。経済学では人びとの満足度を「効用」と呼ぶが，たとえば魚が 100 匹の現状では効用が 10 ポイントであり，魚が 200 匹に増えると効用は 20 ポイントになるとしよう。このように効用という概念を用いることで，魚の絶滅回避に対する人びとの満足度の変化を把握することが可能であるが，効用は満足度であることから金銭単位ではない。そこで，効用の変化を金銭単位に変換する必要があるが，そのためには魚と貨幣との関係をみる必要がある。

図 15-2 は魚の生息数と貨幣との関係を示したものである。横軸は魚の生息数であり，縦軸は人びとの所得を示している。魚が増えるほど，そして所得が高いほど効用は高まるので，図の右上にいくほど効用が高まることになる。図の曲線は「無差別曲線」と呼ばれ，この曲線上の点はどれも同じ効用を得ることができる。現在，ある住民の所得が 500 万円であるとすると，魚の数が現状

図 15-3　支払意思額と受入補償額（環境改善の場合）

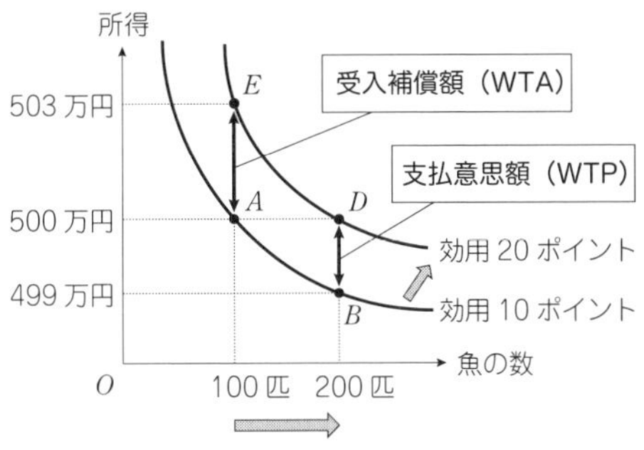

の 100 匹のときは図 15-2 の点 A に相当する。一方で，所得が 499 万円で魚の数が 200 匹の点 B もこの曲線上に位置しているが，魚の数が増えることで効用が上昇するが，所得が低下するために効用が減少することで相殺され，最初の状態の点 A と同じ効用となる。同様に所得が 502 万円で魚の数が 50 匹の点 C も同じ無差別曲線上にあるが，これは魚の数が減ったために効用が低下したものの，所得が増えることで現在と同じ効用が維持されている。

次に，魚の数を現在の 100 匹から 200 匹まで増加させることで絶滅を回避する保護策を考えよう。図 15-3 はこのような環境改善の場合の支払意思額と受入補償額を示したものである。現状は点 A で示されるが，所得が 500 万円のままで魚の数が 200 匹まで増えると点 D に移動し，効用は 10 ポイントから 20 ポイントにまで上昇する。ここで，所得が 500 万円から 499 万円まで低下すると点 B に移動するが，点 B は点 A と同じ無差別曲線上にあるので効用は最初と同じ 10 ポイントである。このとき，支払意思額は魚の生息数増加に対して最大支払える金額なので，支払意思額は BD すなわち 1 万円（＝500 万円－499 万円）となる。もしも，これより少ない金額（たとえば 5000 円）だと，効用 10 ポイントのときの無差別曲線より上側なので，まだ支払う余裕がある。逆にこれより高い金額（たとえば 2 万円）だと，この無差別曲線より下側になり最初の点 A のときより効用が低下してしまうので，これほどの金額は支払えない。ちょうど図の BD の支払意思額の金額（1 万円）だけ支払ったときに，魚の数が改善される前の点 A と同じ無差別曲線上になり，改善前と同じ効用が得られる。このように，環境改善に対する支払意思額は，環境を改善するために最大支払ってもかまわない金額に相当する。

⑵　受入補償額（WTA）

次に，環境改善に対する受入補償額についてみてみよう。魚の数が現在の100匹から200匹まで増加する保護策が検討されていたが，財政的な理由から保護策が中止されることになったとしよう。すると，現状の点 A から改善後の点 D に移動するはずだったが，元の点 A に戻ることになる。このとき，効用は改善後の20ポイントから現状の10ポイントへと戻るため，保護策が急に中止されることに対して住民は納得できないであろう。そこで，保護策が中止される代わりに，図の AE の金額（3万円＝503万円－500万円）だけ住民に代償として支払うとしよう。すると，現状の点 A から点 E へと移動し，保護策実施後の点 D と同じ無差別曲線上にあるので効用は改善後の20ポイントが維持される。したがって，AE の金額をもらうことで住民は保護策の中止を受け入れることができるので，これが魚の生息数保護の受入補償額に相当する。もしも受入補償額より少ない金額しかもらえないときは，点 E より下側になり，効用は保護策実施後の20ポイントより低くなるので住民は納得できない。逆に受入補償額より高い金額であれば，点 E より上側になり効用は20ポイントより高くなってしまうので，それほどの金額は必要ない。このように，環境改善の受入補償額とは，環境改善策が中止されたときの代償として少なくとも必要な金額に相当するのである。

ここまでは環境改善に対する支払意思額と受入補償額をみてきたが，今度は逆に環境が悪化する場合を考えてみよう（図15-4）。開発によって河川周辺の森林が伐採され，魚の生息数が現状の100匹から絶滅寸前の50匹まで低下してしまうとする。このとき住民の効用は10ポイントから5ポイントにまで低下するとしよう。このとき，魚の生息数を減少する前と同じ状態に維持するためには，住民に対して図の CF の金額（2万円＝502万円－500万円）だけ補償する必要がある。このように，環境悪化に対して少なくとも補償に必要な金額が環境悪化の受入補償額に相当する。逆に，住民がお金を支払って河川周辺の森林を買い取り，開発を阻止することで魚の生息数を維持することも考えられる。開発を阻止するために最大支払える金額は図の AG の金額に相当する。もしも，これより高い金額を支払うと，所得の減少により開発によって魚の生息数

図 15-4　支払意思額と受入補償額（環境悪化の場合）

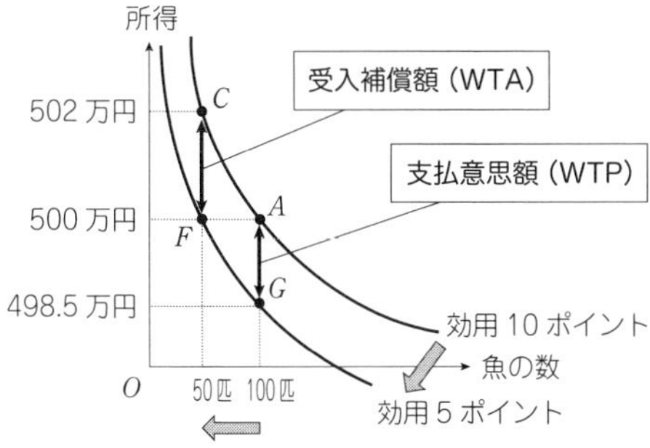

が低下したときの効用 5 ポイントを下回ってしまうので，それほどの金額は支払えない。したがって，環境悪化を阻止するために最大支払える金額が環境悪化の支払意思額となる。

支払意思額と受入補償額の特徴

環境経済学では環境の価値を支払意思額と受入補償額を用いて評価するが，なぜ支払意思額や受入補償額が環境の価値に相当するのだろうか。これを考えるために支払意思額と受入補償額の特徴を整理すると以下のとおりとなる。

①環境変化を評価したものである。

②効用の変化を反映したものである。

③個人によって異なるものである。

④それぞれ異なる金額となることがある。

第 1 に，支払意思額や受入補償額は環境改善または環境悪化という環境の変化に対して定義されるものであり，現在の環境の状態だけでは環境の貨幣価値は決まらないことに注意が必要である。たとえば，魚の生息数が現在 100 匹のとき，この 100 匹の価値を求めることはできない。100 匹が 200 匹に増加する，あるいは 50 匹に減少するというように環境の現状と変化後の状態の 2 つがなければ支払意思額や受入補償額は定義されないのである。

第 2 に，支払意思額や受入補償額は環境が変化したときの効用変化を正しく反映することのできる金額である。効用が上昇するほど支払意思額や受入補償額は増加していく。図 15-3 で魚の生息数を 100 匹から 200 匹，300 匹，400 匹

コラム

支払意思額と受入補償額の乖離

同じ評価対象でも支払意思額でたずねる場合と受入補償額でたずねる場合とでは評価額が大きく異なることがしばしば発生する。一般に支払意思額よりも受入補償額のほうが高い値を示す傾向にある。この原因の1つとして，代替効果が考えられる。たとえば，水道水の水質悪化の場合と，野生動植物の絶滅の場合を例に考えてみよう。

水道水の場合，水道水の水質が悪化したとしても，代わりに浄水器やミネラルウォータを購入するだけのお金をもらえば，消費者は水質悪化による被害を回避できる。つまり代替財が存在するので，図15-5のように無差別曲線は直線に近い状態にあり，支払意思額と受入補償額は比較的近い金額となる。一方，野生動植物の場合，絶滅してしまうと，どんなにお金をもらっても人工的に野生動植物を再生することは不可能であり，野生動植物をほかの私的財で代替することはできないため，いくらお金をもらっても野生動植物の絶滅を受け入れることはできない。この場合，無差別曲線は図のように屈曲した形状となり，受入補償額が巨額となるので，支払意思額と受入補償額の乖離は非常に大きくなる。このように代替財が存在するか否かが支払意思額と受入補償額の乖離に関係しているのである。

図15-5　支払意思額と受入補償額の乖離

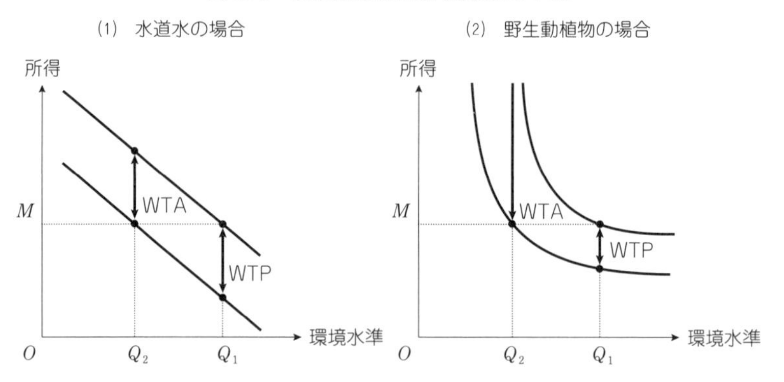

と増やしていったときに支払意思額や受入補償額がどのように変化していくかをみると，魚の生息数が増えるほど効用が上昇し，支払意思額と受入補償額もそれに対応して増加していくのがわかるであろう。したがって，支払意思額や受入補償額は効用変化を貨幣単位に換算したものとみなすことができるのであ

る。

第3に，支払意思額や受入補償額は個人によって異なる金額を示す。環境を守りたいと思う人ほど支払意思額や受入補償額は高くなり，逆に環境にまったく関心のない人は支払意思額や受入補償額は0円にもなりうる。したがって，環境に対する個人の価値観を支払意思額や受入補償額は反映しているといえる。

第4に，支払意思額や受入補償額は異なる金額をとることが多い。支払意思額も受入補償額もどちらも上記のように環境に対する個人の価値観が反映されているが，両者は必ずしも同じ金額になるとはかぎらない。たとえば，野生動植物が開発によって絶滅する可能性がある場合，絶滅してしまうと取り返しがつかないので，たとえどんなにお金をもらっても絶滅は許せないと考える人は少なくないであろう。このとき受入補償額は無限大となるが，支払意思額はどんなに支払おうと思っても自分の所得以上は支払えないので，受入補償額と支払意思額との間に大きな乖離が生じる。このように受入補償額は極端に高い金額をとることがあるので，実際の環境政策に用いるときは支払意思額が採用されることが一般的である。

以上のように支払意思額と受入補償額は環境の価値を金銭単位で評価する尺度として有効な特徴をもっているが，市場価格のように市場データとして入手することはできない。このため，人びとの経済活動から間接的に支払意思額や受入補償額を推定するか，あるいは人びとに直接的に支払意思額や受入補償額をたずねて算出する必要がある。

要　約

環境の価値には利用価値と非利用価値が含まれるが，直接的利用価値以外は市場価格が存在しないので，価格をもとに環境を評価すると過小評価となる。環境経済学では環境の価値を評価する際に支払意思額と受入補償額を用いる。支払意思額と受入補償額は環境の変化による効用変化を正しく反映し，個人の環境に対する価値観を反映した貨幣尺度であるが，支払意思額や受入補償額を推定するには特別な評価手法を用いる必要がある。

確認問題

□ *Check 1*　効用関数Uが次式のとおりだとする。ただし，qは魚の生息数（匹），Mは所得（万円）であり，$M-100$とする。

$$U=\frac{q \cdot M}{100}$$

1. 魚の生息数が10匹から20匹へと増加することに対する支払意思額はいくらかを述べなさい。
2. 河川の汚染が進んで，このままでは魚の生息数が10匹から2匹へ低下するとする。このとき，魚を保護して現在の10匹を維持するための支払意思額はいくらかを述べなさい。
3. 魚の生息数を10匹から20匹へと増加させる保護策が計画されていたが，中止されてしまった。これに対する受入補償額はいくらかを述べなさい。

□ *Check 2*　支払意思額と受入補償額が比較的近い値をとると考えられるような評価対象と，支払意思額と受入補償額に大きな差がみられると考えられるような評価対象を示しなさい。

unit 16

環境評価手法 1　顕示選好法

Keywords
顕示選好法，代替法，トラベル・コスト法，ヘドニック法

環境評価手法とは

環境には市場価格が存在しないため，環境の価値を金銭単位で計測するためには特別な評価手法が必要である。環境の価値を金銭単位で評価する手法は環境評価手法と呼ばれている。これまでにいくつかの環境評価手法が開発されているが，大別すると顕示選好法と表明選好法に区分される。**顕示選好法**とは，環境が人びとの経済行動に及ぼす影響を観察することで，環境の価値を間接的に評価する方法である。一方の表明選好法（unit 17 を参照）とは，人びとに環境の価値を直接たずねることで環境の価値を評価する方法である。

表 16-1 は顕示選好法に含まれる代表的な手法の特徴を示したものである。顕示選好法には代替法，トラベル・コスト法，ヘドニック法などが含まれる。**代替法**とは，環境を私的財で置き換えたときの費用をもとに環境の価値を評価する手法である。たとえば，森林の水源保全機能を評価する場合，森林の水源保全機能がダム何個分に相当するかを調べ，そのダムの建設費用によって評価する。代替法は直感的にわかりやすく，評価も比較的容易なことから環境評価手法の初期の研究では多く用いられていた。たとえば，1972 年に林野庁は全国の森林がもっている多面的機能を代替法により 13 兆円と評価した。また，農林水産省は 1982 年から代替法による評価を開始し，98 年には全国農地の価値を 7 兆円と推定している。このように代替法は政策にも使われることが多いが，評価対象に相当する私的財が存在しない場合は評価できないという欠点が

表 16-1　顕示選好法の各手法の特徴

分　類	顕示選好法 （人びとの行動を観察することで環境の価値を間接的に評価）		
名　称	代替法	トラベル・コスト法	ヘドニック法
内　容	評価対象に相当する私的財に置き換える費用をもとに評価	対象地までの旅行費用をもとに評価	環境が地代や賃金に与える影響をもとに評価
適用範囲	利用価値 水質改善，土砂流出防止などに限定	利用価値 レクリエーション，景観など訪問に関わるものに限定	利用価値 地域アメニティ，水質汚染，騒音，死亡リスクなどに限定
利　点	直感的にわかりやすい	必要な情報が少ない 旅行費用と訪問率などのみ	情報入手コストが少ない 地代，賃金などの市場データから得られる
問題点	評価対象に相当する私的財が存在しない場合は評価できない	適用範囲がレクリエーションに関係するものに限定される	代理市場が存在しないものは評価できない 代理市場が完全市場という仮定が必要
適用事例	森林や農地の多面的機能の評価，水源開発の効果など	国立公園の整備，都市公園の整備，緑地整備など	大気汚染対策，健康被害対策，住宅整備など

ある。たとえば，絶滅の危機に瀕している野生動物の価値を評価する場合，それに相当する私的財をみつけることは難しい。動物園でその動物を飼育するときのエサ代によって評価することもあるが，動物園で飼われている動物と自然環境のなかで生息している野生動物の価値が同じとは考えにくいだろう。同様に生物多様性や生態系には相当する私的財が存在しないので代替法では評価できない。1980 年代後半から地球温暖化や熱帯林破壊などの地球環境問題に対する社会の関心が高まったが，代替法ではこうした地球環境問題を評価できないことから，今日では代替法に対する関心は非常に低くなっている。

トラベル・コスト法は，旅行費用をもとにレクリエーションの価値を評価する手法である。トラベル・コスト法は生物多様性や生態系などの非利用価値は評価できないが，国立公園の整備などのレクリエーション関係の政策評価において多く用いられている。

ヘドニック法は環境が地代や賃金などに及ぼす影響をもとに環境の価値を評

価する手法である。ヘドニック法は地代や賃金などの市場データをもとに評価可能で，評価に必要な情報を入手しやすいという利点があるため，騒音対策や大気汚染対策などの政策の評価に用いられている。ただし，土地市場や労働市場などの代理市場が存在するものに評価対象が限定される。たとえば，地球温暖化の影響は地球的規模で生じるので，国内のどこに住んでいようと，どの職業に就こうとも均等に影響を受けるだろう。したがって，温暖化対策の効果は地代や賃金には反映されず，ヘドニック法で評価することは困難である。

以下では顕示選好法の代表的な手法であるトラベル・コスト法とヘドニック法の詳細を説明する。

トラベル・コスト法

トラベル・コスト法は訪問地までの旅費と訪問回数（または訪問率）の関係をもとに，レクリエーション価値を評価する手法である。たとえば，世界遺産に指定されている北海道知床には全国から多数の観光客が訪問しているが，それは高い旅費を支払うだけの価値が知床にあると訪問者が考えるからこそ多数の観光客が集まるのである。したがって，観光客の支払った旅費には知床の訪問価値が反映されているはずである。これがトラベル・コスト法の基本的な考え方である。

図16-1はトラベル・コスト法を説明するものである。ある森林公園の訪問価値について考えるとしよう。縦軸はこの森林公園までの旅行費用（旅費），横軸は訪問回数である。旅費と訪問回数の関係は図の需要曲線（D）によって示される。旅費が高いときは訪問回数は少なく，旅費が低いほど訪問回数は多くなるので需要曲線は図のような右下がりの曲線となる。需要曲線はこの森林公園を訪れる観光客の旅費と訪問回数のデータから推定することができる。

ある訪問者は，自宅からこの森林公園までの往復旅費が1000円だとしよう。この訪問者は森林公園を年間30回訪れている。図より10回目の訪問のときは1400円まで支払ってもかまわないが，実際には1000円しか支払わないので，残りの400円だけ訪問者はトクをすることになる。20回目の訪問時は1200円まで支払ってもかまわないので，訪問者のトクした金額は200円である。30回目の訪問時は支払ってもかまわない金額と実際の旅費がどちらも1000円な

図16-1　トラベル・コスト法

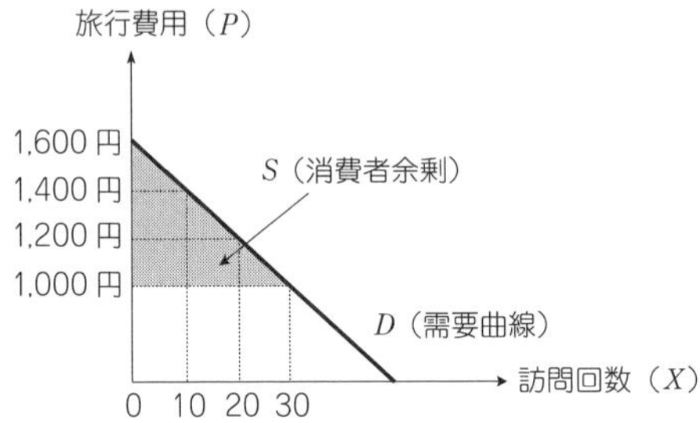

図16-2　公園整備の効果

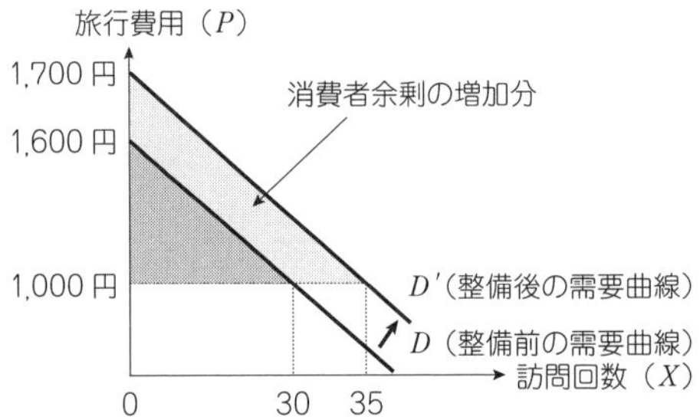

ので訪問者のトクは発生しない。これをすべての訪問回数について考えていくと，図の網掛けの部分だけ訪問者はトクしたことになる。この網掛けの部分は消費者余剰である。図の場合，消費者余剰は，三角形の面積を計算すると9000円（＝底辺30×高さ600÷2）となる。消費者余剰は訪問者が森林公園を訪問したことでトクした金額なので，森林公園の訪問価値とみなすことができる。

このようにトラベル・コスト法は訪問者の旅費と訪問回数から需要曲線を推定することで，訪問価値を算出することができる。次に，この森林公園に遊歩道を整備し，訪問者が森林の景観を気軽に楽しめるようになったとしよう。遊歩道が整備されたことで森林公園の魅力が高まり，森林公園の需要曲線は図16-2のように右側にシフトする。これまで年間30回訪問していた人は，遊歩道が整備されたことにより訪問回数が年間35回にまで増える。遊歩道が整備された後の消費者余剰は図の台形の部分だけ増加することになるが，この消費者余剰の増加分が遊歩道を整備した効果とみなすことができる。

このように，トラベル・コスト法は旅費と訪問回数の関係を用いることで，都市公園や自然公園などの訪問価値を計測したり，訪問地での公園整備の効果を計測することができる。なお，ここでは年間に何回も訪問するような身近な公園を取り上げたが，知床のように遠方にある国立公園などの場合は年間に何度も訪れる人は少ないだろう。そのような場合は，訪問回数ではなく訪問率を用いることができる。訪問者がどこから来ているのかを調べ，北海道内，東北地区，関東地区などのように地域ごとに区分し，それぞれの地域ごとの訪問率と旅費を用いる。遠方の地域は旅費が高く，訪問率は低くなるので，訪問率を用いても右下がりの需要曲線を推定することができる。

トラベル・コスト法は，旅費と訪問回数（または訪問率）のデータのみで評価できるという利点をもっているが，一方で以下のような欠点も存在する。第1に，トラベル・コスト法では評価範囲がレクリエーションに関係するものに限定される。野生動植物や生態系などの非利用価値は，訪問しないとしても価値が存在するものなので，トラベル・コスト法では評価できない。第2に，旅費に機会費用を計上するときに恣意性が発生する。旅行をするときには移動時間や滞在時間など多くの時間を消費しているが，もしこの時間を労働に使うことができれば賃金が得られるはずである。このような時間の機会費用が発生しているので，旅費を計算するときには電車代やガソリン代などの実際の支出額だけではなく，時間の機会費用も計上する必要がある。機会費用の計算には，賃金率をそのまま用いる，賃金率の半分を用いる，機会費用はゼロとするなどさまざまな方法が用いられており，必ずしも決まった方法が確立されていないのが実情である。第3に，代替地の影響を考慮する必要がある。たとえば，ある森林公園が開発によって閉鎖されると，訪問者は周辺の別の森林公園を訪れるようになるかもしれないが，このような代替行動を無視すると公園閉鎖の影響が過大評価されてしまう。こうした代替地を考慮するために，複数の訪問地を考慮したマルチサイト・モデルが開発されており，今日ではトラベル・コスト法はマルチサイト・モデルによる分析が主流となっている。

ヘドニック法

ヘドニック法は，環境が代理市場に及ぼす影響をもとに環境の価値を評価する手法である。代理市場としては住宅市場や労働市場が用いられることが多い。

図 16-3　ヘドニック価格曲線

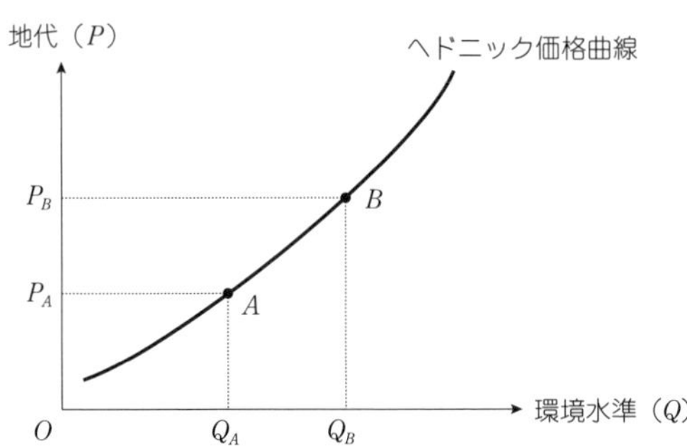

住宅市場の場合，環境が地代に及ぼす影響を用いる。人びとが住宅を選択するとき，騒音や大気汚染がひどい地域は，敬遠することから，ほかに比べると地代も低下しているはずである。そこで，騒音や大気汚染が地代に及ぼす影響を計測することで，騒音や大気汚染による損失を金銭単位で評価できる。これがヘドニック法の考え方である。

図 16-3 をもとにヘドニック法の考え方をみてみよう。縦軸は地代，横軸は大気の質などの環境水準である。いま，住宅地 A と B の 2 つがあるとしよう。住宅地 A は大気汚染の進んだ地域にあり，一方の住宅地 B は空気のきれいな地域にある。このため人びとは大気汚染のひどい住宅地 A を敬遠し，住宅地 A の地代 P_A は住宅地 B の地代 P_B より低くなっている。このように，大気の質が良くなるほど地代は上昇するので，大気の質と地代の関係は図のように右上がりの曲線となる。この曲線はヘドニック価格曲線と呼ばれている。ここで，大気汚染対策を実施すると住宅地 A の大気汚染が住宅地 B の水準まで改善されるとしよう。大気汚染が Q_A から Q_B まで改善されたとき，このときの地代の上昇額は図より P_B-P_A であるが，ヘドニック法では，この地代上昇額を大気汚染対策の効果として評価するのである。

次に，ヘドニック法の評価額と支払意思額の関係についてみてみよう（図 16-4）。2 人の住民（住民 1 と住民 2）が住宅地を選ぶとする。単純化のため住宅地の供給者は 1 人のみとする。住民 1 の無差別曲線は図の U_1，住民 2 の無差別曲線は U_2 とする。環境の質は高いほど好ましいが，地代は安いほど好ましいので，図の右下にいくほど住民の満足度（効用）は高くなるため，無差別曲線は図の

図 16-4　ヘドニック法の評価額と支払意思額

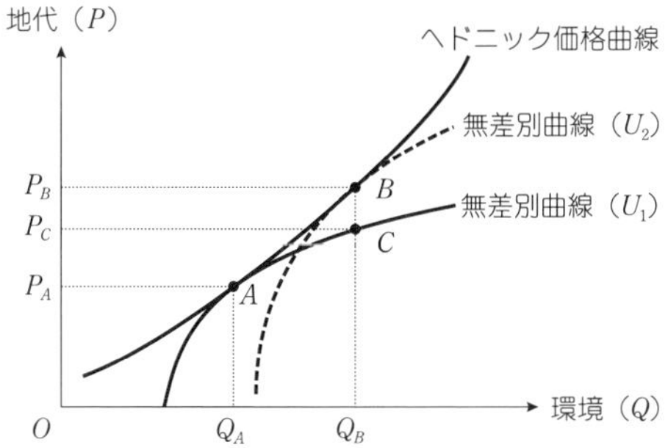

ような形状となる。このとき，住民1は大気の質よりは地代が安いほうを優先するので住宅地 A を選択する。点 A で住民1の無差別曲線（U_1）はヘドニック価格曲線と接しており，ヘドニック価格曲線上のそのほかの点はどれも無差別曲線 U_1 よりも上側にあるので，点 A のときに住民1の効用が最大となる。逆に住民2は地代よりも大気の質を優先し，住宅地 B を選択する。

ここで，住宅地 A の環境水準が Q_A から Q_B まで改善されたとする。前述のようにヘドニック法で評価すると，環境対策の効果は地代上昇額 $P_B - P_A$ である。しかし，点 A と同じ無差別曲線上にあるのは点 B ではなく点 C なので，住民1がこの環境対策に対して最大支払える金額（支払意思額）は $P_C - P_A$ である。つまり，ヘドニック法で評価すると支払意思額よりも $P_B - P_C$ だけ過大評価となる。もしも，すべての住民が同じ選好をもっていて，無差別曲線が同一であれば，ヘドニック法の評価額と支払意思額は一致するが，図のように異なる選好をもった住民が存在するときは，ヘドニック法は過大評価となる。そこで，ヘドニック価格曲線を推定した後に，個人間の違いによる無差別曲線のシフトを別途推定する二段階推定が用いられることもあるが，そのためには住民の個人属性のデータが必要となるため，実際にはヘドニック価格曲線をそのまま用いて評価が行われることも多い。

ヘドニック法は，住宅市場を用いるときは地代と土地属性，労働市場を用いるときは賃金と職業属性のデータのみで評価できるため，評価に必要な情報が入手しやすいという利点がある。しかし，ヘドニック法には以下のような欠点も存在する。第1に，ヘドニック法では完全競争市場の仮定が必要であるが，

コラム

アメリカの大気浄化法の評価

アメリカでは大気汚染に関する法律「大気浄化法」の経済的評価が行われている。アメリカ環境保護庁は，大気浄化法によって大気汚染対策を実施したときに発生した費用と得られた便益の比較を行っている。ここでは，大気汚染対策による健康被害防止効果を統計的生命の価値（value of statistical life: VSL；詳しくは**unit 21**を参照）によって評価している。統計的生命の価値は，（死亡リスク削減に対する支払意思額）÷（リスク削減幅）によって定義される。環境保護庁は過去に行われた統計的生命の価値の評価事例26研究（そのうち21研究がヘドニック法，5研究が仮想評価法〔CVM〕）の平均値480万ドルを採用し，これを1件の死亡を回避することの便益として便益評価を行った。評価結果は1990年の現在価値で，大気汚染対策の費用が5000億ドルに対して便益が22.2兆ドル（90%信頼区間5.6兆－49.4兆ドル）であった。

土地市場や労働市場には多くの規制や慣行が存在し，また住宅地選択時には引っ越し費用などの取引費用も発生することから，完全競争の仮定が満たされているとは考えにくい。第2に，ヘドニック法は代理市場が存在しない環境の価値は評価できない。たとえば，地球温暖化の場合，国内のどこに住んでいても，またどの職業についても，温暖化の影響は同じであり，したがって土地市場や労働市場を用いるヘドニック法では温暖化の影響を評価できない。土地市場を用いるヘドニック法で評価できるのは，その土地に住むことで得られる地域限定的な環境の価値だけであり，地球環境問題のようなグローバルな環境の価値は評価できないのである。

要　約

顕示選好法とは，環境が人びとの経済活動に及ぼす影響を推定することで環境の価値を評価する方法である。トラベル・コスト法は旅費と訪問回数（または訪問率）の関係からレクリエーションの価値を評価する。ヘドニック法は，環境が地代や賃金に及ぼす影響を推定することで，騒音，大気汚染，死亡リスクなどを評価する。顕示選好法は評価に必要なデータが入手しやすいものの，非利用価値を評価できないという欠点がある。

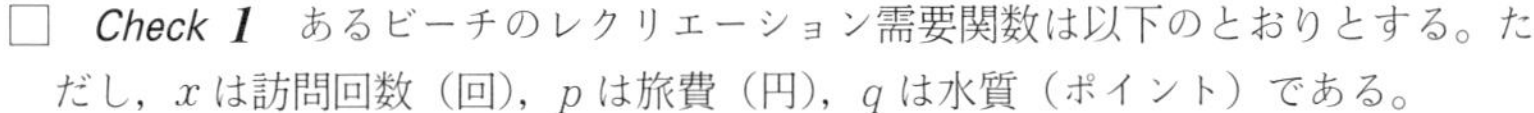

確認問題

□ ***Check 1*** あるビーチのレクリエーション需要関数は以下のとおりとする。ただし，x は訪問回数（回），p は旅費（円），q は水質（ポイント）である。

$$x=4-\frac{p}{500}+q$$

1. 現在の水質は $q=0$ ポイントとする。このとき，ある訪問者の旅費は 1000 円とすると，この訪問者の消費者余剰はいくらかを述べなさい。
2. 水質改善対策を実施したところ，水質が $q=2$ ポイントまで上昇したとする。このとき，この訪問者にとって水質改善対策の効果はいくらかを述べなさい。

□ ***Check 2*** 大気の質（q ポイント）と地代（p 万円）の関係が $p=5q$ であるとき，ある住民の効用関数は以下のとおりである。

$$u=q(20-p)$$

1. この住民が選ぶ住宅地の大気の質はどれだけかを述べなさい。
2. 大気の質が現在の 2 倍まで改善されたとする。このときヘドニック法で評価すると，その効果はいくらかを述べなさい。
3. また，その評価額は支払意思額に比べるとどれだけ過大評価になっているかを述べなさい。

unit 17

環境評価手法 2　表明選好法

Keywords
表明選好法，仮想評価法（CVM），コンジョイント分析，バイアス

表明選好法とは

表明選好法とは，環境の価値を人びとに直接たずねることで環境の価値を金銭単位で評価する方法のことである。顕示選好法（unit **16** を参照）は環境が人びとの経済行動に及ぼす影響から間接的に環境の価値を評価しているため，野生動植物や生態系の非利用価値のように人びとの行動に影響しないものは評価できない。これに対して，表明選好法は，行動には反映されない非利用価値であっても，人びとに直接たずねることで評価が可能である。1990 年代に入って，地球温暖化や生物多様性の喪失などの地球環境問題に対する関心が高まったが，地球環境問題の多くは非利用価値に関するものであり，表明選好法でなければ評価できないことから，1990 年代に入ると表明選好法に対する関心が急速に高まった。

表明選好法には，**仮想評価法**（contingent valuation method: **CVM**）とコンジョイント分析が含まれる（表 17-1）。CVM は，仮想的な環境政策を提示して，環境変化に対する支払意思額や受入補償額を直接たずねることで環境の価値を評価する。CVM は，評価可能な範囲が広く，レクリエーションや景観などの利用価値から，野生動植物や生態系などの非利用価値まで評価できる。しかし，アンケートを用いることから，質問内容が回答に影響してバイアスが生じる危険性があり，アンケート設計を工夫しないと評価額の信頼性が低下することがある。CVM は海外では多くの環境政策に用いられており，とくにタンカー事

表 17-1　代表的な環境評価手法の特徴

分　類	表明選好法（人びとに環境の価値を直接たずねることで環境の価値を評価）	
名　称	CVM	コンジョイント分析
内　容	環境変化に対する支払意思額や受入補償額をたずねることで評価	複数の環境対策を提示し，その選好をたずねることで評価
適用範囲	利用価値および非利用価値 レクリエーション，景観，野生動植物，種の多様性，生態系など非常に幅広い	利用価値および非利用価値 レクリエーション，景観，野生動植物，種の多様性，生態系など非常に幅広い
利　点	適用範囲が広い 存在価値や遺産価値などの非利用価値も評価可能	適用範囲が広い 環境価値を属性単位に分解して評価できる
問題点	アンケート調査の必要があるので情報入手コストが大きい バイアスの影響を受けやすい	アンケート調査の必要があるので情報入手コストが大きい バイアスの影響を受けやすい
適用事例	レクリエーション整備，野生動植物の保全，生態系保全，温暖化対策，熱帯林保全など	現実の環境政策への適用例は少ない

故の損害賠償の裁判で環境破壊の損害額算定にCVMが使われたことから，世界的に注目を集めた（コラムを参照）。

コンジョイント分析は，複数の環境対策の代替案を提示し，対策の好ましさをたずねることで環境の価値を評価する。CVMとは異なり，環境の価値を内訳別に分解できるという特徴をもっている。たとえば，森林の価値には木材生産，レクリエーション，水源保全，野生動植物保全などが含まれる。CVMの場合，これらの個々の価値に分解することは難しいが，コンジョイント分析を用いると個々の価値に分解して，環境の価値を評価できる。しかし，コンジョイント分析もCVMと同様にアンケートを用いるので，バイアスの影響を受けやすいという欠点がある。コンジョイント分析は最新の評価手法であり，研究蓄積が少ないこともあり，実際の環境政策に使われることは少ない。以下では，政策に使われることの多いCVMについて解説する。

コラム

エクソン社のタンカー「バルディーズ号」の原油流出事故の損害評価

1989年3月24日，エクソン社のタンカー「バルディーズ号」はアラスカ沖のプリンス・ウィリアム海峡を航行中に座礁し，4200万リットルに及ぶ原油が流出する事故が発生した。大量の原油が沿岸に漂着したため，40万羽の海鳥や3000匹のラッコなどが死亡したと推定されている。この事故に対してエクソン社は，流出原油の浄化費用や漁業被害を支払った。しかし，アメリカの油濁法では油流出事故による環境破壊も損害賠償の対象に含まれていたことから，アラスカ州政府と連邦政府は，エクソン社に対して原油流出事故による生態系破壊の被害額を支払うことを要求し，損害賠償の訴訟を起こしたのである。

この裁判では，生態系被害額の算定根拠としてCVMが使われた。まず，回答者にバルディーズ号の原油流出事故の状況が説明された。次に「エスコート・シップ」と呼ばれる護衛船を配置し，タンカーの事故を防止する対策が示された。そして，この対策によりタンカー事故を防止し，アラスカ沖の生態系を守るためにいくら支払ってもかまわないかをたずねたのである。1991年に全米から無作為に抽出された一般市民を対象にアンケート調査が実施され，1043世帯から有効な回答が回収された。統計分析の結果，支払意思額は1世帯当たり30ドルであった。これに全米世帯数9000万世帯をかけたところ，集計額は28億ドル（当時の為替レートで約3700億円）となった。この評価をもとに損害賠償の裁判が行われ，最終的にエクソン社はさらに1200億〜1500億円を生態系破壊の賠償額として追加して支払うことで和解に至った。このように，裁判のなかでCVMが実際に用いられたことから，CVMが世界中の注目を集めたのである。

図17-1　エクソン社「バルディーズ号」タンカー事故

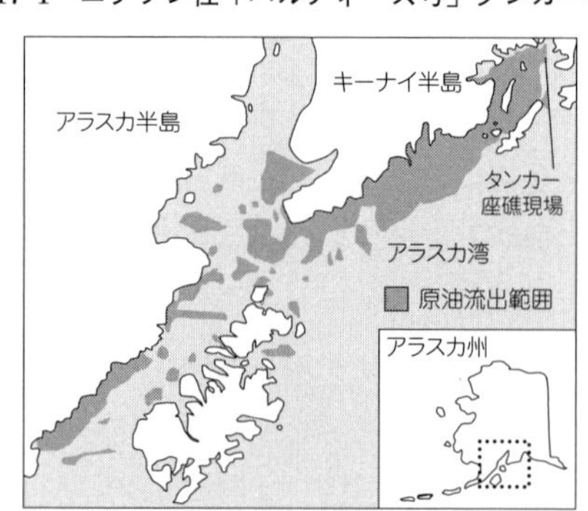

（注）1989年3月24日〜5月18日の流出範囲。
（出所）「油流出事故公共情報センター資料」より筆者作成。

CVM

CVMは，仮想的な環境政策を提示し，環境改善または環境悪化に対する支払意思額や受入補償額を直接たずねることで環境の価値を評価する手法である。たとえば，森林の価値をCVMで評価する場合を考えてみよう（図17-2）。現在，10 haの森林が野生動物の生息地として保護されているとする。しかし，周辺地域でも開発の危険性があるので，保護地域を現在の10 haから20 haまで増加させる保全策が考えられているとしよう。CVMでこの保全策を評価するためには，現在の10 haの保護地域の現状を回答者に示し，さらに保護地域が20 haまで増加した後の仮想的状態を回答者に示す。そして，この保護策を実現するためにいくらまで支払ってもかまわないかをたずねるのである。支払意思額は一般に世帯当たりで聞くので，支払意思額に対象世帯数をかけると集計価値が得られる。

また，環境悪化のシナリオで支払意思額を評価することもできる（図17-3）。現在の森林保護地域10 haの保護指定を解除し，森林を伐採して宅地開発を行う計画があるとする。このような仮想的な開発計画を回答者に示し，そのうえでこの開発計画を中止するためには，いくら支払うかをたずねるのである。

図17-2　CVMのシナリオ（環境改善）

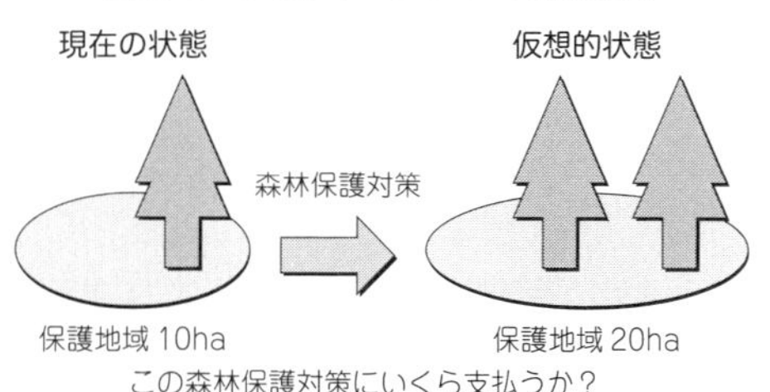

図17-3　CVMのシナリオ（環境悪化回避）

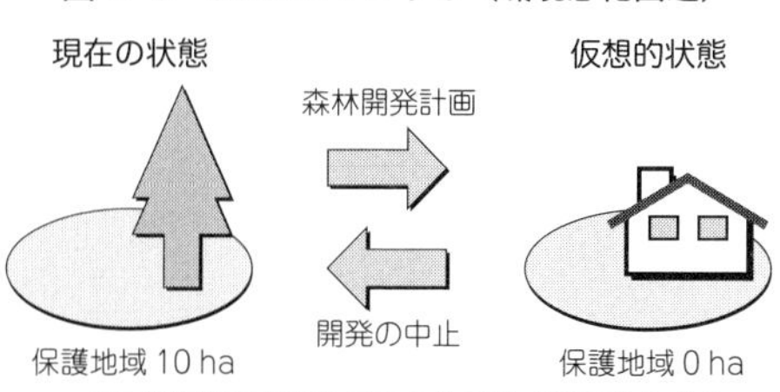

このように，CVMは以下の3つのプロセスによって環境の価値を評価している。

①環境の現在の状態を示す。

②環境の変化後の状態（仮想的状態）を示す。

③この環境変化に対する支払意思額をたずねる。

ここで注意が必要なのは，現在の環境の状態を示すだけではなく，変化後の仮想的状態も示す必要があることである。unit **15** でみたように，支払意思額は環境改善または環境悪化という環境の変化に対して定義されるものであり，現在の環境の状態だけでは支払意思額を決めることができない。したがって，単に現在の保護地域10 haを説明して，これにいくら支払うかをたずねるだけでは，支払意思額を正しく評価することはできない。

CVMのアンケートのなかでもっとも重要な設問は支払意思額をたずねる部分である。このため，これまでの研究のなかで，多数の質問形式が開発され，洗練化が進められている（図17-4）。初期のCVM研究では自由に金額を記入してもらう「自由回答形式」，オークションのように金額を徐々に上げて金額を決める「付け値ゲーム形式」が使われた。しかし，自由回答形式では無回答や極端な金額などの無効回答が多発し，付け値ゲーム形式では最初に開始する金額によって影響を受けやすいことが知られており，今日ではどちらも使われることが少なくなっている。「支払カード形式」は金額の選択肢の記入されたカードを用いて，自分の支払意思額に相当するものを選択してもらうものである。選択肢から選ぶだけなので無回答が少なく，郵送方式でも使える質問形式ではあるが，選択肢の金額の範囲が回答に影響を及ぼす可能性がある。「二肢選択形式」では，ある金額を提示して，回答者はYesまたはNoのどちらかを回答する。YesとNoのどちらかを選ぶだけなので回答者の負担が少なく，回答しやすい質問形式である。二肢選択形式は製品価格をみたうえで購入するか否かという通常の消費行動に近い質問形式であり，バイアスが比較的少ないことから，今日では二肢選択形式がもっともよく使われている。

二肢選択形式では，提示額に対してYesまたはNoのデータしか得られないので，統計分析により支払意思額を推定する必要がある。図17-5は支払意思額の推定方法を示したものである。横軸は提示額，縦軸はYes回答の確率

図 17-4　CVM の質問形式

(1)　自由回答形式

あなたはこの森林を保護区域に指定して森林生態系を守るためにいくら支払ってもかまわないと思いますか。以下の空欄に金額をご自由にご記入ください。

［　　　　　］円

(2)　付け値ゲーム形式

あなたはこの森林を保護区域に指定して森林生態系を守るために 500 円を支払ってもかまわないと思いますか。　「はい」
では 1000 円ではどうですか。　「はい」
……
では 9000 円ではどうですか。　「いや，それほどは支払えません」
では 8500 円くらいではどうですか。　「そうですね，そのぐらいですね」

(3)　支払カード形式

あなたはこの森林を保護区域に指定して森林生態系を守るためにいくら支払ってもかまわないと思いますか。以下のなかからどれか 1 つを選んで番号に○をつけてください。

1.　0 円	2.　100 円	3.　300 円	4.　500 円
5.　800 円	6.　1,000 円	7.　2,000 円	8.　3,000 円
9.　5,000 円	10.　8,000 円	11.　1 万円	12.　2 万円以上

(4)　二肢選択形式

あなたはこの森林を保護区域に指定して森林生態系を守るために 1000 円を支払っても構わないと思いますか。以下のどちらかを選んでください。

1. はい　2. いいえ

である。二肢選択形式では，たとえば 200 円，500 円，1000 円，2000 円，4000 円，8000 円，1 万円のように数種類の提示額を設定し，各回答者にはこのなかからどれか 1 つの金額をランダムに選んで提示する。そして，各提示額別にその提示額を示された回答者のうち何% が Yes を選んだかを調べて図に記入する。金額が低いときは大半の回答者が Yes を選ぶが，金額が上昇するにつれて Yes の回答者の比率は低下していく。この図の場合，500 円のときは 90% 以上の回答者が Yes を選んでいるが，4000 円では 60% 程度，そして 1 万円では 10% 未満と低下している。

ここで，各点にちょうどフィットするような曲線を統計分析により推定する

図 17-5　支払意思額の推定方法（二肢選択形式）

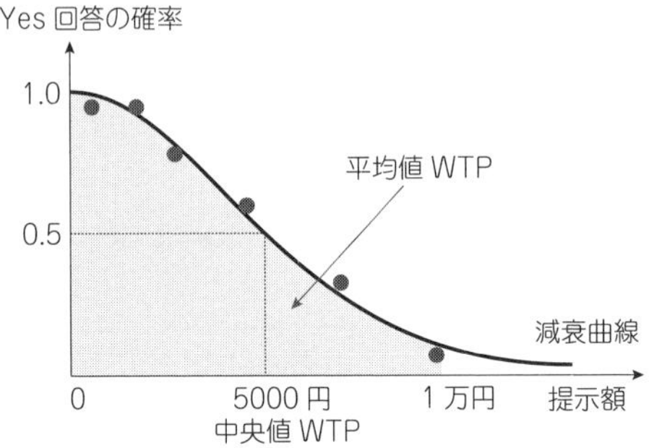

と，図のような減衰曲線が得られる。ここで Yes と No がちょうど半々になるときの提示額が支払意思額の中央値である。一方で，減衰曲線の下側の面積を計算すると支払意思額の平均値が得られる。下側面積を計算するときは，最大提示額の部分まで計算するのが一般的である。

バイアス

このように CVM は，アンケートを用いて環境の現状と変化後の状態の 2 つを提示し，支払意思額をたずねることで環境の価値を評価するが，アンケートを用いるため評価シナリオが不適切な場合は，**バイアス**が生じて評価額の信頼性が低下する可能性がある。これまでの実証研究により，CVM には多数のバイアスが生じる可能性が知られている。代表的なバイアスには以下のものがある。

(1)　戦略バイアス

回答者が意図的に過小または過大に評価する現象を戦略バイアスという。たとえば，環境保全はすでに決定ずみであり，回答した金額にかかわらずに環境が守られるとしよう。このとき，回答金額を実際に徴収するとしたら，回答者は費用負担を回避するために実際の支払意思額よりも低めの金額を答えるであろう。逆に，実際に費用負担を求めることはないが，回答金額に応じて環境保全策が実施されるか否かが決まるとしよう。この場合，回答者は費用を負担しなくてよいので，支払意思額よりも高めの金額を答えるかもしれない。このように回答者が意図的にウソの金額を答える現象が戦略バイアスである。なお，金額を自由に答えてもらう自由回答形式では戦略バイアスが生じやすいが，提示された金額を支払うか否かをたずねる二肢選択形式では戦略バイアスが生じないことが知られている。

(2) 評価の手がかりとなる情報によるバイアス

回答者のなかには，CVM の見慣れない質問内容にとまどい，どこかに回答するための「手がかり」はないかと探すため，バイアスが生じることがある。たとえば支払カード形式では，提示された金額の範囲が回答者に影響を与える可能性があり，この現象は「範囲バイアス」として知られている。たとえば，0 円〜3000 円の選択肢のなかから 1 つを選択してもらう場合と，0 円〜10 万円のなかから選択してもらう場合では，回答結果が異なるかもしれない。これは，提示された金額の範囲が評価対象の相場の目安として回答者が認識したことにより発生する。このようなバイアスをなくすためには，質問項目を作成する際に質問内容をできるかぎり回答しやすいものに心がけると同時に，回答者の「手がかり」となりそうな情報（とりわけ金額に関する情報）を質問内容から排除しなければならない。

(3) シナリオ伝達ミスによるバイアス

CVM は現在の環境の状態と変化後の状態を回答者に伝えて支払意思額をたずねる。しかし，質問者の意図したとおりに回答者に情報が提供されていないと，「シナリオ伝達ミス」が生じる可能性がある。シナリオ伝達ミスはさまざまな形態が考えられる。

第 1 に，非現実的なシナリオあるいは理論的に妥当ではないシナリオを用いた場合に生じる。たとえば，地球温暖化を防止するために，温室効果ガスの排出量を現在の半分にするというシナリオを提示した場合，このようなシナリオは実現不可能として回答を拒否される，あるいは真剣に答えてもらえないかもしれない。

第 2 に，評価対象の範囲を適切に伝えられない場合に生じる。たとえば，「森林の保護」という場合，ある回答者は熱帯林のことを考えるかもしれないし，別の回答者は世界のすべての森林のことを考えるかもしれない。このような評価対象の範囲の違いによるバイアスは「部分全体バイアス」と呼ばれている。

第3に，支払意思額をたずねるときの支払手段が不適切だとバイアスが生じる。税金で費用負担を求めると税金そのものに対する拒絶感が影響することが多く，逆に基金への募金を用いると，募金にお金を支払うこと自体の満足感が影響するかもしれない。このような支払手段による影響は「支払手段バイアス」と呼ばれている。

以上のようなシナリオ伝達ミスは，調査者側の意図が回答者に適切に伝わっていないことが原因となっている。したがってこの問題を解決するには，写真や映像などで質問者の意図を正確に回答者に伝えること，そして予備調査を十分に実施して調査者側の意図した内容が適切に伝わっているかを確認することが重要である。

要　約

表明選好法とは，環境の価値を人びとに直接たずねることで環境の価値を評価する方法である。CVM は環境の現状と仮想的な状態を示し，この環境変化に対する支払意思額をたずねて評価する。コンジョイント分析は環境対策の代替案の好ましさをたずねて評価する。CVM やコンジョイント分析は非利用価値を評価できる数少ない手法だが，アンケートを用いることからバイアスの発生する可能性がある。環境評価手法は，学術研究だけではなく，実際の環境政策にもさまざまな場面において使われている。

確認問題

□ *Check 1*　以下のような質問によって支払意思額をたずねる調査が行われたとする。この CVM 調査の問題点を指摘しなさい。
「ある森林を保護するとします。この森林を保護するためにはいくら支払ってもかまいませんか？」

□ *Check 2*　上記の調査について二肢選択形式でたずねたところ，以下のようなデータが得られたとする。

提示額	1,000 円	2,000 円	4,000 円	8,000 円	16,000 円
Yes 回答の比率	0.7	0.6	0.4	0.2	0.1

1. 縦軸が Yes 回答の比率，横軸が提示額の散布図を作り，各点を直線でつなぎなさい。
2. この直線で減衰曲線を近似したときに，支払意思額の中央値を求めなさい。
3. この直線で減衰曲線を近似したときに，支払意思額の平均値を求めなさい。ただし，面積計算は最大提示額までとする。

unit 18

費用便益分析

Keywords
費用便益分析，公共事業，パレート最適性，割引率

費用便益分析とは

これまで，環境評価の手法を説明してきた。この unit ではそれらの手法が実際にどのように使われているのかをみてみよう。政府が提供する公共プロジェクトの評価を行うために，**費用便益分析**が用いられるようになってきた。誰しも意思決定を行う際には，利得と損失または利益と不利益の釣り合いをもとにして行う。この利得と損失との差，つまり純利得を最大にする選択肢を意思決定者は選ぶことになる。ここで，利得と損失を便益と費用という言葉に置き換えることもできる。

費用便益分析の目的とは，便益を貨幣単位で表現し，社会的意思決定を支援することである。この unit での費用便益分析は社会全体に対する費用と便益を考慮することから，社会的費用便益分析とも呼ばれる。行政が事業に関与する場合は，事業の社会的便益と社会的費用を事前と事後に総合的に評価するとされている。検討中の特定の事業にどれだけの資源を配分するかを決めるために，事前評価は必要であり，さらにその事業が実際に効果的に行われたかを調べるための事後評価も必要であり，総合的に評価しなければならない。そして，環境政策の費用便益分析とは，環境政策を実施するために必要な費用と，政策を実施することで得られる便益を金額で評価し，両者を比較することで環境政策の効率性を示すものである。

市場経済では，ある投資計画が社会的に望ましいかどうかは，投資による収

表 18-1　費用便益分析の環境政策への適用事例

	公共事業評価	環境規制評価	自然資源損害評価	環境会計
内　容	公共事業等の効果を金銭単位で評価し，事業の費用便益分析を行う	環境規制政策の経済効果を金銭単位で評価し，規制政策の費用便益分析を行う	油濁事故や土壌汚染によって失われる環境の損害額を評価し，損害賠償の裁判に用いる	企業や自治体の環境対策の費用と効果を金銭で評価して比較するために用いる
具体例	公園整備の効果，洪水防止策の効果，下水道整備の効果，環境対策の経済効果など	排ガス規制の効果，有害物質の規制効果，水質汚染物質の規制効果，農地保全の多面的機能評価など	エクソン社のタンカー「バルディーズ号」の原油流出事故の損害評価	環境省環境会計ガイドライン，被害算定型環境影響評価手法（LIME），各企業の環境報告書
海外事例	○	○	○	△
国内事例	○	△	×	○

（注）○：実施されている，△：部分的に実施されている，×：該当する事例は見当たらない。

入の増加が投資費用を上回れば投資が行われる。市場がうまく機能しているときは，採算性で決まる投資計画やそれにともなう財・サービスの供給は，効率的な資源配分をもたらす。したがって，採算性による投資決定は，効率性の観点からは社会的に望ましい。ただし，何らかの市場の失敗が生じれば，公的部門が民間の投資計画に介入する根拠となる。とくに，環境政策の費用便益分析では，大気・水・野生動植物などの自然環境を対象とするが，こうした自然環境には市場価格が存在しないことから，環境政策を金額で評価することが必要である。この環境のもっている価値を金銭単位で評価する方法は，unit **15**〜**17** で説明してきた。表 18-1 は，費用便益分析が環境政策に適用されている事例を分類したものである。政策への適用形態としては，環境改善の便益を評価する便益評価，環境悪化の損害額を評価する損害評価，便益と損害の両者を評価する総合評価に大別される。

アメリカの**公共事業**では，すべての計画に費用便益分析が行われ，公開することが義務づけられている。日本でも費用便益分析が一般的になってきており，公共事業評価のなかで重要な位置づけになっている。2002 年 4 月に施行された行政評価法（行政機関が行う政策の評価に関する法律）で，政府部内における政策評価が義務づけられ，政策分析の重要性が強調されている。そこでは，政策の評価の客観的かつ厳格な実施を推進し，その結果の政策への適切な反映を図るとしている。また，政策の評価に関する情報を公表し，それにより効果的かつ効率的な行政の推進に資することを目的としている。日本では，公共事業については費用便益分析が行われるようになってきているが，規制や税制などの公共事業以外の分野においては，その中身に多くの問題が残っている。

規制政策への応用

税金でまかなわれている公共事業と違い，規制に関しては社会的費用が目にみえにくいので，非効率な政策が採用されやすくなってしまう。とくに，感情的な反応が起こりやすい環境規制，安全規制においてはその影響が顕著である。表18-2に，アメリカで行われた1人の人命を救うために必要な社会的費用の推計が示されている。シートベルト・エアバッグ規制が約10万ドル（約1100万円）であり，もっとも安価に人命を救えることがみてとれる。これに対して，アスベスト使用規制は約3億ドル（約330億円）もの社会的費用がかかっていると推計されている。さらに，ホルムアルデヒド規制や材木保存用化学物質に関する規制には，調査や削除が非常に困難なため，それぞれ約2564億ドル（約28兆円），約17兆ドル（約1800兆円）という莫大な費用がかかっている。感情的な理由などによりホルムアルデヒド規制などの規制を実行してしまうと，このようにきわめて大きな社会的費用がかかることが認識されるようになってきている。

また，別の事例としてアメリカ環境保護庁（EPA）は，大気浄化法（Clean Air Act）や水質浄化法（Clean Water Act）に基づく多数の規制政策の便益評価を行った。環境保護庁が大気浄化法を対象として1970～90年の期間の費用便

表18-2　1人の人命を救うために必要な社会的費用

規制・制限	1人の人命を救うために必要な社会的費用
シートベルト・エアバッグ規制	約10万ドル
アスベスト使用規制	約3億ドル
ホルムアルデヒドの業務暴露制限	約2564億ドル
材木保存用化学物質の危険廃棄物一覧表	約16兆9524億ドル

（出所） Viscusi, W. K., J. K. Hakes and A. Carlin, "Measures of Mortality Risks," *Journal of Risk and Uncertainty*, Vol. 14, No. 3, 1997, pp. 213–233.

益分析の結果を97年に公表した。これは大気浄化法が実施されなかったときに比べて，実施されることでどれだけの費用と便益が発生したかを事後的に評価したものである。便益には，大気汚染を規制することで健康被害を防ぐ効果などが含まれている。

公共投資部門への応用

公共部門が投資計画を自ら実施する場合には，公共部門に回される分だけ民間部門での資源が減少し，消費や民間投資が犠牲になる。したがって，消費や民間投資が社会的にもたらす便益を犠牲にして公共投資が行われる以上，公共投資の決定についても，民間部門に与える費用，すなわち公共投資の機会費用をきちんと考慮する必要がある。つまり，市場の失敗があるとしても，政府の介入がより優れて効率的であることを実際に提示する必要がある。そのために，費用便益分析を行うことが求められる。

公共投資の便益は多種多様であるが，それらのうちで評価可能なすべてのものを貨幣単位で表現し，合計したものを社会的便益とする。こうして得られた社会的便益を投資費用と比較するのが費用便益分析である。公共投資の評価の際には，個人の便益と費用の釣り合いを考えるのではなく，社会の便益と費用の釣り合いを考える必要がある。公共事業にともなう開発と自然保護との対立も全国各地で発生している。長良川河口堰ゲート閉鎖（1995年），諫早（いさはや）湾干潟干拓事業堤防閉め切り（97年），藤前干潟干拓事業中止（99年），吉野川可動堰住民投票（2000年）など，全国的に反対運動が広がった事業もあった。

事業評価をする際には，たとえばダム開発であれば，効果として洪水防止や発電などがある。ダム湖周辺にキャンプ場を整備することで景観を楽しむなどのレクリエーション効果もある。しかし，環境問題への関心が高まり，自然環境が守るべきものとして認識されてきている今日，ダム建設によって失われる生態系破壊なども負の価値として計算する必要があり，その便益を事業費用に含めて検討する必要もある。事業費用として，堤を建設するための費用だけでなく，水源地の整備費用や移転を余儀なくされる住民への補償費用の計算も必要である。

次に，道路建設の公共投資であれば，渋滞緩和による道路利用者の時間節約

表 18-3　国内の公共事業の評価対象

事業内容	
道路・鉄道関連	道路事業 農　道 臨港道路（港湾・漁港） 鉄道事業
港整備関連	空港事業 港湾事業 漁港事業
国土保全関連	河川・ダム 砂防事業 治山事業 海岸事業
水道・下水道関連	水道事業 下水道事業 農業集落排水事業 漁業集落排水事業
住宅・都市関連	市街地再開発事業 土地区画整理事業
農村・森林関連	農業農村整備事業 森林保全・森林環境事業
公園関連	都市公園整備 自然公園整備 港湾緑地

（出所）　栗山浩一「公共事業と環境評価——費用対効果分析における環境評価の役割」『環境経済・政策学会和文年報』東洋経済新報社，2003 年，55〜67 頁。

便益，走行費用削減便益，事故減少便益，騒音公害減少便益などを貨幣単位に換算して合計し，それを道路建設費用と比較する。これらの便益は，道路交通が直接的にもたらす大気汚染や騒音被害などによりマイナスになることもあり，その場合は社会的便益ではなく社会的費用となる。

費用の計測は，用地費，補償費，建設費など，適切な費用の範囲を決定する。便益の計測は，人や貨物・車両の時間価値，逸失利益，医療費，精神的損害からなる人的損失額，防災事業のリスク評価，そして環境質の価値から計測される。とくに，環境に関して起こりうる影響を金銭評価することは，非常に難しい問題が多くある。そこでは，代替法，ヘドニック法，CVM（仮想評価法），トラベル・コスト法などの計測手法により算定する。また，二酸化炭素（CO_2）については，排出量取引市場が確立されているので，排出量取引価格に基づき設定する方法もありうる。表 18-3 に日本国内の公共事業に関係する省庁が提示している費用便益分析を実施するための評価が必要な対象を示している。このように多岐にわたり事業内容別に事業の便益を分類し，各事業の便益を計測する必要があり，その評価手順も定められている。

パレート最適性の考え方

経済学における通常の効率性は**パレート最適性**である。パレート最適性の意味で経済が効率的であるとは，誰の効用も下げることなく，誰かの効用を上げることが不可能である状態をいう。これは，誰の効用も下げることなく，誰かの効用を上げることができるときにかぎり，社会的な厚生が改善されたとする，パレート改善の考え方に基づいている。たとえばダム開発の場合，開発を行う場合を A という状態だと考えよう。ここで，ある個人が現在の状態よりも状態 A が望ましいということは，便益を B，費用を C とすると，純便益である $(B-C)$ がプラスであるということである。もし状態 A を受け入れることが，すべての人にとって望まれるのであれば，社会的意思決定ルールとして状態 A は受け入れられる。または，多くの人が A を望み，残りの人が A でもかまわないということであっても状態 A は受け入れられる。

ただし，当然ながら現実には，ある変化を受け入れることを好む人と好まない人がいることが多い。この場合，すべての人びとの状態を改善する政策をみつけることは実質的に不可能である。つまり，公共投資のプロジェクト評価においては，このパレート最適性の基準が有効なケースはほとんどない。公共投資は，多くの人の厚生を改善するが，ほぼ確実に効用水準の下がる人が存在するからである。たとえば，通勤鉄道への公共投資を考えよう。この投資が行われた場合，その沿線の住民の効用を上昇させるが，他地域の地価を下げることになり，そこでの地主たちの効用水準を低下させる。

以上のような理由から，実際に公共投資に適用する費用便益分析の効率性の概念は，パレート最適性と異ならざるをえない。もっとも簡単でかつ実際に用いられている効率性の概念は，すべての便益を貨幣単位で表現し，便益が誰に帰着するかにかかわらず，貨幣単位の便益を単純に足し合わせるというものである。しかし，この意味の効率性には，富裕層にとっての1円も貧困者にとっての1円も同じ価値をもつと仮定しているという問題がある。

そこで社会全体として，ある状態が望ましいかどうかを受け入れる際には，個々人の効用が変化する程度を比較するための基準を決める必要がある。貨幣単位を単純に足し合わせたものより同意を得やすい概念として，ある政策が「効率を改善する」といえるのは，「その政策によって得をする人が損をする人に損失の補償をしても，それでも双方がともに有利になる場合である」とするものである。たとえば，通勤鉄道の建設により，沿線住民の効用は上がるが，他路線沿線の地主の効用が下がったとしても，他地域の地主の損失を沿線住民

コラム

費用便益分析における割引率

公共投資の便益や費用は，1時点のみに発生するものではなく，通常は，長期の期間にわたって生じる。大きなプロジェクトのように長い時間にわたって継続的に便益や費用が生じるものもあれば，短期的なプロジェクトのように即座に影響が生じるがその後に消滅するもの，あるいはある程度時間が経過してから生じるものもある。そこで，各期の費用と便益を足し合わせる方法が必要になる。

通常は，異時点間の便益や費用を比較するために，ある**割引率**で将来の価値を割り引いた割引現在価値で比較することが有益である。ここで，なぜ割り引く必要があるかというと，多くの人が後で消費するよりも，いま消費することを選好するからである。また，いま消費した場合には，一般には将来まで待っていれば得られたであろう，多くの消費機会を断念することになるからともいえる。これは，人びとには時間選好があるということである。ここで B_i を i 時点での便益，C_i を i 時点での費用，r を割引率とすると，1年後に発生した費用と便益は $(1+r)$ で，2年後に発生した費用と便益は $(1+r)^2$ で，t 年後に発生した費用と便益は $(1+r)^t$ で割ることで割引現在価値に変換される。

ここで3年間のプロジェクトを考えよう。割引率が5％で，毎年の純便益が10万円であるとしよう。その場合，割引現在価値は，

$$10\text{万円}+\frac{10\text{万円}}{1+0.05}+\frac{10\text{万円}}{(1+0.05)^2}=10\text{万円}+9.52\text{万円}+9.07\text{万円}=28.59\text{万円}$$

となる。より一般的に表すと，純便益の0時点から T 時点までの割引現在価値は，

$$(B_0-C_0)+\frac{B_1-C_1}{1+r}+\frac{B_2-C_2}{(1+r)^2}+\cdots+\frac{B_T-C_T}{(1+r)^T}$$

で表される。この値がプラスであれば，その計画を実施することが正当化される。

その際に用いられる割引率を公共投資の割引率と呼ぶ。下水道施設などの社会資本の多くはきわめて長期にわたって使い続けられて，便益を発生させるので，この割引率をどのように決定するかは重要な問題点となる。社会的な便益の割引現在価値の大きさは，割引率の水準に大いに依存する。もし，意図的に低い割引率が用いられれば，社会的な便益の割引現在価値は過大に推定され，公共投資はどんどん実行されてしまう。逆に，高すぎる割引率が用いられると，公共投資はほとんど実行されなくなる。

が補償し，それでも沿線住民の効用が以前よりも上がる場合には，この原理が満たされることになる。

具体的な例として，4人のなかでの意思決定問題を考えよう。新しい状態へ

移行することにより，うち2人は純利得が発生し，もう一方の2人は損失が大きくなるものとする。2人の純便益がそれぞれ（+10）であるとして，残りの2人の損失がそれぞれ（−6）であるとする。この場合，全体での純便益は（2×10−2×6=8）である。ここで仮に純便益を受け取る2人が残りの2人に補償することで，両者の便益を最終的にともに上げて，純便益が得られる状態にできることを示す。ここで純便益がプラスである2人が，マイナスである2人にそれぞれ7の補償をする場合，最初の2人は3（=10−7）の，残りの2人は1（=−6+7）のプラスの純便益を得ることが可能になる。この補償が実際に行われるならば，実際のパレート改善と同等になる。実際に補償が行われなくても，補償が行われたものとして，すべての人の効用が上がる場合には，補償がどのように行われるかは規定せず，潜在的なパレート改善と呼ばれる。

ここでB_iを個人iの便益，C_iを個人iの費用とすると，純便益である（$B-C$）の合計が大きいほど，N人からなる社会にとって望ましい状態となる。この社会を構成する個人全体の意思決定には，各個人の純便益の合計の価値を計算することで対処できる。そして，この値がプラスであれば，その計画（政策または事業プロジェクトを含む）を実施することが正当化される。つまり，

$$[(B_1-C_1)+(B_2-C_2)+\cdots+(B_N-C_N)]>0$$

という基準である。代替案が1つで，計画の純便益がプラスであれば計画を採用する。また，複数の代替案があるときは，純便益が最大になる計画を選ぶことになる。そして，もし純便益がプラスになるものが1つもなければ，現状に勝る特別な代替案はまったくないということになり，引き続き現状をそのまま存続させるべきである。

要　約

費用便益分析の目的とは，便益を貨幣単位で表現し，社会的意思決定を支援することである。公共投資の便益や費用は，1時点のみに発生するものではない。通常は，長期の期間（年数）にわたって生じる。そのため，ある割引率で将来の便益と費用を割り引いた割引現在価値で比較することが有益である。

確 認 問 題

□ *Check 1*　道路建設の公共投資に際して，どのような便益を考えるべきか説明しなさい。

□ *Check 2*　公共投資に適用する費用便益分析の効率性の概念は，なぜパレート最適性と異ならざるをえないのか説明しなさい。

□ *Check 3*　以下の2つのプロジェクトを比較しなさい。ただし割引率を4%と10%の2つの場合で計算しなさい。

	純便益		
	今年	1年後	2年後
プロジェクトA	100	100	115
プロジェクトB	120	90	90

第6章

企業と環境問題

▶生物多様性を育むサンゴ礁（フィリピン，写真提供：AFP＝時事）

Introduction 6

この章の位置づけ

この章では，企業の環境対策について解説する。環境問題に対する社会的関心が高まったことから，企業に環境対策を求める声も大きくなった。そこで，環境問題に配慮した企業経営のあり方として「環境経営」が注目を集めている。とくに近年，企業の責任を，従来からの経済的・法的責任に加えて，企業に対して利害関係のあるステークホルダーにまで広げた企業の社会的責任（CSR）という考え方が大きく注目されている。環境問題に関連するリスクを含めて，企業がどのように環境問題と関わっていくのかについて紹介する。

この章で学ぶこと

unit 19　企業が環境対策を効率的に行うための方法について紹介する。原料調達から廃棄までのすべての段階での環境負荷を把握する方法や，環境対策のコストと効果を比較する環境会計についても解説する。

unit 20　企業の社会的責任（CSR）について紹介する。CSR の背景を踏まえて，CSR とは何か，長期的利益および社会的厚生の上昇につながることはあるのかについて解説する。そして，社会的責任投資と環境配慮型融資についても紹介する。

unit 21　企業は，事故による環境汚染のような環境リスクを抱えているため，環境リスクを評価し，汚染事故が発生する前に対策をとる必要がある。ここでは環境リスクの概念を紹介するとともに，環境リスクの評価方法について解説する。

unit 22　企業と生態系や生物多様性との関係について紹介する。生物多様性保全には多額のコストが必要となるため，企業などの民間資本がビジネスとして生物多様性を守ることが期待されている。ここでは，生物多様性を保全するためのさまざまな取り組みを解説する。

unit 19

企業の環境対策

Keywords
環境経営，環境マネジメント・システム，ライフサイクル・アセスメント（LCA），環境会計

環境経営と環境マネジメント・システム

環境問題に取り組むうえで企業の果たすべき役割は大きい。たとえば，地球温暖化問題の場合をみてみよう。2017 年度における国内の二酸化炭素（CO_2）排出量は 11 億 9000 万トンだが，このうち工場などの産業部門が占める割合は 35%，オフィスビルなどの業務部門が占める割合は 17%，自動車や船舶などの運輸部門が占める割合は 18% となっており，企業の排出量は家庭部門の 16% を大きく上回っている。したがって，地球温暖化を防止するうえで，企業における排出削減の重要性は高い。

環境問題に対する社会的関心が高まったことから，企業に環境対策を求める声も大きくなった。そこで，環境問題に配慮した企業経営のあり方として**環境経営**が注目を集めている。本来，企業経営は利潤追求が目的であり，環境対策はコストがかかる反面で直接的な利益には結びつかないため，これまでは環境対策と企業経営は相反するものとして考えられてきた。しかし，今日では企業の社会的責任（CSR）の 1 つとして環境問題を無視することはできなくなっている。図 19–1 は，環境に関して具体的な目標を設定している企業の割合を示したものであるが，1991 年度にはわずか 3 割ほどであったものが，2004 年以降は 8 割を超えている。今日では大企業の大多数は環境に関する経営方針を定めており，企業の経営トップが企業の経営理念のなかで環境対策を重要な視点の 1 つとして位置づけている。

図 19-1　環境に関して具体的な目標を設定している企業の割合

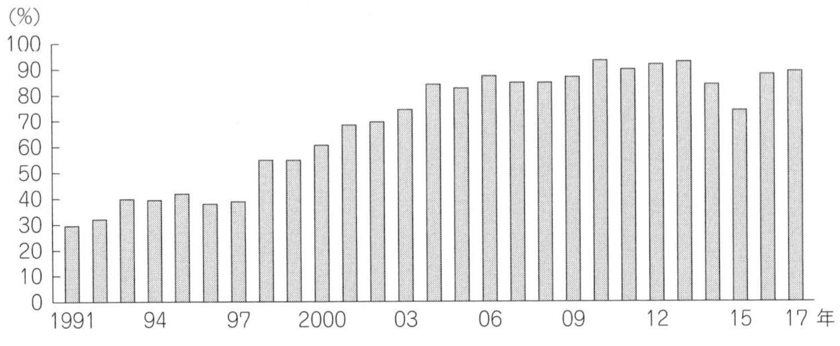

（出所）　環境省総合環境政策局環境経済課「環境にやさしい企業行動調査」より筆者作成。

図 19-2　環境マネジメント・システム

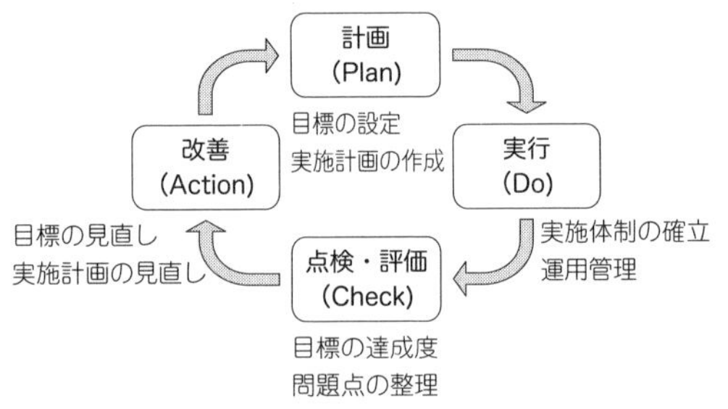

（出所）　環境省資料より筆者作成。

こうした環境経営の理念を実際の企業活動に反映させるための方法として**環境マネジメント・システム**がある（図 19-2）。工業製品などの国際規格を定めている国際標準化機構（ISO）は，1996 年に環境マネジメントのための国際規格 ISO 14001 を発行した。環境マネジメント・システムでは，まず環境対策の目標を設定し，これをもとに Plan（計画）→Do（実行）→Check（点検・評価）→Action（改善）という PDCA サイクルを実行していく。そして，その成果を環境報告書として社外に向けて報告する。このようなシステムを構築し，これを第三者によって審査・認証を受けることで，ISO 14001 を取得することができる。企業側は，ISO 14001 を取得することで，効率的に環境対策を進めることができるとともに，環境対策に積極的な企業であることを社会に向けてアピールできる。このため，図 19-3 のように，多数の企業が ISO 14001 を取得するよう

図 19-3　ISO 14001 登録数の推移

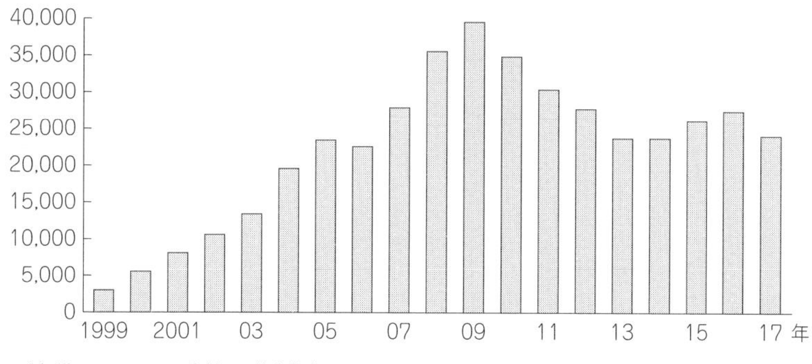

（出所）ISO Survey 資料より筆者作成。

になった。ただし，ISO 14001 は第三者による認証が必要であるため，取得するまでの手続きが複雑であり，取得費用も高額なことから，中小企業の環境対策には向いていないという問題点もある。このため登録数は 2009 年をピークに減少傾向にある。

ISO はその後，環境ラベル，環境パフォーマンス評価，ライフサイクル・アセスメント，環境適合設計，環境コミュニケーションなどにも国際規格を発行した。これらの環境関連に対する ISO 国際規格全体を含めたものは ISO 14000 シリーズと呼ばれている。

ライフサイクル・アセスメント（LCA）

企業が環境対策を検討したり，消費者が環境に配慮した製品を選択しようとするときには，どの技術や製品がどれだけの環境負荷を出しているのかを適切に把握することが不可欠である。しかし，製品の環境負荷を把握するときには，原料調達から廃棄までのどの段階を考慮するかが重要となる。たとえば，新型の冷蔵庫は，従来製品よりも省エネ技術が進んでおり，使用時に排出される CO_2 は少ないものの，製造時には従来製品より多くの環境負荷が生じることがある。この場合，製造段階だけをみるのと，使用段階までを含めるのとでは，従来製品と新製品のどちらを選ぶべきかの判断が異なってしまう。

このように，製品の環境負荷を適切に把握するためには，原料→製造→流通→使用→廃棄という製品のライフサイクルのすべての段階で発生する環境負荷

図 19-4　LCA の考え方

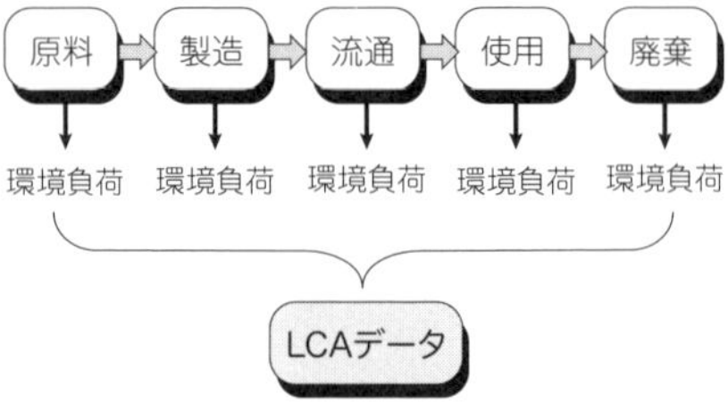

を調べる必要がある。こうした製品の「ゆりかごから墓場まで」の環境負荷を調べる方法は，**ライフサイクル・アセスメント**（life cycle assessment: **LCA**）と呼ばれている（図 19-4）。

LCA を実施するためには，個々のプロセスで発生する環境負荷をすべて足し合わせていく「積み上げ法」と，産業連関表をもとに各産業部門から排出された環境負荷の原単位を用いる「産業連関分析法」が用いられている。

LCA を用いることで，製品のライフサイクル全体において，温室効果ガス，大気汚染物質，水質汚染物質，有害物質，廃棄物などの環境負荷がどれだけ発生しているのかを把握することが可能となる。だが，LCA を用いても判断が分かれるケースがある。たとえば，回収されたペットボトルを再生して新しいペットボトルを作る場合を考えよう。使用済みペットボトルをそのまま埋め立てれば，廃棄物が発生する。一方で，ペットボトルを再生すると，廃棄物の発生は防げるものの，回収段階や再生処理段階で多くのエネルギーを必要とするため，CO_2 が発生する。つまり，片方では廃棄物問題が発生し，もう片方では温暖化問題が発生するが，廃棄物問題と温暖化問題は単純には比較できないため，環境負荷量のみではどちらが好ましいか判断できない。

そこで，LCA によって評価されたさまざまな環境負荷を 1 つの指標に統合する「統合化指標」の開発が進められている。温暖化問題，廃棄物問題，健康被害などのさまざまな環境負荷を統合するためには，それぞれに対する重みづけが必要となる。この重みづけは，いわば温暖化問題と廃棄物問題のどちらが重要かという価値判断が必要なため，物量単位で環境負荷を計測するだけでは重みづけを決めることはできない。1 つの方法としては，環境問題の専門家たちの意見をもとに重みづけを行う方法がある。たとえば，オランダで開発され

図 19-5　LIME による統合化指標

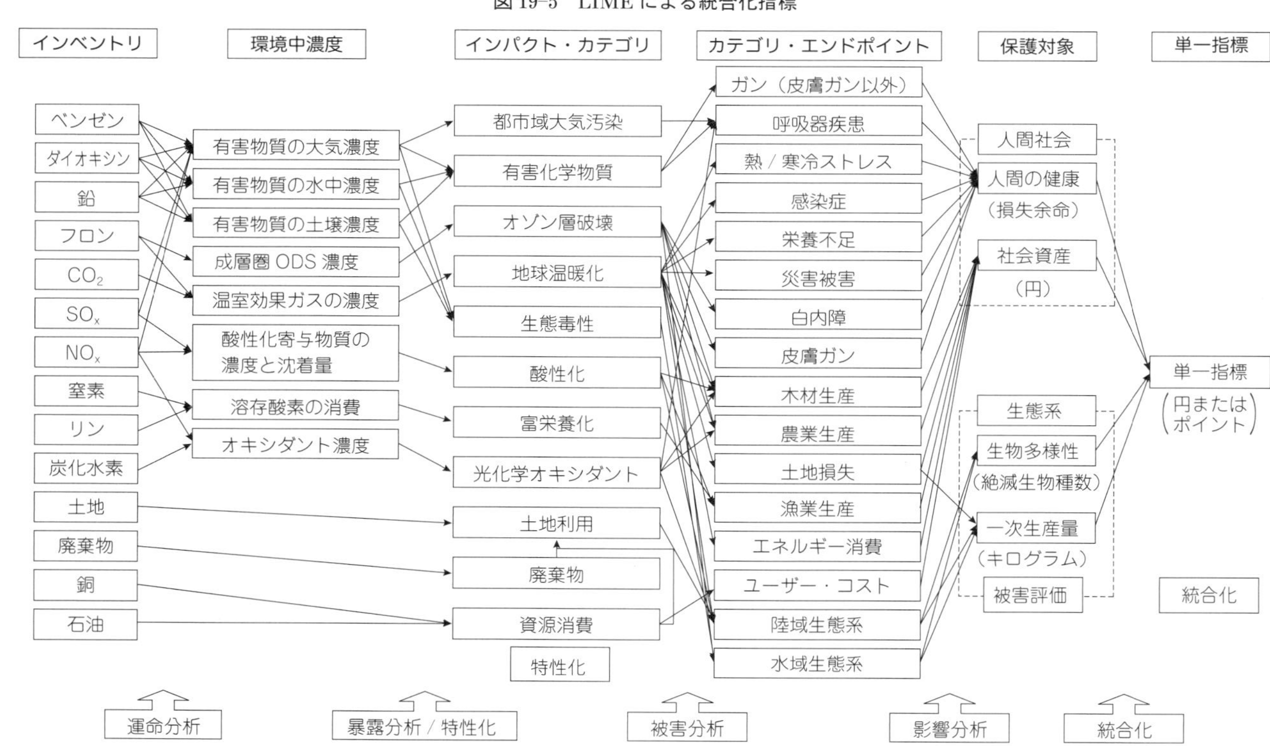

（注）SO_x：硫黄酸化物，NO_x：窒素酸化物，ODS：オゾン層破壊物質。
（出所）國部克彦・伊坪徳宏・水口剛『環境経営・会計（第 2 版）』有斐閣，124 頁，2012 年より一部修正。

た「エコインディケータ99」は，LCAの専門家が人間の健康，生態系の健全性，資源の3種類に対して重みづけを行い，それをもとに統合化を行っている。

もう1つの統合化の方法として，金銭評価による統合化がある。すべての環境負荷を金銭単位で評価すれば，1つの指標にまとめることが可能である。ヨーロッパで開発されたEPS（環境優先戦略，スウェーデン）やExternE（エネルギー外部性，欧州委員会）はCVM（仮想評価法）を用いて環境負荷の金銭評価を行い，環境負荷の被害額を合計することで統合化を行っている。また国内では，被害算定型環境影響評価手法（通称LIME）が開発されているが，LIMEはコンジョイント分析を用いることで環境負荷の統合化を行っている。図19-5はLIMEによる統合化指標を示している。CO_2，二酸化硫黄（SO_2），窒素酸化物（NO_x）などの環境負荷を人間の健康，社会資産，生物多様性，一次生産量という4つの保護対象への影響に整理し，そのうえで金銭評価により単一指標に統合化している。LIMEは国内の人びとの支払意思額を用いて環境負荷の金銭評価を行っているため評価範囲が国内に限定されていたが，2018年に公表されたLIME3では世界的規模で評価が可能となっている。統合指標の開発は，いまだに研究段階にあるものの，LCAと経済的評価の両者を組み合わせたものとして注目を集めている。

環境会計

企業が環境対策を行うためには，多額のコストが必要であるが，より少ないコストで効果の高い環境対策を実行するためには，環境対策の効果とコストを適切に把握することが必要である。**環境会計**は，企業や自治体等が，環境対策にかかったコストと効果を比べることで，環境対策の費用対効果を認識するとともに，外部の人びとに自らの環境対策をわかりやすく伝達することを目的としている。環境会計には，企業の経営者が，自社の環境対策を検討することを目的に企業内部で環境会計を用いることを目的とする「内部環境会計」と，企業外部に対する情報開示を目的とした「外部環境会計」がある。

日本では，1999年に環境庁（当時）が「環境保全コストの把握及び公表に関するガイドライン」を発表したことをきっかけに環境会計への取り組みが始まった。1999年のガイドラインは環境対策のコストを把握することのみが対象

コラム

消去可能トナーのLCA分析事例

LCAの分析方法の実際をみるために，ここではプリンタトナーを対象に分析した事例を紹介しよう。従来のプリンタトナーではいったん印刷すると，その用紙をそのまま再使用することはできない。そこで，消去可能トナーが開発され，このトナーで印刷したものは，消去機で印字を消去できるので，用紙を再使用できる。しかし，消去機を用いることで，新たに環境負荷が生じるかもしれない。そこで，消去可能トナーの是非を判断するためには，用紙を再利用することの負荷低減と，消去機を導入することの負荷増加のどちらが大きいかを比較する必要がある。図19-6は本文で紹介したLIMEを用いて，この消去可能トナーを分析した結果を示したものである。これによると，消去機導入による環境負荷の増加よりも，紙をリユースすることで資源や生態系を保全することの効果のほうが高いことを示しており，従来トナーよりも消去可能トナーのほうが環境に優しい製品であると判断できる。

図19-6　消去可能トナーのLCA分析

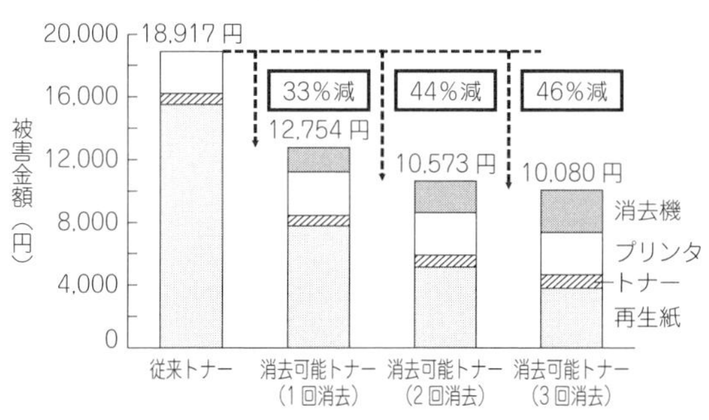

（出所）伊坪徳宏・稲葉敦編『ライフサイクル環境影響評価手法――LIME-LCA，環境会計，環境効率のための評価手法・データベース』産業環境管理協会，2005年。

となっていたが，2000年に公表されたガイドラインでは，環境対策のコストと効果のそれぞれが評価対象となった。その後，2002年と2005年に改定が行われて，現在の「環境会計ガイドライン」となった。環境省のガイドラインは，企業外部への情報開示を目的とした外部環境会計の性質をもっている。環境省がガイドラインを設定したことで，環境会計の標準化が進み，現在は2割以上の企業が環境会計を導入するようになった（図19-7）。

環境会計ガイドラインによる環境保全コストの集計では，工場内部における環境対策は事業エリア内コストとして集計され，原材料の調達や販売後の段階

図 19-7　環境会計を導入済みの企業の割合

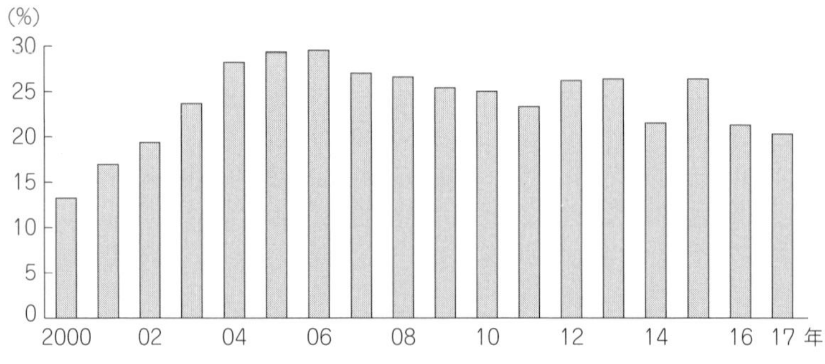

（出所）　環境省総合環境政策局環境経済課「環境にやさしい企業行動調査」より筆者作成。

における環境対策は上・下流コストとして集計される。管理活動コストは，環境マネジメントに関わるコストである。環境対策に関する研究開発にかかるコストは研究開発コストとして集計され，環境保護団体などへの寄付などは社会活動コストとして分類される。企業が土壌汚染などの環境汚染を引き起こして損害賠償が発生したときには環境損傷対応コストに分類される。

一方，環境対策の効果に関しては企業活動に投入されたエネルギーや資源，企業活動で発生した環境負荷が物量単位で集計されている。これと環境対策の費用を比較することで，環境負荷を削減するためにどれだけの費用をかけているのかを企業は把握することが可能となる。ただし，環境対策の効果が物量単位のため，このままでは環境対策が黒字なのか赤字なのかを判断できない。そこで，環境対策の経済効果も示すことが提案されている。たとえば，リサイクル製品を販売することで得られた利益は収益の項目に分類し，省エネや省資源によって費用を節約できた場合には費用節減の項目に分類する。

ただし，これらの経済効果はあくまでも企業内部で発生した私的効果にとどまっており，企業外部で発生する外部効果は含まれていない。たとえば，温暖化対策を実施すると，将来世代に洪水・渇水の被害が生じたりするリスクや，多くの生物種が絶滅するような被害が発生するリスクを削減することに貢献できるが，これらの温暖化対策の効果は企業外部で発生するものなので，現在の環境会計ガイドラインでは効果のなかに含まれていない。温暖化対策の効果として計上できるのは，省エネ対策で節減された燃料費だけである。むろん，企業が温暖化対策を実施しているのは，燃料費の節約だけが目的ではなく，社会的責任として行っている事例が多いが，外部効果を評価するのは容易ではないことから，環境会計ガイドラインでは計上していないのである。その結果，公表されている環境会計では，コストが効果を上回っており，環境対策が赤字となっているものが多い。

このように，環境省がガイドラインを公表したことで，外部環境会計の普及が進んだものの，現在のガイドラインでは，環境対策の外部効果が計上されていないため，環境対策の効果が過小評価されているという問題点が残されている。現在は外部効果を評価するためには，CVMなどの環境評価手法が必要であり，評価に際しては専門知識が必要となるため，企業が単独で外部効果を評価することは困難な状態である。外部効果を簡易に評価するための手法の開発が今後の課題といえる。

要　約

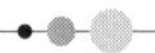

企業が環境対策を効率的に行うために環境マネジメント・システムの普及が進んでいる。環境対策を適切に把握するためには，原料調達から廃棄までのすべての段階での環境負荷を把握するライフサイクル・アセスメントが必要である。また，環境対策のコストと効果を比較する環境会計も急速に普及しているものの，現段階では環境対策の効果が過小評価されるという問題点が残されている。

確認問題

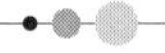

□ *Check 1*　ISO 14001を取得することのメリットとデメリットについて調べなさい。

□ *Check 2*　LCAによって環境負荷を把握するときに，物量単位でなく金銭単位で評価しているものがある。金銭単位で評価する必要性とその問題点について説明しなさい。

□ *Check 3*　あなたの知っている企業について，環境報告書に掲載されている環境会計を調べなさい。そして，その企業の環境対策の特徴と，その問題点について説明しなさい。

unit 20

企業に求められる社会的責任

Keywords
企業の社会的責任（CSR），環境・社会的パフォーマンス，社会的責任投資（SRI），企業リスク

企業の社会的責任（CSR）

近年，企業の責任を，従来からの経済的・法的責任に加えて，企業に対して利害関係のあるステークホルダーにまで広げた**企業の社会的責任**（corporate social responsibility: **CSR**）という考え方が大きく注目されている。実際の企業経営でも，従来の環境報告書に倫理・社会面の情報を加えたCSR報告書やサステナビリティ・レポートとして発行する例が急増している（図20-1）。たとえば，フォーチュングローバル企業500社のうちの上位250社においては，2002

図20-1　環境報告書作成企業割合の推移

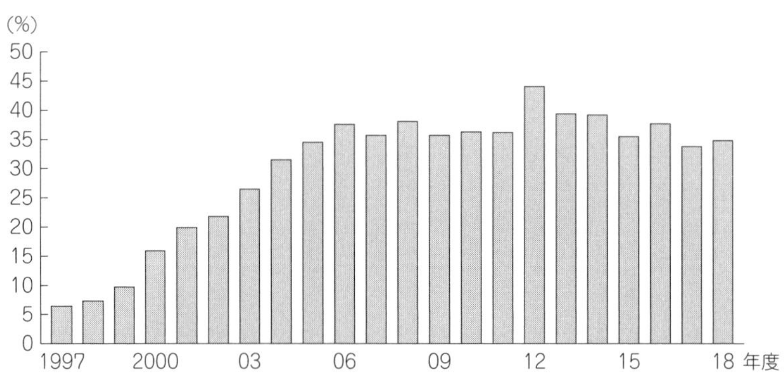

（注）環境報告書の作成・公表の状況については，有効回答数のうち「作成・公表している」と回答した企業数（上場+非上場）の割合である。
（出所）環境省「環境にやさしい企業行動調査」より筆者作成。

図 20-2　ステークホルダーの拡大

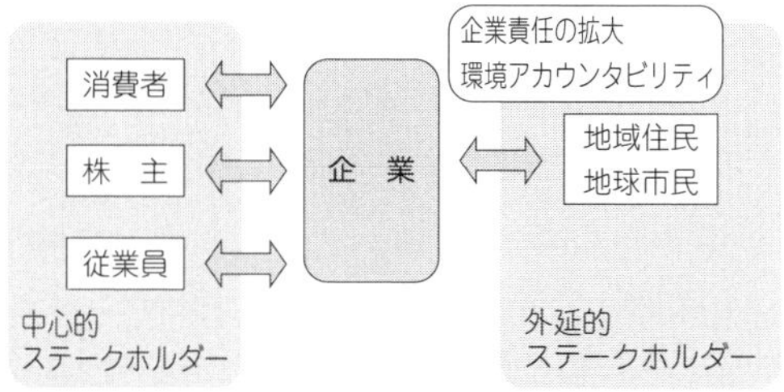

年には45％であったものが，2005年には52％の企業が単独のCSR報告書を発行しており，大幅な増加傾向にある。そして，CSR報告書の作成割合では日本がトップである。

それでは，なぜCSRが注目されているのだろうか。その理由には，グローバル化，情報化といった時代背景などさまざまな要因が存在するが，企業は単に利益という経済面だけを対象に活動するのではなく，経済・環境・社会への影響を全体的に見通した意思決定を行い，さまざまなステークホルダー（株主，従業員，消費者，環境，コミュニティなどの企業の影響対象）との関係を重視し，持続可能な社会へ向けて貢献することを追求する組織へと変化しているという見方がある（図20-2）。他方で，企業の立場からみると，CSR活動が長期的な市場での競争優位の源泉となりうるという見方も存在する。仮に後者のように，CSR活動により企業の利益が上がる状況があれば，企業も問題なく取り組むことができる。

このunitでは，企業はCSRについてどのように考えるべきか，また，企業はCSR活動を行えるのか，そして，CSR活動を行うべきなのかについて説明する。まず，そのためにはCSRの定義をしっかりと理解しておこう。

CSRとは何か

企業とは，財・サービスの生産・提供にとどまらず，そのプロセスにおいて雇用，家庭，教育，環境，健康，福祉など社会のあらゆる範囲での人間の活動に大きな関わりをもつ存在である。企業と社会とは相互に影響し合うため，企業の存在意義や目的はその時代の価値観やニーズ，ステークホルダーの利害や意思などとの相互関係のなかで導き出されるものである。

その複雑さから，CSRの定義に関しては，従来から幅広い見解がみられる。たとえば，OECD（経済協力開発機構）多国籍企業ガイドラインでは，「持続可能な発展を達成することを目的として，経済面，社会面および環境面の発展に貢献」，GRI（Global Reporting Initiative）ガイドラインでは，「持続可能な発展への寄与に関する組織のビジョンと戦略に関する声明」，そして日本経済団体連合会（経団連）は，「企業活動において経済，環境，社会の側面を総合的に捉え，競争力の源泉とし，企業価値の向上につなげる」活動と定義している。

最近では，各企業や各産業での自主性を重んじる，将来の世代を考慮する持続可能な発展の理念を重要視する，CSR活動による企業価値の向上をめざす，ステークホルダーとの関係を重視するなど，その考え方にも収斂がみられるようになっている。今日，多くの企業は株式会社の形態をとっている。そのもとでは，企業は株主の利益を重視しなければならない。そのため，企業経営に関して，株主の利益になるという建前がなければ，社会・環境問題への取り組みに追加的なコストを投じることができないという問題がある。つまり，当然業務として行う以上，CSR活動は長期的利益や企業価値の向上を追求する経営戦略の性格をもっていなければならない。

具体的なCSRの定義は多様であり，対象として企業が環境・社会と関わるすべての場面で関係するが，ここでは，「求められている法律・規制で設定された以上の規則を企業が自ら守り，**環境・社会的パフォーマンス**の向上を行うこと」をCSRの定義としよう。つまり，企業も社会の一員として法令遵守（コンプライアンス）や環境保全，人権問題などに取り組むことが企業の責務であると幅広くとらえずに，企業の責務はあくまでも長期的利益，企業価値を高めることであるとする。このように考えることで，あいまいさを排除し，（少なくともここでの分析のためには）明確な定義のもとでの議論が可能になる。

法律・規制で設定された以上の規則を企業が自ら果たすというだけでなく，さらに進んで，利益につながるものをCSR活動とする定義と，利益につながらないものをCSR活動とする定義の2つがある。株主をステークホルダーの1つととらえて，金銭的収益以外の社会的責任を果たすことを企業の目的と考える場合は，後者の利益減少のCSRに相当しうる。しかし，ここでは，企業

コラム

CSRの背景

「CSRとは何か？」については，共通概念をもたないまま，現状のようにさまざまな形で表されている。その理由は，CSRが問われているその背景が国家や地域，企業，そして時代によって異なるからである。

たとえば，株式会社の原理原則に基づいた議論を展開したのは，ミルトン・フリードマンである。彼は「企業は利益最大化のための努力のみをすればよいのであって，それを妨げるような行動をとってはならない」と株主主権の重要性を主張した。そしてCSR活動も株主利益の最大化の視点に立って考慮されなければならず，主権者である株主の利益を損なうような活動をしてはならないとした。

また，最近よく使われるのは，環境経営中心のCSRである。地球環境問題は社会経済システムの根本的な見直し，変更を迫るというきわめてスケールの大きな問題である。したがって，企業活動に与える影響も巨大である。そのため，環境経営の実践は単に社会的責任の遂行のみならず，優れて経営戦略的な意味合いをもっており，企業競争力の視点からも分析する必要がある，というものである。

しかし，どのような背景にしても，常に念頭に置くべきことは，企業は社会的存在である一方で，利益を上げなければ存続できないということである。社会のどの要請にどう応えるかは株主への配当，消費者向けの財・サービスの価格，従業員への賃金といった分配上の調整や個別企業が自ら定めるミッションとの関連などを勘案し，取捨選択される。CSRが善であることは誰もが認識していることではあるが，具体的な利益に結びつくというインセンティブがなければ，その取り組みもなかなか進展しない。

このunitでは，簡略化のために環境・社会パフォーマンスと利益・費用との関係に焦点を当てた議論を行う。ただし，現在の日本・アメリカ・ヨーロッパの企業を考えると，企業の目的が利潤追求だけであり，かつそれが企業の社会的責任のすべてであるという認識は，大きく変わりつつある。これまでのところ，CSR活動と企業の利益とはプラスの関係が示される場合もあることがわかっている。

は長期的利益，企業価値を高める主体であると考え，前者の定義に基づいて分析する。たとえば，短期では費用増加で利益減少となった場合であっても，長期的には収益に結びつくCSR活動はこの対象となる。

長期利益の上昇につながるケース

企業が現実にCSR活動を行う状況としては，以下の5つが考えられる。①企業の環境にやさしい商品による差別化が行える。②優秀な労働者を引きつけることができる。③企業の将来のリスクを軽減できる，または資本コストを下げられる。④政府や地域コミュニティと良い関係をつくることができる。⑤規制方法の策定過程に影響を及ぼすことができる，そして競合相手の費用を相対的に引き上げることができる。

ここでは，1つめの差別化のケースをより具体的に説明する。

利益の上昇につながる条件として，より大きい環境便益を与える商品を提供すること，より少ない環境対策費用で商品を作ること，そしてより少ない環境負荷で商品とサービスを生産することがある。その際に，環境にやさしい商品の差別化を成功させるために，満たさなければならない条件として，以下の3つがあげられる。

①消費者の環境品質に対する購買意欲をみつけなければならない，あるいは，作らなければならない。

②商品の環境的属性とほかの属性に関する確実な情報を確立しなければならない。

③競争者が真似できない革新を行わなければならない。

社会厚生への影響

最後の問題は，「企業はCSR活動をすべきなのか？」である。「持続可能な発展を達成することを目的」とCSRを定義する場合もあるが，CSR活動は社会的厚生を上昇させるのだろか。もし，CSR活動によって社会的厚生を下げてしまうのであれば，企業がCSR活動をすべきとはそもそもいえないであろう。

現在の国際企業のCEO（最高経営責任者）の約70%は，CSR活動が企業の収益向上にとって必要不可欠だと考えている。したがって，ここでは，企業はCSR活動が収益活動の1つであると考えて行動するものと想定する。しかし，CSR活動を行うためには投資が必要であるため，企業は将来の規制レベルを緩くするために，政府に対して戦略的にCSR活動を行った結果，規制レベルが過小となった場合には，社会的厚生は逆に減少する可能性がある。

このように，社会的厚生が減少する可能性があるにせよ，現実には，規制が不十分にしか実行されない，または実行すらされない場合があることから，CSR 活動によって社会的厚生が上がる可能性が高い。たとえば，日本国内では，環境税導入による企業の税負担の問題や規制手段の社会的費用，柔軟性の問題により，環境問題に関する規制が十分に導入されていない。また，京都議定書では，2008 年から 2012 年までの期間中に，先進国全体の温室効果ガス 6 種の合計排出量を 1990 年に比べて少なくとも 5% 削減することを目標としたが，アメリカは離脱したままであった。

そこで，政府に環境負荷レベルの管理を任せるのでなく，企業の自主的な行動を促進する CSR 活動に任せる方法の重要性が指摘されるようになってきた。そこで，協定締結などを含む自主的プログラム，情報公開などの代替手段が注目されている。たとえば，昨今，情報公開の重要性が叫ばれているが，アメリカでは「公衆の知る権利法」(Emergency Planning and Community Right to Know Act: EPCRA）の第 313 条として有害化学物質排出目録（Toxic Release Inventory: TRI）制度が 1986 年より実施された。これにより，アメリカでは有害化学物質排出量の大幅な削減に成功した。これにともない，日本でもこの制度の導入が検討され，1999（平成 11）年 7 月に「化学物質排出把握管理促進法」(PRTR〔Pollutant Release and Transfer Register〕法）として公布され制度化された。このように化学物質リスク管理を，今まで行われてきた直接規制ではなく，企業の自主的な取り組みによって行う方向に変わってきている。

また別の例として，最近アメリカの大企業 10 社は地球温暖化を防止するため，今後 10 年間で二酸化炭素（CO_2）などの温室効果ガスを最大 10% 削減する目標の義務づけなどを求める勧告を発表している。その勧告では，気候変動のグローバルな次元に対して責任をもつこと，技術革新のインセンティブを創り出すこと，環境効率的になることなどの政策の原則を掲げている。

規制が不十分にしか実行されない，または実行すらされない場合に比べれば，有害化学物質排出量を自主的に削減していく，CO_2 排出削減を自主的に行うなど，CSR 活動に依存した場合でも社会的厚生は増加するであろう。

図 20-3　SRI ファンドのしくみ

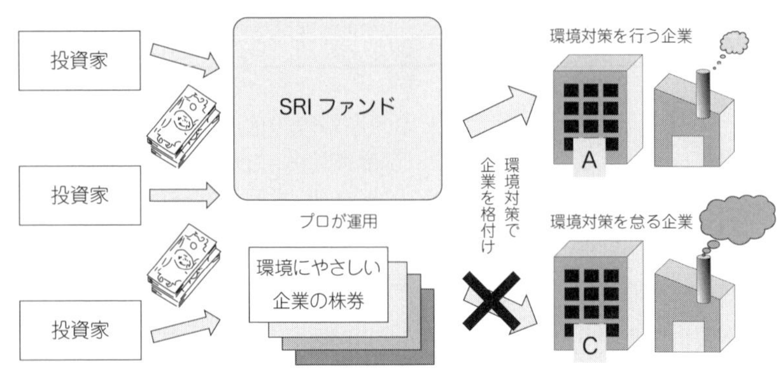

社会的責任投資（SRI）と環境配慮型融資

次に，金融を通した社会的責任に関する方法について紹介する。金融業界におけるCSRへの取り組みとしては，資金供給を通して社会への責任を果たす**社会的責任投資**（socially responsible investment: **SRI**）がある。SRIとは従来の財務指標に加え，安定した配当を見込みつつ，社会への貢献度や環境への配慮，法の遵守，雇用慣行，人権の尊重，消費者の問題などの社会的・倫理的な基準をもとに評価・精選した企業に投資することである（図 20-3）。また，SRIには社会正義や地域貢献，株主の権利行使を目的とした資金供給という意味もある。投資対象は，株式であることが多いが，海外では，社債などの株式以外のものに投資することもある。

CSR活動が企業利益の源泉となるのかといった疑問があるように，SRIファンドは通常のファンドより高い投資リターンを期待できるのか否かに金融業界は興味をもっている。SRIファンドは，長期的な視点に立った収益の変動性を含めた**企業リスク**の軽減や不連続な下方ショックを回避する手段であり，その目的は費用をかけてもなすべき下方リスク（株価を押し下げる要因）の縮小にあると考えられる。つまり，SRIファンドはある程度の収益を上げることができ，かつ収益の変動性が小さいという特徴をもつ可能性がある。これまで，SRIファンドのパフォーマンスがほかの一般ファンドのパフォーマンスより優れているかについて多くの分析が行われていて，SRIファンドの投資成果を評価する結果もあるが，必ずしも明確な評価が得られていない。

また，金融業が行うビジネスとして，環境配慮型融資がある。CO_2を排出しない風力発電事業，資源循環型の廃棄物処理施設，リサイクル発電事業など，環境配慮型のプロジェクトに対する融資を行うものである。環境配慮型融資においては，金融機関が負担するリスクの範囲が問題となる。本来，金融機関は，金利優遇や貸出条件の緩和により追加的なリスクを負担する。あるいはリターンを犠牲にするのではなく，情報生産機能の発揮を通じて収益事業を成り立たせる必要がある。金利等の優遇措置を行うのであれば，費用便益分析を通じて，中・長期的には企業価値の向上につながることを，株主や預金者にきちんと説明できるようにすることが必要となる。

ESG 投資と SDGs

近年ではSRIに関連して，環境（environment），社会（social），企業統治（governance）に配慮している企業を選別して投資を行う**ESG 投資**が注目されている。国連が2006年に投資家の行動原則として責任投資原則（PRI: Principles for Responsible Investment）を提示し，ESG の観点から投資するように提唱したことで，日本においても年金積立金管理運用独立行政法人（GPIF）がPRIに署名するなど，関心を集めている（経済産業省のウェブサイトを参照）。

また，ESG 投資とともに，企業活動の持続可能性を評価するうえで注目を集めているのが，2015年に国連で採択された**SDGs**（Sustainable Development Goals：**持続可能な開発目標**）である（**unit 25** も参照）。

SDGs は，2030年までに達成すべき17の目標と169のターゲット（達成基準）で構成されている。SDGs を達成するための企業の取り組みが広がりつつあり，とくにグローバルに展開する大企業においては，製品開発，原材料・部品の調達・組立，製造・販売など，付加価値を生み出していくためのプロセス（バリューチェーン）全体の見直しが始められており，関連するサプライヤーにも影響が広がると考えられている。

収益性と現実の企業経営

CSR 活動や SDGs に取り組む企業は，社会・環境問題などの改善につながるよう，生産などの事業活動のプロセスを意思決定の段階から見直すことが重要である。そして，社会・環境問題などの改善につながるような商品・サービスを提供する必要があるといわれる。つまり，CSR は経営戦略の性格をもつものであり，その実践にあたっては，長期的な企業価値最大化と生み出された付加価値の適正な配分を目的とするコーポレート・ガバナンスの枠組みでとらえる必要がある。

市場競争に直面している企業が，社会・環境問題に関する自主的な規制を行う際には，少なくとも次の問いに対して答えなければならない。“Does it pay to be green?”（企業が環境規制の水準を超えて対応し，環境パフォーマンスを上げることで，収益が上がるのか？）。

ただし，この unit では明確な定義のもとに分析するために，このような説明を行ったが，現実の経営では，企業も社会の一員として，法令遵守や環境保全，人権問題などに取り組むことが企業の責務である，といった考え方をとる場合もある。

要　約

近年，企業の社会的責任（CSR）が大きく注目されている。具体的な CSR の定義は多様であるが，ここでは，「求められている法律・規制で設定された以上の規則を企業が自ら守り，環境・社会的パフォーマンスの向上を行うこと」を CSR の定義とする。CSR 活動により企業の利益が上がる状況と下がる状況がある。また同様に社会的厚生も上がる状況と下がる状況がある。

確認問題

□ ***Check 1*** CSR を定義しなさい。

□ ***Check 2*** 企業が現実に CSR 活動を行う状況はどのようなものであろうか，説明しなさい。

□ ***Check 3*** CSR 活動が社会的厚生の増大につながる状況について述べなさい。

unit 21

企業と環境リスク

Keywords
環境リスク，リスク・コミュニケーション，リスク認知，統計的生命の価値

環境リスクとは

企業はさまざまなリスクを抱えているが，そのなかには環境問題に関連するものがある。たとえば，工場で事故が発生して周辺地域に環境汚染を引き起こすと，工場の操業停止や周辺住民への損害賠償などの損失が発生する。こうした環境問題に関連するリスクは**環境リスク**と呼ばれている。

事故による環境汚染は，汚染が大規模に広がると深刻な被害に発展する可能性があり，場合によっては企業の存続を左右しかねない。表 21-1 は，大規模な汚染事故を示したものであるが，このように被害者が数十万人にまで達し，数百億円もの損害額が発生することもある。

大規模な汚染事故が発生する確率はきわめて低いため，企業経営者はしばしば環境リスク対策を怠ってしまう傾向にあるが，万一事故が発生すると企業の損失は膨大となる危険性がある。そこで，企業が抱えている環境リスクを適切に把握し，事故が起きる前に対策を行うことが重要である。環境リスクは，「事故の被害×事故発生確率」によって示すことができる。したがって，環境リスクを把握するためには，事故がどれだけの確率で発生するのかを予測するとともに，事故が起きたときにどれだけの損失が発生するのかを見積もることが必要である。

表 21-1　代表的な汚染事故

発生年	事故名	内　容
1976 年	イタリア・セベソ化学工場事故	工場の爆発事故によりダイオキシン等が放出し，22 万人以上の健康被害が発生。
1984 年	インド・ボパール化学工場事故	工場から有害ガスが排出し，死者 1 万 5000 人以上，被害者 50 万人以上。損害賠償額 4 億 7000 万ドル（約 610 億円）。
1986 年	チェルノブイリ原子力発電所事故	原子炉が爆発し，放射性物質が広範囲に飛散。死者 31 人，住民 13 万 5000 人が避難。
1989 年	アラスカ・タンカー「バルディーズ号」原油流出事故	4200 万リットルの原油流出，40 万羽の海鳥や 3000 匹のラッコが死亡。漁業被害補償 2 億 8700 万ドル（380 億円），生態系破壊の損害賠償 10 億ドル（1300 億円）。
2011 年	福島第一原子力発電所事故	東日本大震災の津波により放射性物質が飛散し，多数の住民が避難。土壌や海洋の汚染が発生し，深刻な農作物被害が生じた。

リスク・コミュニケーション

汚染事故の可能性のある施設に対しては，たとえ事故対策を行っていたとしても，汚染事故を不安に感じる周辺住民が施設建設に反対して施設建設が困難となることがある。たとえば，産業廃棄物の処分場建設をめぐっては，有害物質による地下水汚染の危険性などにより周辺住民が反対し，対立が深刻化して建設が進められない事例が各地で発生している。このような汚染事故の危険性のある施設を建設する場合には，汚染事故のリスクを事前に評価するとともに，環境リスクに関する情報を適切に地域住民などに公表し，住民の意見を施設計画に反映させていくことが不可欠である。このようなリスク情報を企業側と地域住民が共有し，互いに対話を行いながら事業を進めていく方法は，**リスク・コミュニケーション**と呼ばれている。

環境リスクを地域住民に伝えるときに，リスクの大きさを住民に伝えることは決して容易なことではない。地域住民は，事故に対する不安から事故が絶対に発生しない「ゼロリスク」を要求することがあるが，現実には事故確率をゼロにするためには膨大な費用が必要であり，現実的ではない。しかし，事故の確率が，たとえば「100 万分の 1」としても，これをそのまま地域住民に伝え

図 21-1　リスクに対する一般市民の認識

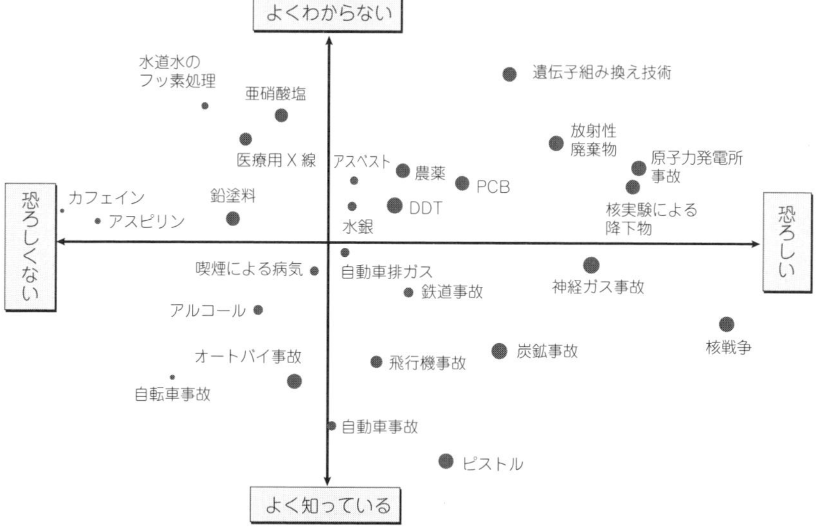

（出所） P. Slovic, "Perception of Risk," *Science*, Vol. 236, 1987, pp. 280-285 より筆者作成。

ても，リスクという確率的な概念に日常的に慣れていない人びとに理解してもらうことは困難であろう。

リスク認知に関する心理学の研究では，一般市民の認識しているリスクの重大さは，現実の事故リスクの大きさとは異なることが知られている。たとえば，原子力発電所の事故による死亡リスクと交通事故の死亡リスクを考えてみよう。まだ事故の影響が確定していない福島第一原子力発電所の事故を除くと，国内の原子力発電所で死亡事故が発生したのは 1999 年の東海村 JCO 臨界事故（死者 2 名）と 2004 年美浜原子力発電所事故（死者 5 名）であり，死者数は少ないものの原子力発電所事故に対する社会的な関心は非常に高く，大々的に新聞やテレビで報道された。一方，道路交通事故は，警察庁によれば 2011 年の死者数は 4612 人であり，交通事故の死亡リスクは原子力発電所の事故による死亡リスクよりも明らかに高い。しかし，交通事故の報道は原子力発電所事故に比べると扱いが小さく，交通事故のリスクが原子力発電所の事故リスクよりも重大と考えている人は少ないであろう。

なぜ，人びとは現実のリスクとは異なる認識をもってしまうのであろうか。人びとがリスクを認識する際には，事故の恐ろしさと事故の内容をよく知っているかどうかが関係している。図 21-1 は，アメリカの一般市民がさまざまなリスクに対してどのような認識をもっているのかをアンケート調査により分析し，「恐ろしい/恐ろしくない」と「よくわからない/よく知っている」の 2 つの軸で分類したものである。原子力発電所の事故や核戦争は，発生する確率が低いとしても実際に発生すると膨大な被害が発生するかもしれないため「恐ろしい」ものと認識されている。カフェインやアスピリンは，日常的に使用しているものなので「恐ろしくない」ものとみなされている。一方，遺伝子組み換え技術のような最先端技術は「よくわからない」ものと認識され，交通事故は「よく知っている」ものとみなされている。ここで，原子力発電所事故や遺伝子組み換え技術は，恐ろしくて，よくわからないものであるため，一般市民はこれらのリスクを嫌悪すると考えられる。逆に，交通事故は，身近に発生するもので，よく知っているリスクなので，それほど重大とは考えられていない。

環境リスクの場合を考えると，有害物質による地下水汚染や土壌汚染は，日常的に発生するものではないし，工場で使用している化学物質は一般市民には馴染みのないものなので，「よくわからない」ものに分類されるであろう。また，工場で爆発事故が発生して，工場周辺の広範囲な地域に大量の有害物質がまき散らされるかもしれないと人びとが考えるならば，「恐ろしい」ものと認識されるかもしれない。したがって，環境リスクは，原子力発電所事故や遺伝子組み換え技術と同じような性質をもっており，現実のリスクの大きさよりも過大に認識される可能性がある。したがって，汚染対策を十分に行ったので事故の危険性は低いと一方的に説明するだけでは，周辺住民が納得できない可能性がある。このため，企業の環境リスクにおいても工場周辺住民などとのリスク・コミュニケーションを行うことが必要となっている。

統計的生命の価値

環境リスクの対策を検討するうえで，リスクを削減することの効果を推定することが重要である。たとえば，排水に含まれる微量な有害物質を適切に管理することで，下流で生活する住民ががんで死亡するリスクがどれだけ改善され

図 21-2　統計的生命の価値

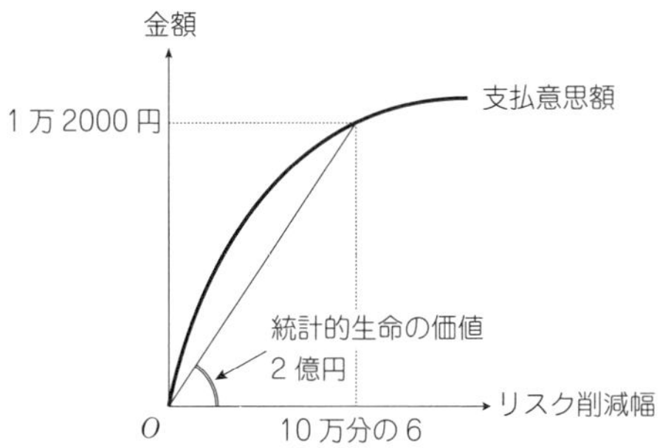

るのかを推定する必要がある。また，リスク対策に必要な費用を比較するためには，リスク対策の効果を金額で評価する必要があるが，死亡リスク削減対策の効果を金銭単位で評価するときに**統計的生命の価値**（value of statistical life: VSL）という概念が用いられる。統計的生命の価値とは，リスク削減に対する支払意思額をリスク削減幅で割ったものである。

図 21-2 は統計的生命の価値を説明するものである。横軸のリスク削減幅は，対策によって死亡リスクをどれだけ削減したかを示している。縦軸は金額である。図の支払意思額の曲線は，リスクを削減するほど支払意思額が増大することを示している。最初のうちは支払意思額が急速に増加するが，リスクが削減するにつれて，これだけ対策を行えば十分だろうと人びとが考えるため，支払意思額の増加率はしだいに減少する。

たとえば，現在の死亡リスクが 10 万人に 8 人の確率で発生するとしよう。これに対して環境対策を行うことで 10 万人に 2 人の確率にまで低下させることができるとする。このとき，リスク削減幅は，8/10 万−2/10 万＝6/10 万となる。ここで，この環境対策の支払意思額が 1 万 2000 円とであるとすると，「統計的生命の価値＝1 万 2000 円÷(6/10 万)＝2 億円」となる。これは 1 人当たりの金額なので，たとえば環境対策で 7500 人の死亡が回避できるとした場合，対策の効果は「2 億円×7500 人＝1 兆 5000 億円」となる。

統計的生命の価値を推定するためには，環境対策によるリスク削減幅と，それに対する支払意思額を調べる必要があり，一般にはヘドニック法（unit **16** 参照）や CVM（仮想評価法。unit **17** 参照）が用いられている。ここでは，CVM を

1
2
3
4
5
第6章
企業と環境問題
7

図 21-3　リスク・ラダーによる死亡リスクの表現

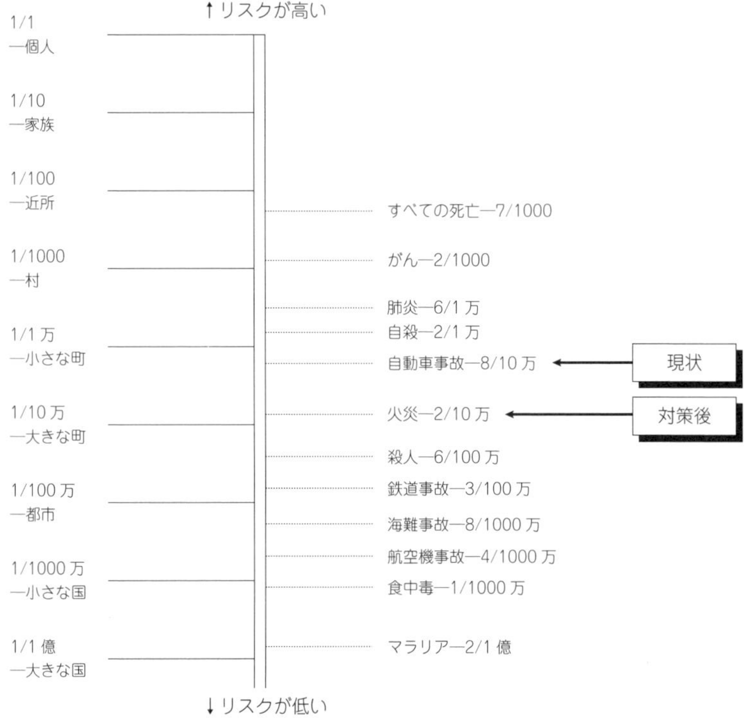

（出所）　総務省統計局「日本の長期統計系列」の 1990～99 年のデータをもとに筆者作成。

図 21-4　ドットによるリスクの表現

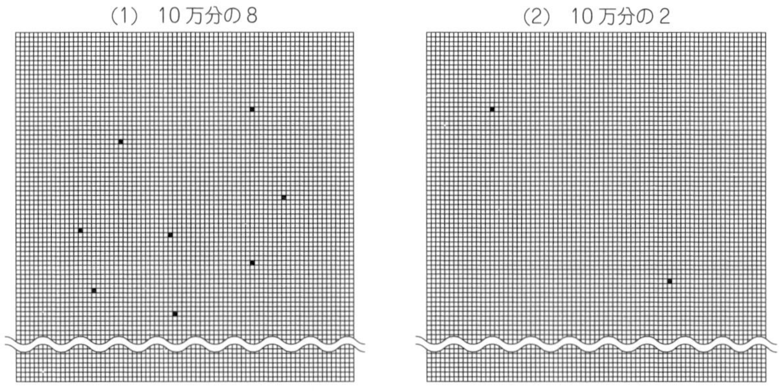

（注）　紙幅の関係で一部のマス目を省略。

用いる場合について考えてみよう。

CVMを用いる場合は，現在の死亡リスクの状態と，環境対策を実施した後の死亡リスクの状態の両方を回答者に提示し，この死亡リスクの変化に対する支払意思額をたずねる。ただし，単に死亡リスクを「10万分の8」のように示しても，回答者が十分に認識できるとはかぎらないため，死亡リスクをわかりやすく回答者に伝える工夫が必要である。そこで，「リスク・ラダー」や「ドット」を用いて死亡リスクを図示する方法が使われている。

図21-3は，リスク・ラダーを用いて死亡リスクを表現したものである。リスク・ラダーは，さまざまな死亡リスクの要因を，死亡リスクが高いものほど上側に，低いものほど下側に配置することで，評価対象の死亡リスクの相対的な位置関係を示すことができる。たとえば，「10万分の8」は交通事故の死亡リスクに相当し，「10万分の2」は火災事故の死亡リスクに相当する。

図21-4はドットを用いて死亡リスクを表現したものである。左側は，10万個のマス目のうち8マスが塗りつぶされており，「10万分の8」の死亡リスクを図によって表現している。右側は同様に「10万分の2」の死亡リスクを図示している。この2つの図を比べることで，死亡リスクの削減を視覚的に理解できる。

このようにリスク・ラダーやドットを用いてリスクの大きさを人びとにわかりやすく伝えたうえで，死亡リスク削減に対する支払意思額をたずねる。そして，この支払意思額をリスク削減幅で割ることで統計的生命の価値が得られる。海外ではこのような統計的生命の価値を評価した実証研究が多数存在し，アメリカ環境保護庁は過去の研究例の評価額をもとに，統計的生命の価値を基準年1990年では480万ドル（5.2億円）を採用し，大気浄化法などの環境規制政策の評価に用いている。国内では評価事例は少ないが，内閣府が交通事故対策をもとに評価した事例では4.6億円となっており，海外の評価額と比較的近い値となっている（内閣府「交通事故の被害・損失の経済的分析に関する調査研究報告書」2007年）。

要　約

企業は，環境汚染が発生する確率と発生した場合の被害額をもとに環境リスクを評価し，汚染事故が発生する前に対策をとる必要がある。一般市民は，汚染事故に対するリスクを過大認識している可能性があるため，企業は地域住民に対してリスクに関する情報を公開するとともに，住民の意見を反映させるリスク・コミュニケーションの機会を設ける必要がある。

確認問題

□ *Check 1*　企業がどのような環境リスクを抱えているのか調べなさい。また，こうした環境リスクに対して，企業がどのような対策を実施しているのか調べなさい。

□ *Check 2*　一般市民と専門家ではリスクに対して異なる認識を示す事例を調べなさい。そして，その原因について考えなさい。

□ *Check 3*　リスク削減幅が 6/10 万のときの統計的生命の価値は 2 億円だが，リスク削減幅が 2/10 万のときは 3 億円だったとしよう。このようにリスク削減幅によって統計的生命の価値が異なる原因について説明しなさい。

コラム

汚染事故リスクを経済実験で考えよう

環境リスクを経済実験で確認してみよう。図 21-5 は汚染事故リスクの経済実験を説明したものである。まず，図のように 6×6 のマス目を作成する。5 秒間にこのマス目の好きな場所に○をつけていく。○の数はいくつでもかまわない。○をつけた場所に工場が設置され，○ 1 つにつき 10 億円の利益が得られるとする。次に，4 カ所で汚染が発生する。サイコロを 2 回振って，たとえば 1 回目が 5，2 回目が 2 とすると，(5，二) のマスで汚染が発生したので，このマスを赤色で塗りつぶす。これを 4 回繰り返して 4 カ所で汚染が発生したとする（同じ場所で汚染が起きたときはやり直す)。もし，汚染が起きた場所に○があると，この工場で汚染が発生して被害が発生する。被害が発生した工場は 1 カ所につき 100 億円の損害が発生する。このような状況で，はたして工場の経営者は，いくつの工場を設置すべきだろうか。

ここで 1 つだけ○をつけたとすると，工場の数は 1，利益は 1×10＝10 億円。36

図 21-5　汚染事故リスク実験

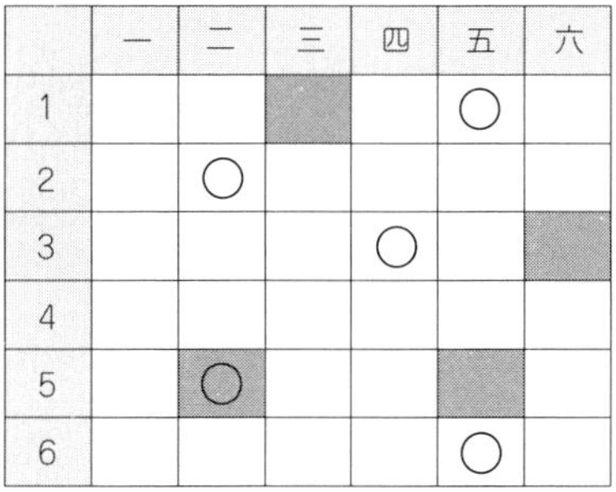

	一	二	三	四	五	六
1			■		○	
2		○				
3				○		■
4						
5		○(■)			■	
6					○	

1. 図のような 6×6 のマス目がある。
2. 工場を配置：5 秒間でマスの好きな場所を○で埋めていく。○の数はいくつでも OK。（○ 1 つで 10 億円の利益）
3. 4 カ所で事故発生。サイコロで事故場所を決定。もし，事故発生場所に工場を設置していたら，1 カ所につき 100 億円の損失。
4. 利益から損失を差し引いて最終利益を計算。

利益　50 億円（○が 5 つ）
損失　100 億円（事故に遭遇したのは 1 カ所）
差額　－50 億円

個のマスのうち 4 カ所で事故が起きるので，この○をつけた場所で事故が起きる確率は 4/36。工場で事故が起きると 100 億円の損害が生じるので，○が 1 つだけのときの損害リスクは，100 億円×4/36＝11. 1 億円。差し引きすると，1. 1 億円の赤字となる。同様に○の数が n 個の場合を考えると，利益は 10×n 億円。一方で，汚染事故については，1 つの工場につき 4/36 の確率で事故が発生するので，n 個の工場では n×4/36 回の事故が発生すると考えられる。したがって，汚染事故の損害リスクは 100 億円×n×4/36＝11. 1×n 億円である。差し引きすると，差額は 1. 1×n 億円の赤字となる。つまり，○の数を増やすほど赤字は増えていく。以上のことから，○の数をゼロにして，工場を 1 つも設置しないときが利益も損失もゼロとなり，もっとも企業の損害が少なくなることがわかる。つまり，この実験では，経営者にとって最適な選択は，工場を 1 つも設置しないことであったのである。

＊なお，ここで紹介された経済実験はウェブ上で体験することができる。学習サポートコーナー URL http://kkuri.eco.coocan.jp/research/EnvEconTextKM/

unit 22

生物多様性と生態系

Keywords
生物多様性条約，生態系サービスへの支払制度（PES），生物多様性オフセット

生物多様性とは

地球上には3000万種ともいわれる多様な生物が存在し，各地域で独自の生態系を構成している。これらの多様な生物は，40億年という長い進化の歴史のなかで形成されたものである。この生物多様性から，私たち人間は多くの恩恵を受けているが，生物多様性から得られる恩恵は「生態系サービス」と呼ばれている（表22-1)。たとえば，生態系は，食料，水，木材，エネルギー資源などの生存に必要なものを供給している。生態系には，気候の調整や洪水の緩和，水質・大気の浄化，災害の防止などの機能も存在する。多くの医薬品は植物に由来する原料から生産されており，現在利用されていない生物も将来に医薬品等として利用される可能性があることから，生物多様性には遺伝資源としての価値も存在する。

このように，人間は生物多様性から多くの恩恵を受けているが，経済活動の発展により自然破壊が深刻化したことから各地で生物の絶滅が発生し，地球的規模で生物多様性が急速に失われている。国連のミレニアム生態系評価によると，今日の生物の絶滅速度は，過去の自然による絶滅速度と比べて100〜1000倍に達しており，生態系サービスの劣化が深刻化することが予想されている。ひとたび生物が絶滅してしまうと，人工的にその生物を復活させることは不可能である。このため，生物多様性の保全が緊急の課題となっているが，生物多様性の喪失の影響は世界的規模で発生することから，生物多様性を保全するた

表 22-1　生態系サービス

供給サービス	食品，原材料，エネルギー資源の提供など
調整サービス	気候調整，洪水制御，廃棄物処理など
文化的サービス	レクリエーション，エコツーリズム，科学的発見など
基盤サービス	栄養循環，土壌形成，水質浄化，大気浄化など
保全リービス	生物多様性の維持，災害保全

（出所）　Millennium Ecosystem Assessment 編（2007）『生態系サービスと人類の将来——国連ミレニアムエコシステム評価』（横浜国立大学 21 世紀 COE 翻訳委員会訳）オーム社より筆者作成。

めには世界各国の協力が不可欠である。

このような背景から，1992 年に開催された地球サミットでは，生物多様性の利用と保全に関する**生物多様性条約**が採択された。生物多様性条約では，生物多様性の保全，生物多様性の持続可能な利用，遺伝資源から得られた利益の公正かつ公平な配分が求められている。しかし，遺伝資源の利益配分に対しては先進国と途上国で深刻な対立がみられた。先進国は途上国の遺伝資源を利用して医薬品などを開発することで利益を得ていることから，途上国はその利益を途上国にも配分すべきと主張した。一方で，先進国のなかには，新薬の開発に莫大な投資を行う必要があり，遺伝資源の利益を途上国に配分することは受け入れられないという意見もみられた。

その後，生物多様性条約の加盟国によって，ほぼ 2 年に 1 回のペースで締約国会議が開催され，議論が続けられている。2010 年に愛知県名古屋市で開催された生物多様性条約第 10 回締約国会議（COP10）では，遺伝資源の利益配分に関する「名古屋議定書」と生物多様性の保全をめざすための「愛知目標」が採択された。国内で締約国会議が開催され，テレビや新聞などで生物多様性の問題が多数報道されたことから，国内でも急速に生物多様性に対する関心が高まった。また，国連は 2011 年から 2020 年を「生物多様性の 10 年」と位置づけており，国際的に生物多様性への取り組みに注目が集まっている。

生態系と生物多様性の経済学（TEEB）

生物多様性の保全には多額のコストが必要となることから，経済の視点が不可欠である。生物多様性と経済の関係が注目を集めるきっかけとなったのが，

2007年に開始された「生態系と生物多様性の経済学」(The Economics of Ecosystem and Biodiversity，通称TEEB）である。TEEBは，生物多様性を保全するうえで経済政策やビジネスの役割を重視している点に特徴がある。

2008年5月に公表されたTEEB中間報告書によると，現在のまま何も新たな対策を実施しない場合，農地への転換，開発の拡大，気候変動などにより2000年に存在していた自然地域のうち11%が2050年までに失われ，サンゴ礁の60%が2030年までに失われると予測されている。そして，生態系のなかで重要な役割を果たす生物種のうち，現在はまだ保護されていないものまで保護するためには，地球全体で毎年220億ドルが必要と見積もられている。

このように，生物多様性を保全するためには多額の資金が必要である。とりわけ，財政基盤の弱い途上国では自力で生物多様性を保全するための資金を確保することは困難である。そこで，TEEBは従来の政府を中心とした保全策を見直すとともに，私たちの経済活動自体が生物多様性や生態系サービスを考慮して，持続可能な社会へと転換することを求めている。

そのためには，現在は認識されていない生態系サービスの価値を適切に評価し，新たな市場を構築することが不可欠である。そこで，TEEBは生態系サービスの価値を金銭単位で評価したこれまでの実証研究を整理し，生物多様性の喪失によって社会が被るコストを把握することで，生態系と生物多様性を保全することの社会的意義を示した（表22-2)。そして，生態系サービスに対して対価を支払うしくみを構築し，生態系と生物多様性の保全による利益を分け合う制度が必要であると主張している。

このように，TEEBは生物多様性を保全するうえで経済政策やビジネスが重要な役割を果たすことを指摘した。この基本理念を具体化したものとして，2009年11月には，政府担当者向けの報告書が公開された。ここでは，従来の補助金政策の見直しとともに，**生態系サービスに対する支払制度**（Payment for Ecosystem Services: PES）を導入することで，生態系保全のインセンティブを与えることの重要性が示されている。さらに，2010年7月には，企業向けの報告書が公表された。ここでは，生物多様性と生態系の保全にビジネスが重要な役割をもっていることが示されている。たとえば，企業活動によって失われた自然の代償として，新たな自然再生の費用を企業が負担することで補償する

表 22-2　生態系サービスの貨幣評価

（単位：ドル/ha/年）

項目	合計	供給サービス	調整サービス	生息環境サービス	文化的サービス
外　洋	9	0	7	2	1
サンゴ礁	206,873	20,078	186,795	0	0
沿　岸	77,907	1,453	76,144	164	146
沿岸湿地	960	0	960	0	0
内陸湿地	282	167	115	0	0
河川・湖沼	812	3	129	681	0
熱帯林	29	0	12	17	0
温帯・亜寒帯林	1,281	3	1,277	0	0
林　地	5,066	25	130	1,005	3,907
草　地	752	0	752	0	0

（出所）　TEEB（2009）「生態系と生物多様性の経済学——生態学と経済学の基礎」（TEEB D0）より筆者作成。

生物多様性オフセットの制度が紹介されている。TEEB は，こうした企業による生物多様性保全を新たなビジネスの機会として注目している。

生態系サービスに対する支払制度（PES）

私たちは生物多様性から多くの恩恵を受けている。たとえば，森林生態系からは，土砂災害防止，水源保全，野生動植物の保護，二酸化炭素（CO_2）吸収による温暖化対策などさまざまな生態系サービスの恩恵を受けている。だが，こうした生態系サービスの大半は，市場価格が存在せず，受益者が費用を負担するしくみが存在しないため，生態系を保全しても利益につながらない。

そこで，生態系サービスの受益者が，生態系サービスの対価を支払う制度（PES）が世界各地で導入されている。世界全体では，PES の導入事例は 300 件を上回るといわれており，世界的に PES に注目が集まっている。PES には，①生態系サービスの受益者が自発的に資金を提供するしくみ，②政府が中心となって資金を提供するしくみ，③ PES に類似したしくみ，の 3 種類が存在する（コラムを参照）。

生物多様性オフセット

企業が生産活動を行ううえで，生物多様性を考慮する必要性が高まっている。企業が開発を行う際には，できるかぎり生物多様性への影響を回避し，影響を

コラム

生態系サービスへの支払制度（PES）

⑴ 自発的に資金提供が行われる事例：ヴィッテルによる生態系サービスへの支払い

ナチュラル・ミネラル・ウォーターのブランドであるヴィッテルは，1980年代にフランス北東部の水源付近において畜産業が活発化したことにともない水源の水質が低下する問題に直面した。水質を改善するためには農家の協力が不可欠だが，農薬の使用を禁止すると生産性が低下し，農家に多額の損失が発生する。そこで，水源地域の農家とヴィッテルが協議し，農家の水質対策に対してヴィッテルが資金を提供することで合意が得られた。ヴィッテルが水源地対策として支払った金額は，7年間で総額2425万ユーロであった。

⑵ 政府が中心に支払いを行う事例：コスタリカの森林保護制度

コスタリカ政府は，生物多様性を保全するための手段として1997年にPES制度を導入した。コスタリカのPES制度は，土地所有者が森林を保全することに対してコスタリカ政府が資金を提供するしくみである。コスタリカのPES制度では，①森林保護契約（210米ドル/ha），②持続可能な森林管理契約（327米ドル/ha），③再植林契約（537米ドル/ha），の3種類の契約形態が存在し，森林を保全するほど資金提供が行われるので，土地所有者が自発的に森林保全を行うインセンティブが与えられる。ただし，この方式では，政府が中心に資金を提供するため別途財源が必要となるという問題点が残されている。

⑶ PESに類似するしくみの事例：日本の森林環境税

森林環境税とは，森林の環境保全機能を維持するために森林を整備することに対して，その受益者である住民に対して税金として費用負担を求める制度である。自治体が実施する森林環境税は，2003年に高知県で導入されたことを契機に，全国各地で導入が広がり，2018年現在では37の自治体で導入が行われている。負担額は，個人に対しては年間1人当たり500〜1000円程度となっている。また，国も2024年度から森林環境税を導入し，国民は年間1人当たり1000円を負担することになった。森林環境税は，受益者である住民から税金として森林整備の費用を徴収することで生態系サービスの費用負担を行うものであるが，森林を整備するほど対価が支払われるしくみではないため，生物多様性保全に対するインセンティブは弱い。また，徴収額は受益の程度によって決められたわけではなく，生態系サービスの対価としての根拠に欠けるケースが大半である。

最小化することが望ましい。だが，それでも無視できない影響が生じることもあるだろう。このようなときに，ほかの場所で自然を再生することで失われる自然の代償とすることが考えられる。たとえば，道路開発によって湿地が失われるとき，近隣地域に新たに同様な湿地を創造することで代償とすることが考えられるが，このような代償措置は**生物多様性オフセット**と呼ばれている。

生物多様性オフセットは，アメリカでは環境アセスメント制度のなかで実施されており，すでに数十年の歴史がある。生物多様性オフセットは，事業者が自ら代償措置として自然回復を実施することもできるが，自然回復の費用を負担することで代償措置とみなすこともできる。このため，事業者が単独では生物多様性を守ることができない場合でも，他社と協力することで生物多様性を守ることが可能となるという利点がある。ただし，生物多様性オフセットを実現するためには，開発によって失われる生態系サービスと，自然再生によって新たに創造される生態系サービスの価値が等しく，結果として全体としては生態系サービスの価値が失われないノー・ネット・ロスが前提となる。

アメリカでは生態系を評価するために生息域評価手続き（Habitat Evaluation Procedures: HEP）と呼ばれる方法が多くで使われている。これは，評価対象の生物種の生息域を質・空間・時間の観点から定量的に測定するための手順を示したものである。HEP は計測が比較的容易という利点があるものの，性質の異なる生態系では評価は難しい。たとえば，湿地が失われる代わりに，森林を整備する場合は，湿地生態系と森林生態系とでは性質が異なるため HEP による評価で代償措置を決めることは難しい。異なる生態系サービスを比較するためには，生態系サービスの金銭評価が必要である。

また，近年は国際的な枠組みでの生物多様性オフセットも注目されている。たとえば，「ビジネスと生物多様性オフセットプログラム」（Business and Biodiversity Offsets Programme: BBOP）は，生物多様性オフセットの普及に向けた基準の作成を行っているが，BBOP には国際機関，各国政府，NGO などに加えて，国際的に活躍する大手の資源開発企業も参加している。この背景には，途上国で資源開発を行う際に生物多様性を考慮することが必要となっており，そのために生物多様性オフセットの有効性が認識されていることがある。今後は，先進国と途上国間での生物多様性オフセットがさらに注目を集めることが予想されるが，そのためには途上国において生態系サービスを適切に評価するための手法を開発することが不可欠であろう。

要　約

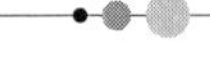

生物多様性を保全するためには多額のコストが必要であることから世界的な取り組みが不可欠である。生物多様性を保全するための方法として，生態系サービスの対価を受益者が支払う「生態系サービスへの支払制度」や，開発による生態系破壊の代償として新たに自然を再生する「生物多様性オフセット」などの経済的手段の導入が進められている。

確認問題

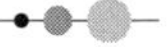

- □ *Check 1*　全国各地で実施されている森林環境税について調べ，その利点と問題点について検討しなさい。
- □ *Check 2*　国内で生物多様性オフセットを導入する際の課題について検討しなさい。

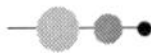

第 7 章

地球環境問題と環境経済学

▶SDGs 17 のゴール（提供：国連「持続可能な開発目標」https://www.un.org/sustainabledevelopment/〔本書の内容は国連によって承認されたものではなく，また国連やその関係者，加盟国の見解を反映したものではない〕）

この章の位置づけ

この章では，長期に影響を及ぼす地球環境問題とその対応策について，地球環境問題と切り離して考えることのできない経済のグローバル化に与える影響，技術進歩の可能性，持続可能な発展の理念を視点にして解説する。まず，経済のグローバル化が環境にどのような影響を及ぼすか，また環境政策を導入する際には，なぜ事前に他国へ与える影響の評価も必要となるのかについて解説する。

次に，長期にわたる影響を及ぼす環境問題を考えるとき，費用に影響を与える技術進歩を理解することは重要である。そこで，どのように効果的な環境保全のための技術進歩を促すことができるかを解説する。最後に，持続可能な発展の理念は，現在の世代と将来の世代との関係について論じているものであり，地球環境問題の解決にどのように関連するかについて解説する。

この章で学ぶこと

unit 23　急激に進行している経済のグローバル化をどのように考えるかには，さまざまなものがあり，グローバル化の環境保護に対する良い影響と悪い影響について紹介する。また，環境規制が自国および他国の経済にどのように影響を与えるのかについても解説する。

unit 24　環境問題の解決のために，技術進歩について理解することは重要である。企業の環境対応策の事例をあげながら，環境規制により誘発される生産性向上の可能性だけでなく，技術の普及を拒む要素についても解説する。

unit 25　環境と開発に関する世界委員会の報告書が出されて以降，持続可能な発展は常に経済成長と環境保全の議論におけるキーワードである。その定義を紹介し，持続可能な発展の可能性を環境クズネッツ曲線を例にあげつつ解説する。

unit 26　世界のエネルギーの需要と価格について実際の状況をもとに紹介する。また，日本の再生可能エネルギー，電力・ガス産業における規制緩和についても解説する。

unit 23

国際貿易と環境

Keywords
規模効果，技術効果，構造効果，比較優位，国際環境協定

グローバル化と環境

急激に進行している経済のグローバル化をどのように考えるかについては，現在でも見解の対立がある。一方では，楽観的な見方があり，国境を越えて開かれた競争的な市場の拡大は，貿易や対外投資を増大させることにつながり，国外への技術の移転を容易にして，雇用機会を拡大することを通し，経済成長の進展と人間の厚生を増大する，という考え方がある。しかし，他方で悲観的な見方もあり，経済のグローバル化は，自然破壊や貧困の増加などをもたらす，という考え方である。

貿易と環境の問題が注目を浴びたきっかけとして，1991年のキハダマグロ事件がある。アメリカには，イルカを保護するという目的の「海洋哺乳動物保護法」という国内法がある。この事件は，アメリカが，イルカの混獲率（対象魚種に混じって，対象外の魚やイルカなどが漁獲される比率）が高い漁法で漁獲したメキシコ産マグロ（キハダマグロ）に対して，メキシコからのマグロの輸入を一方的に禁止したものである。そして，メキシコが自由貿易の促進を目的とした国際協定であるGATT（「関税および貿易に関する一般協定」〔General Agreement on Tariffs and Trade〕の略称）に提訴し，アメリカの措置はGATT違反である旨のパネル（小委員会）報告が提出された。このことに対して，環境保護団体が強く反発し，貿易と環境の問題が政治問題にまで発展した。

その後1992年に開催された地球サミットでは，「環境と開発に関するリオ宣

図 23-1　貿易と環境の関係

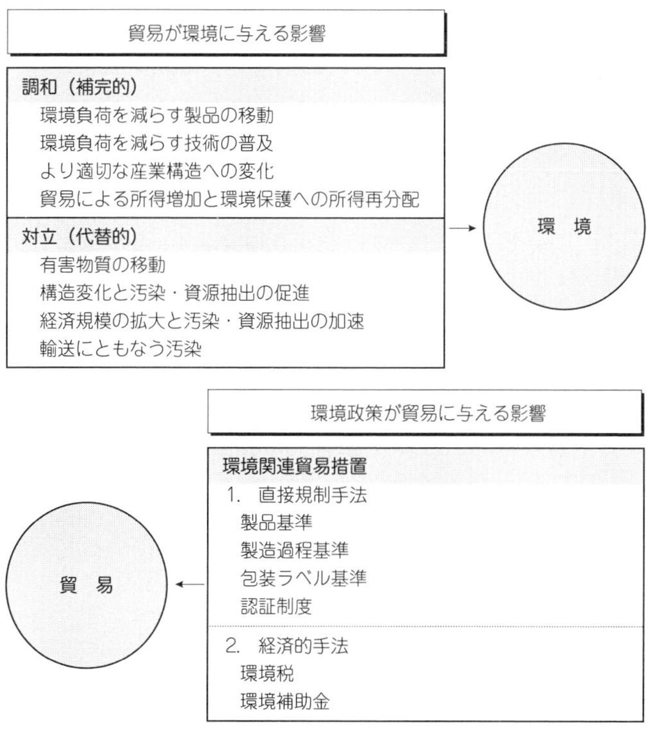

（出所）　渡辺幹彦「WTO 制度下の貿易自由化と環境問題」『RIM』No. 35，1996 年。

言」および「アジェンダ 21」などが採択された。そこでは，貿易政策と環境政策の目的を同時に達成するという方向性が国際的な共通認識として位置づけられた。この unit では，いくつかの視点でグローバル化と環境の関係について考える。とくに，環境と貿易の関係の一側面として，貿易の自由化は環境保護と対立するのか，一国の環境政策が貿易にどのような影響を及ぼすのかについて解説する（図 23-1）。

貿易が環境に与える影響

貿易にともなって知識伝播が起きる場合に，貿易が経済成長を促進することがこれまでわかっている。ただし，貿易の自由化への動きが活発化するなかで，その動きが環境にどのような影響を与えうるのかという問題は，貿易政策におけるもっとも重要な議論の1つとなっている。貿易の自由化は，経済活動の増加などによって環境を悪化させる方向に働くこともあれば，経済発展にともなう技術革新などによって環境を改善させる方向に働くこともあり，必ずしも一致した結論は得られていない。そこで，貿易が環境に及ぼす効果を考えるときには，貿易のもつ直接効果だけでなく，所得の増加にともなう環境意識の変化など間接効果も考慮する必要がある。貿易が環境に及ぼす全効果には大きく分けると規模効果，技術効果そして構造効果の3つがあり，それらをすべて含めて議論する必要がある。

1つめは経済活動の増加による環境汚染の拡大であり，**規模効果**と呼ばれる。貿易の自由化によって生じる生産量の増加が汚染量を増加させる効果である。この効果は生産量の拡大が環境に悪影響を与える要因として理解される。貿易の自由化が環境の悪化を加速させているので自由化を推進すべきでないというような主張の根拠の1つが，この要因である。しかし，単純に貿易と環境は対立するものであるといえるのだろうか。

次に，貿易によって所得上昇が起きる場合の影響を考えよう。ここで紹介する2つめの効果を**技術効果**と呼ぶ。これは，生産方法の変化が汚染に及ぼす影響，すなわち，生産方法（技術）の向上によって単位生産量当たりの汚染物質排出量が減少することによる効果を意味している。この効果には，所得の増加にともなう経済発展とともに起こる環境にやさしい製品・装置の増加や，それにともなう環境負荷の小さな製品を生み出す技術革新のほか，所得上昇によって国民の環境改善への関心（公共財の性格をもつ財で，主に自然によってのみ生産される環境財への需要）が高まることや，それにともない環境関連の法規を見直す契機となることも原動力になっていると理解される。たとえば，環境財への需要の増加が環境規制の強化を通して環境負荷を低減させることなども，これに含まれる。この技術効果は所得の増加が環境に好影響を与える要因としてとらえられる。

最後の3つめは**構造効果**である。これは，経済発展の過程で，環境にマイナスの影響を与える財（汚染財）とそうでない財（非汚染財）の生産量の国内構成比が変わることを表している。たとえば，農業や繊維産業などの労働集約的な非汚染財に特化する段階から，エネルギー集約的で資本集約的な汚染財を扱う段階へ産業構造が変化することは，環境負荷を高めると理解される。また，サービス産業やIT産業が台頭すれば逆に負荷は低減されると考えられる。もし，仮にこの第1次産業（農業・水産業など）から第2次産業（製造業・建設業など），第3次産業（サービス業など）へと移り変わる通常のパターンから外れたとしても，生産する財の国内構成比（汚染財と非汚染財の構成比）が変わることは環境負荷にプラスにもマイナスにも影響を与えることは理解しやすい。したがって，この構造効果は環境に良い影響を与える場合と悪い影響を与える場合の2つの影響があると考えられる。

比較優位による影響

ここではさらに，産業構造に関連して，貿易による環境への影響を考えてみよう。環境を悪化させるような財に**比較優位**をもつ国（たとえば，大気汚染の原因となる石炭産出の多い中国など，国内にその投入要素が豊富に存在する国）は，貿易自由化を進めることによってさらにその財に特化した生産を行うために，環境が悪化する。そして，このような環境の悪化を主に被るのは途上国であることもあり，産業構造の影響は貿易自由化への動きに反対する人びとの理由としてしばしば用いられる。この考え方は正しいのだろうか。

ここで，仮に，比較的技術水準の低い資本集約産業から大量の人的資源を必要とする高度な技術集約的産業へ移行している国があるとしよう。また，途上国に天然資源を豊富に必要とする産業が多い場合，先進国では環境負荷の低いクリーンな産業が増え，途上国では自然破壊的で汚染集約的な産業の生産が増大することになる。

しかし，より汚染がひどい産業は途上国にあるといえるのだろうか。たとえば，鉄鋼，非鉄金属，工業化学，石油精製などの資本集約的な産業は，エネルギーなどの自然資源をより多く用い，汚染物質もより多く排出する汚染集約的な産業である。これらの産業の多くは，平均的には資本が蓄積されている先進国の比較優位産業に含まれる。それに比べて，労働集約的な産業は，資源利用も少ないため汚染も少ない。途上国は労働集約的な産業が中心なので，貿易が進めば先進国のほうが環境に悪影響を及ぼす産業が増大するという可能性もある。これを「要素賦存効果」という。この場合，汚染集約産業の多い先進国では，汚染物質の排出をともなう財を輸出し，その先進国内の生産量は増大することになる。逆に労働集約的な途上国は，比較優位のある環境負荷の小さな財の輸出が増大し，国内の環境は改善される。

しかし，要素賦存効果とは別にここで気をつけるべきことは，通常は先進国のほうが厳しい環境規制を採用しているという点である。そのため，先進国のほうがより環境に配慮した産業が増大するという効果があり，これを「環境規制効果」と呼ぶ。

以上より，環境保全と貿易の自由化は対立，または両立するものと安易にとらえられるものではないことがわかる。どのように両立を図っていくことができるかが重要であり，そのために規則を理解すること，構築・運用していくことが必要である。

環境政策が貿易に与える影響

(1) 環境ダンピング

これまで貿易から環境への影響を紹介してきたが，逆にここでは一国の環境政策が貿易に及ぼす影響について紹介する。とくに，厳しい環境政策が実行されることによる自国の企業への影響を最初に紹介し，次に他国の企業への影響について解説する。

まず，「環境ダンピング」と呼ばれているものを紹介する。環境規制水準が各国で異なると，結局，生産段階において環境規制の緩やかな国で製造している企業は，規制の厳しい国で製造している企業に比べて，規制を遵守するための生産費用を負担せずに生産することができる。そこでは，相対的に環境対策のための費用を負担しない製品が競争力をつけて国際市場に参入してくることになる。この場合，規制の厳しい国にある企業は，国際市場での競争力を失うだけではなく，環境規制の緩やかな国が自国に対しても安い価格で財を輸出してくることになる。ダンピングとは，輸出財の価格を大幅に引き下げて輸出相手国の競争者を駆逐する行為であるので，このような環境に関わる現象を環境ダンピングと呼ぶ。たとえば，北米自由貿易協定（North American Free Trade Agreement: NAFTA）が結ばれることに対する批判として，環境ダンピングの議論があった。これは，メキシコはアメリカに比べて環境規制が緩いので，それだけ安価に生産し，アメリカに輸出することができるからである。それ以外にも1990年代に入って導入された北部ヨーロッパ諸国の環境税や90年のアメリカの改正大気浄化法なども産業界の費用負担が大きかったこともあり，この問題が取り上げられた。

また，途上国で安価に製造できるのであれば，NAFTAに対応してアメリカの企業は緩い環境規制を求めて工場をメキシコに移して，そこからアメリカに製品を輸出してくるという現象も起こりうる。同様の議論が，以前から日本国内で環境規制を強化する際にみられ，企業が工場を中国・東南アジアなどに移すことも指摘されている。

ここで問題となるのは，途上国に工場を移した企業が自国に製造物を輸出してくるときに，もともとあった先進国内の工場での雇用が奪われるという先進国内での問題のみではない。問題は，ある国で環境規制を厳しくすると，汚染物質を大量に排出する産業が，環境規制が緩い国に移転する可能性である。これは，汚染産業の企業が工場の立地を考えるうえで，相対的に緩い環境規制の国に工場を移転し，規制から逃れようとすることから，「汚染逃避効果」と呼ばれる。また，経済のグローバル化により生産拠点の国際移動が比較的自由になっている状況では，工業化により経済発展を求める国々が産業を誘致するために，環境規制をさらに緩くしていくこと，またはその競争を行うことも懸念される。

さらに，先進国の廃棄物の廃棄段階での規制が厳しいために，結果として工場は移転しなくとも，有害廃棄物のみが輸出されることもある。つまり，本来，環境を保護する目的で施行されている環境規制が，他国である途上国に汚染という負担を押しつける結果となっている。これは，一国の環境規制だけでは世界全体での排出量削減にはつながらない可能性を示唆している。

⑵　環境規制による貿易障壁

次に，先進国などが自国の環境規制を厳しくすることで，その先進国に輸出を行っていた外国の企業が被る影響について考えるために，先進国で必ずしも貿易制限を意図しない環境政策がとられたとしよう。たとえば，環境保護のための再生利用可能な容器以外での販売の禁止，オゾン層破壊物質が洗浄剤として用いられた製品等に対する輸入規制がこの一例である。また，国際標準化機構（ISO）が作っている環境管理や環境監査などのルールの遵守を実質上，求める場合も同様である。ある国の企業が新たに決められた環境ルールに対応するシステムを構築できたとすると，それ以降はこの環境ルールが，海外の企業との事実上の取引条件となり，遵守できない企業とは取引できない，または遵守に非常に大きな費用がかかると，実質的な貿易障壁になるといえる。

それでは，一国の環境規制は他国との貿易に悪影響のみ与えるのであろうか。詳細は，次の unit **24** で解説するが，厳しい環境規制に対応するために研究開発投資を行い，新技術が他国に供給されることで，長期的には生産性が上がることもある。つまり，自由貿易が環境保護に良いのか悪いのかという問題と同様に，環境規制も貿易に良い影響を与える場合と悪い影響を与える場合がある。以上より，グローバル化が進んだ経済においては，一国の環境政策が思わぬ副作用をもたらし，貿易や投資を通じて他国にも影響を与えうることがわかる。したがって，環境政策を導入する際には，事前に他国に与える影響の評価も必要となる。

貿易制限による影響

多国間環境協定（コラム参照）には貿易に関する規則が定められている場合があり，貿易制限のかけ方により市場および環境への影響が異なることを解説する。ここでは，例としてワシントン条約を取り上げて説明する。ワシントン条約（絶滅のおそれのある野生動植物の種の国際取引に関する条約）とは，野生動植物の国際取引の規制を輸出国と輸入国とが協力して実施することにより，採取・捕獲を抑制して絶滅のおそれのある野生動植物の保護を目的とするものである。

さらに，条約では野生動植物の種の絶滅のおそれの程度に応じて，国際取引の規制を行っている。その際，各国は野生動植物の輸出入について管理し，許可制度を制定している。規制される種は3段階に分かれていて，分類Ⅰは，絶滅の恐れのある種であり，商業取引を原則禁止としている。そして，取引に際しては輸入国の輸入許可および輸出国の輸出許可を必要としている。分類Ⅱは，現在必ずしも絶滅のおそれのある種ではないが，取引を厳重に規制しなければ

コ ラ ム

貿易と環境についての国際協定

経済活動のグローバル化にともない，とくにグローバル化と環境との関連がいろいろと取り沙汰されている。1986 年から 94 年にかけて開かれた GATT のウルグアイ・ラウンドでは，環境問題は直接の交渉対象ではなかったものの，環境を考慮するという流れを受け，GATT の後継機関である世界貿易機関（World Trade Organization: WTO）設立協定の前文に，「環境の保護・保全および持続可能な発展」が明記された。また，この問題について検討を行うために，1994 年のマラケシュ閣僚会議で，「貿易と環境に関する委員会」が設置されることになった。しかし，委員会の設置，地球サミットにおける行動計画（アジェンダ）などで解決できるほど貿易と環境の問題は容易なものではなかった。そもそも，GATT/WTO の目的は，各国の貿易制限的な措置を取り払い，世界全体としての貿易の自由化を進めることにあるからである。

これまで複数国間または地球レベルでの環境の保護・保全を目的とした国際条約である多国間環境協定（multilateral environmental agreements: MEA）が多数存在している。そして，MEA には，環境問題が発生した場合に，締約国が一定条件のもとで貿易制限的な措置をとることを認めているケースがある。たとえば，ワシントン条約，バーゼル条約，カルタヘナ議定書などがある（表 23-1 を参照）。これに対して，現在の WTO には，環境との関係について直接規定した条項は存在しない。つまり，原則として自由貿易の維持・拡大を目的とする WTO と，MEA の目的は相容れないことを理解する必要がある。

ここで，生物多様性条約に基づくカルタヘナ議定書（バイオセーフティに関するカルタヘナ議定書）の事例を取り上げてみよう。この議定書では，遺伝子組み換え生物等による生態系や健康への影響を防止するため，遺伝子組み換え生物等の輸入

表 23-1　環境保全のために貿易措置のある多国間環境協定の例

多国間環境協定	内 容
有害廃棄物の国境を越える移動およびその処分の規制に関するバーゼル条約	一定の廃棄物の国境を越える移動等の規制について国際的な枠組みおよび手続きなどを規定する。
オゾン層を破壊する物質に関するモントリオール議定書	オゾン層を破壊する恐れのある物質を特定し，該当する物質の生産，消費および貿易を規制する。
バイオセーフティに関するカルタヘナ議定書	遺伝子組み換え生物（LMO または GMO）の国境を越える移動について一定の規制を行う。
絶滅のおそれのある野生動植物の種の国際取引に関する条約（ワシントン条約）	野生動植物種の国際取引がそれらの存続を脅かすことのないよう規制する。

や使用などを規制するものである。そこで，カルタヘナ議定書に基づけば，輸入国の政府がある製品の安全性を確認して輸入の許可を確定するまで，その輸入を禁止できるのに対して，WTO ルールでは，輸入国が安全性の科学的根拠を入手する努力を行い，その後でなければ輸入制限を行うことができないことになっている。

そこで，2 つの国際協定の整合性が問題になる際には，環境保全を名目とした一方的な貿易制限措置が差別的でなければ，WTO ルールと整合的であるとみなされる場合もある。なぜ，このような複雑なことが起こるかというと，貿易についての国際協定は，歴史的には環境問題の重大性に先んじて締結されてきたからである。そのため，今後は，貿易についての国際協定の参加国の利益と，新たな**国際環境協定**の参加国の利益が競合しないよう，いずれの側からも国際紛争解決に向けた取り組みが強化されなければならない。

絶滅のおそれのある種となる可能性のある種である。この場合は，輸出国の許可を受けて商業取引を行うことが可能である。分類Ⅲは，現在は，絶滅の危機に脅かされていないが，国際的な協力が必要である種である。

なお，ワシントン条約は WTO の原則と矛盾しない。野生動植物のように希少資源の消失に関わる取引の制限は，自由貿易の例外と考えられているからである。ここで図 23–2 にあるような野生動植物種の国際市場での需要と供給の関係を考えよう。供給曲線（S）は，世界全体での野生動植物種の供給を表している。また，需要曲線（D）は，世界全体での輸出における需要を表し，ここでの交点は，年間の野生動植物種の取引市場価格 P と数量 Q を表す。ある年に貿易制限をかけ，貿易量を Q' まで制限する必要があったとする。その際に，2 つの方法があり，どちらも同じ数量を制限する輸出数量制限と輸入数量制限の価格への影響を比較する。

輸出数量制限をかけることは，輸出が困難になるので同じ取引量当たりの価格が上がることになる。図 23–2 では，供給曲線が S から S' に上方にシフトしている。そして価格は P' に上昇する。通常，絶滅に瀕した種には財産権が確立されていないことが多いので，合法または非合法な方法で捕獲や採取が行われていることが多い。そこで，価格が上昇することになれば，捕獲や採取を行っている者は，より多くの種をとろうとするであろう。なぜならば，そうしなければ，絶滅の恐れのある野生動植物の種は限られているので，ほかの誰かが

図 23-2　貿易制限の取引価格への影響

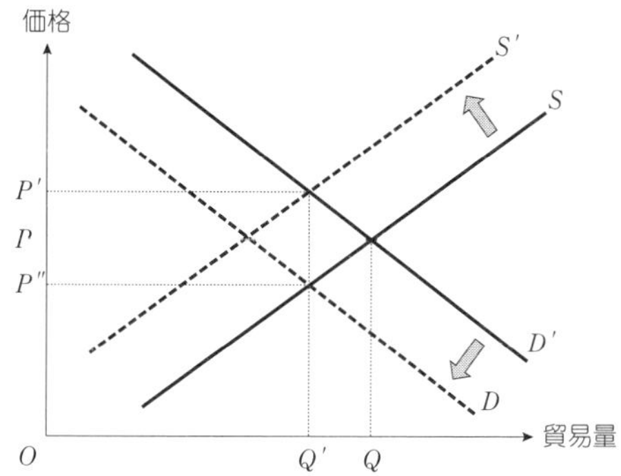

利益を増大させようとより多くとろうとするからである。つまり，輸出規制がされると，絶滅のおそれがある野生動植物の取引価格が上昇し，非合法な裏取引が起こるため，管理されていない市場では，さらに絶滅の可能性を高めるのである。

しかし，輸入数量制限を行った場合は，逆の影響が現れる。つまり，輸入数量の制限により，同じ価格レベルでの輸入が困難になるので，需要曲線が下方へシフトすることになる。取引量を Q' にした際には，価格は P'' へと下落する。このとき価格が輸出数量制限と逆の方向へ変化したために，反対の影響が現れる。つまり，捕獲や採取 1 単位当たりの利益が下がるので，乱獲の可能性は少なくなるのである。貿易制限の目的は環境保護，ここでは絶滅の恐れのある野生動植物の種の保全であるので，輸入に対する数量制限を行うことで世界の取引価格が下落し，保護が効果的に行えることがわかる。

要　約

経済のグローバル化とともに，環境問題は地球規模で進んでいる。自由貿易が進むことにより，環境保護に対して良い影響も悪い影響も生じる。また，一国の環境規制が自国および他国の経済にどのように影響を与えるのかはさまざまなケースがあり，自由貿易の促進を目的とした国際協定との関係では国際環境協定の役割を整合させる必要がある。

確認問題

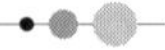

☐ *Check 1* 国際貿易がもたらす環境への影響について説明しなさい。

☐ *Check 2* 一国の環境政策が他国の貿易に及ぼす影響について説明しなさい。

☐ *Check 3* 環境保護のためには，どのような貿易制限が望ましいのかについて説明しなさい。

unit 24

環境規制と技術進歩

Keywords
生産性，技術の普及，エンド・オブ・パイプ，クリーナー・プロダクション

経済成長と生産性

現在の途上国や，戦後の先進国は経済成長を進めてきた結果として，自国の環境問題が悪化し，社会的な損失を経験し，環境規制が導入され始めてきている。一般に，環境規制は経済成長を遅らせると考えられている。この unit では，経済成長や生産性と環境規制との関係を考えていく。

経済成長は，どの程度の労働を増やし，資本を蓄積し，生産性を上げることができるかによって決まる。資本は企業自身に帰属する財産の額であり，資本の蓄積の速さは，ある程度生産性の上昇や労働の増加に左右される。それは，たとえば生産性が上がれば企業の収益が上がるので資本の蓄積が進み，また労働供給が増えれば1人当たりの賃金が抑えられるので，企業の設備投資が増えることで資本蓄積が行われる。

労働供給自体は比較的所与のもので動かすことができないので，主要な関心は生産性の変化に向けられる。**生産性**とは，投入量と産出量の比率（産出量/投入量）のことである。投入量に対して産出量の割合が大きいほど生産性が高いことになる。投入量としては，労働，資本，土地，原料，燃料，機械設備などの生産諸要素があげられ，産出量としては，生産量，売上高，GDP などで表現される。生産性が上がることで，より低費用で生産ができたり，労働者の余暇を増やせたり，利益を上げたりすることができる。また，企業の収益性を支えているのは生産効率の良さであり，その生産効率が良いか悪いかを判断する

のが生産性である。生産性の指標は，イノベーションや技術進歩をとらえるのに使われる標準的な指標である。

1960年代，日本を筆頭に先進国の生産性が伸び続けていた。しかし，1970年以後の先進国ではなぜ成長の速度が鈍化したのかを究明する必要があった。そのとき，原因の1つと考えられたのが環境規制の増加であった。少なくとも，短期的には環境規制は企業にとって売上の増加につながらない資本（汚染除去装置の設置）や労働（汚染除去作業）を増やすことになり，費用増加の要因となる。そのため少なくとも分母の投入量は増え，場合によっては価格が上昇することで分子である売上（産出量）も減るため，生産性にネガティブな影響を及ぼすことになると考えられる。つまり，生産性と環境保全の両立は，矛盾しているように思われる。これが短期的，および長期的に正しいかを確かめることが，このunitの目的である。

生産性と国際競争力

まず生産性の概念について，国際競争力の概念と比較しながら整理しておこう。一国レベルで環境規制を強めるときに，国または産業レベルの国際競争力が弱まるなどの指摘がある。国際競争力とは，自由な国際市場において発揮する相対的な競争力である。つまり，輸出シェアをどれだけ上げることができるかを表した能力といえるだろう。しかし，為替レートによる調整で輸出量は大きく変動するため，国際競争力は外部の要因に大きく影響される。つまり国際競争力は，投入量と産出量の比率（産出量/投入量）である生産性の上昇と関係なく決まることがあるという点に注意する必要がある。そこで，国際競争力という概念はあいまいな概念であるため，このunitでは用いず，むしろ各国が直面する経済問題は国内における生産性をいかに向上させるかであるとする。そして，輸出部門ではなく，国内部門の生産によって一国の生活水準が左右されるので，国内経済が効率的かどうか，生産性が上昇するかどうかに注目する。

図24-1に比較の基準年をたとえば1990年とし，投入量（資本，労働）と産出量の例が示されている。比較する年度である2000年度において，投入量は10%だけ増加し（100→110），産出量は20%増加している（100→120）。その場合，増加率の差である10%（＝20%－10%）が生産性の上昇として示すことが

図 24-1　生産性の計測

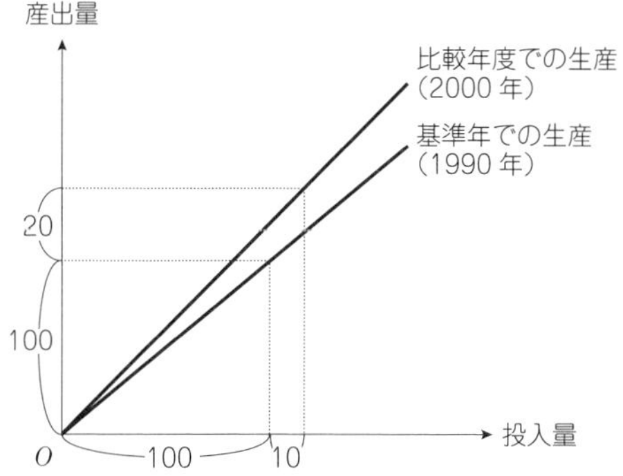

できる。

なお，このような生産性の考え方は，一国全体だけでなく企業ごとの技術進歩の分析としても用いることができるため有用である。環境問題に関しても，欧州委員会におけるポスト京都議定書をめぐる議論で，技術進歩が重要なテーマになったように，二酸化炭素（CO_2）排出量削減など環境問題の解決方法は技術進歩に依存するため，技術進歩は生産性に大きな影響を及ぼす。

技術の普及

(1)　技術の普及を阻む要素

生産性に大きな影響を与えうるものとして，新しい技術を普及することによる効果が考えられるが，実際には**技術の普及**を阻む要因がある。ここで，エネルギー使用効率が良いために燃料費用を削減できることから，短期的に投資費用を回収できるエネルギーがあるとしよう。しかし，現実には短・中期的には新技術の普及が進みにくい。これをエネルギー・パラドックスという。なぜこのようなことが起こるのであろうか。

まず，新技術の効果が不明確であることから生じる，不確実性の問題があげられる。たとえば，新技術を導入することにより，中期的には投資費用を回収できることがわかっているが，どの程度の効果があるかわからない状況にあるとする。そのような場合には，ほかの企業が新技術を導入するのを待ち，新技術の効果を確認してから導入することで便益を得るという，学習効果を期待するであろう。

またほかの理由として，新技術を導入することで省エネの便益を受けられるが，自らで設備投資を行えない者（依頼人）が，便益を受けることができないが設備投資を行うことのできるほかの者（代理人）に依頼しなければならない場合に生じる問題がある。なぜならば，利害が一致しないと代理人（エージェンシー）は依頼人（プリンシパル）が望んだように行動しないからである。そして，利害が一致しない場合はしばしば生じる。これは，プリンシパル・エージェント問題といわれる。たとえば，賃貸住宅において，ルームエアコンを使用するのは依頼人である居住者であるが，代理人である所有者は高価なエネルギー効率の良い設備を導入すると家賃も高くする必要があり，その場合は居住者の契約が少なくなるので，導入するインセンティブをもたないだろう。

最後に，技術を導入しようとしても，それが高度な技術である場合には，その新しい技術に対する知識をもつ熟練労働者が必要になる。つまり，新技術を許容できる技術レベルがその企業になければ，新しい技術の導入は進まないであろう。

⑵　技術を普及させる要素

新技術の普及の過程で問題が生じることがあるため，環境規制の成否を判断する際に，効果的な環境保全のための技術進歩をどれだけ促進できたのかということは1つの大きな基準となる。なぜ技術進歩が重要かというのは，汚染削減の技術革新があれば，短期的な規制遵守のための技術導入費用は増加する場合もあるが，長期的には要素費用の節約により費用負担を軽減できるからである。

厳しい環境規制は，少なくとも短期的には企業にとっての費用増加の要因となるので，生産性にネガティブな影響を及ぼすことになると考えられる。しかし，環境汚染の社会的費用を製品やサービスを生み出すための費用に反映させることができるため，直接規制より費用負担の少ない環境税などの経済的手法が生産性へのネガティブな影響を和らげることができる。そして，厳しい環境規制ほど，必要な汚染物質削減量が多く金銭負担も大きくなるため，労働や資本の費用（要素価格）の変化をきっかけに，その要素費用を節約したいという欲求から研究開発投資を増加させることで環境技術を発展させる。つまり，中・長期的には環境汚染削減のための技術開発を進めるインセンティブが生じる。

なお，地球温暖化対策において経済的手法が導入される場合には，省エネ技術開発または新技術の普及へのインセンティブが増大することになる。たとえば，アメリカでは酸性雨を抑制することを目的として二酸化硫黄（SO_2）を対象にした排出量取引が実施された。これはハワイとアラスカを除くアメリカのすべての州の発電所に適用され，2010 年までに，1980 年の SO_2 排出レベルの 50% を削減するという制限が設けられた。この排出量取引制度の導入により，硫黄酸化物を除去するための脱硫装置の効率性が上昇したことがわかっている。

また炭素税が課せられることにより，エネルギー価格が上昇し，ルームエアコン，ガス温水器，集中型空調機の新しい製品モデルの導入が進み，旧型のモデルから新型のモデルへの買い換えが進んだという事例もある。環境税などの経済的手法により促された代表的な技術進歩の例としては，ESCO 事業，脱硫装置，太陽光発電がある。なお ESCO とは，Energy Service Company の略であり，工場やビルの省エネに関する包括的なサービスを提供し，環境を損なうことなく省エネを実現し，さらにその結果得られる省エネ効果を保証する事業のことである。

企業の環境対応策

企業の技術的な環境対応は**エンド・オブ・パイプ**と，**クリーナー・プロダクション**の 2 つに分かれる。企業では，従来，汚染物質削減として汚染物質が排出される段階で適正処理をする，いわゆるエンド・オブ・パイプを用いた環境対策が一般的であった。エンド・オブ・パイプとは，生産設備や物流設備は既存のままにして，生産設備から排出される汚染物質を末端の排出口において，汚染防止処理を行うことである。この方法では，適正に処理するほど費用が増加することとなるので生産性にはネガティブな影響がある。ただし，廃棄物処理対策として，エンド・オブ・パイプ対応の設備を取りつけることにより，リサイクル製品を製造するなど付加価値を高めることもありうる。一般には，規制により汚染物質を大量に排出する産業の費用負担は大きくなり，利益が縮小する要因となる。しかし，化学プラントや液化天然ガス・プラントなどといった大規模な建築物を設計し，完成させるプラント・エンジニアリング業界などの汚染防止装置を供給する産業にとっては，売上が増加することになる。経済全体でみると，後者の割合が比較的大きくなれば，経済への悪影響も小さくなることになる。日本で1970年代に行われた莫大な公害防止投資は，この後者の影響が大きかったため，日本経済全体の経済成長にはマイナスの影響はほとんどなかったと推定されている。

これに対して，クリーナー・プロダクションとは，従来の個々の対策技術だけでなく，システムの管理手法的な技術をも含めて，原料の採取から製品の廃棄，再利用に至るすべての過程において環境への負荷を削減しようとする生産方法である。エンド・オブ・パイプ投資よりもクリーナー・プロダクション投資のほうが，汚染物質の高い削減効果を期待できるため，現在では，とくに生産プロセスや業務プロセスの構成を再設計することによって汚染物質の発生を抑えることの重要性が認識されつつある。また，生産プロセスや業務プロセスを再設計するため，生産面での効率改善に結びつく可能性もある。

環境規制により誘発される生産性向上の可能性

環境規制をもとに生産プロセスや業務プロセスの構成を再設計し，規制以前のプロセスよりも高い生産技術レベルになる，つまり規制により費用負担を強いられる企業が，イノベーションを起こし環境汚染を軽減させ，かつ生産性向上につなげられることはあるのだろうか。

たとえば，古い設備の工場では，既存の規制の強化や新しい規制の導入により，資本設備の更新を早めようとするインセンティブが高まることがある。つまり，資本設備の更新を早めることで，一般に環境負荷の少ない，かつ生産性が高いと考えられる最新の設備を導入するインセンティブが生じる。前述のエネルギー・パラドックスのような場合でも，環境汚染の軽減と生産性向上の実現が可能となる。ただし，規制の導入により利益が確実に上がるといえるものではなく，経済的な打撃を緩和する作用があるといえる。なお，工場，事業所からの汚染に対して，既存の設備と新規の設備で排出規制が異なる場合，新規設備に対する規制が厳しいので，規制の緩やかな古い設備を使い続けるインセンティブが発生してしまう。その場合には，環境汚染の軽減と生産性向上の実

コラム

自動車公害規制

環境規制が技術進歩に与える好影響として，1970年代の日本の自動車公害規制がよく事例としてあげられる。最初に厳しい規制を定めたのはアメリカであり，ガソリン乗用車から排出される窒素酸化物の排出量を現状から90％以上削減するという規制（マスキー法）が行われた。しかし，自動車メーカー側からの反発も激しく，規制の発効が1980年代半ばまで延期された。

日本では，アメリカでの規制が決定されたことより，同様の規制が日本版マスキー法（自動車排出ガス規制法）として1978年に施行され，その結果，日本版マスキー法で規制された削減値が世界でもっとも厳しいものになった。最終的に，不可能といわれた低公害エンジン技術であるCVCCエンジンをホンダが開発して，基準をクリアした。ほかのメーカーも，ガソリン乗用車の排ガス中の有害成分を還元・酸化によって浄化する装置である三元触媒を開発し，規制をクリアすることができた。1980年代に入ってから，アメリカの自動車メーカーが排気ガスなどへの対策を迫られていたときには，すでに日本のメーカーの排気ガス対策は終わっていたため，その開発投資を燃費改善技術に集中し，燃費の良い小型車をもって北米の市場を席巻することができた。

しかし，これをもって一般に厳しい規制が技術開発を生み，生産性向上に結びつくとはいえない。なぜならば，当時，技術開発に成功した背景には，政府が厳しい規制方針を貫いた以外にほかの要因があったからである。

まず，規制が決定されてからメーカーが開発に着手したのではなく，それまで蓄積された技術がすでに存在していた。また，最初に開発したホンダのみならず業界最大手のトヨタも予定されていた通常の新車開発やモデルチェンジをせずに，触媒自体の開発に資金と人員を注ぎ込む体制で対応した。

また，多くの企業のなかでの競争ののちCVCCや三元触媒が開発されたが，技術以外にも環境が政治的課題となっていたことが成功の要因としてあげられる。つまり，公害問題が政治の争点の1つとなっており，排ガス規制の強化は重要な課題であった。そのなかで，CVCCがマスメディアなどで取り上げられ，当時の反公害を主張していた7大都市の革新系の市長が排ガス規制の強化は実施可能であるとの調査報告書を提出した。つまり，企業の技術開発には，政府の規制のみならず，好ましい環境を望むという需要が大きかったことが，厳しい規制を貫き，かつ企業に技術開発の圧力をかけ続けるための主要な役割を果たしたといえる。そして，政策決定の初期段階から，企業参加によって規制プロセス自体を明確にしようとしたことも注目される。

このような厳格な規制，自治体や住民やマスメディアから厳しい環境規制を求める需要，他国に先駆けた策定，政策決定の初期段階からの企業参加と，条件が整ったために成功した技術開発ということができる。つまり，一般化して厳しい規制をかけさえすれば生産性を増大させると簡単に結論づけることはできないことに注意する必要がある。

現の両立を図ることは難しい。

このように，古い設備を使い続けるなど効率的な企業活動を行うための十分な情報を把握していないことにより，費用削減（資本設備の更新など）の機会を逸しているなどの問題が存在する。ここで，実際の日本企業に関する環境庁（当時）の企業に対するアンケート調査をもとにして考えてみよう。環境庁の「環境にやさしい企業行動に関するアンケート調査報告書」（1999年）によると，上場企業全体で環境保全にかかる支出の把握をしていない企業が6割以上であった。また，その理由として環境保全支出を集計することの必要性を感じないという理由も多かった。これらより，少なくとも1990年代には環境保全を費用負担の面から重要視していなかったことがうかがえる。

しかし，同調査で，環境マネジメント・システムの国際規格であるISO 14001認証を取得することにより，環境負荷削減につながるだけでなく，予想していた以上の省資源・省エネによる費用削減の効果がみられたと回答した企業が4割以上もあった。非効率な状態においては環境問題への取り組みを行うことで，費用削減へのポジティブな効果がありえたことが理解できる。そして費用削減の効果は，非効率性が大きいほど大きいこともわかる。

要　約

環境規制の成功を判断する1つの大きな基準として，どれだけ効果的な環境保全のための技術進歩を促すことができたのかという点がある。技術の普及には，省エネにより費用が削減できる技術はあるが，短・中期的にはその新技術の普及が進みにくいという問題がある。また，事業体の非効率性の存在などいくつかの要因があれば，環境規制により生産性の向上が誘発される場合が多い。

確認問題

- □ *Check* ***1*** 日本の自動車公害規制が技術進歩を促した理由について説明しなさい。
- □ *Check* ***2*** 技術の普及を拒む要因について説明しなさい。
- □ *Check* ***3*** 技術の普及を促す要因について説明しなさい。

unit 25

持続可能な発展

Keywords
持続可能な発展，環境と開発に関する世界委員会（ブルントラント委員会），環境クズネッツ曲線，不確実性

持続可能な発展の理念

地球温暖化をはじめとして，地球環境問題が大きく注目されるようになって以降，世界的な取り組みの重要性が認識されている。なかでも，途上国の汚染物質排出量の削減は地球環境問題を解決するうえで，大きな意味をもつ。しかし，途上国の汚染物質排出を制約することは，その国の経済発展を抑制する可能性があるため，途上国は汚染物質排出の削減に消極的である。

ここで重要なのが，**持続可能な発展**（sustainable development）という考え方である。持続可能な発展とは，現在の世代が，将来の世代の利益やニーズを充足する能力を損なわない範囲内で環境を利用し，自分たちのニーズを満たしていこうとする理念である。持続可能な発展は，現在，環境保全についての基本的な共通理念として，国際的に広く認識されている。これは，環境と開発を，互いに反するものではなく共存しうるものとしてとらえ，環境保全を考慮した節度ある開発が可能であり，重要であるという考えに立つものである。

この理念は，1980年に国際自然保護連合（IUCN），国連環境計画（UNEP）などがとりまとめた「世界環境保全戦略」に初出した。その後，1992年の地球サミットでは，中心的な考え方として，「環境と開発に関するリオ宣言」や「アジェンダ21」に具体化されるなど，今日の地球環境問題に関する世界的な取り組みに大きな影響を与える理念となった。1993年に制定された日本の環境基本法でも，第4条等において，循環型社会の考え方の基礎となっている。

さらに，国際連合の「**環境と開発に関する世界委員会**」(**ブルントラント委員会**) が1987年に発表した最終報告書 *"Our Common Future"*（邦題『地球の未来を守るために』大来佐武郎監修，福武書店，1987年）では，その中心的な理念とされ，さらに広く認知されるようになった。ブルントラント委員会報告では，この理念は「将来の世代のニーズを満たす能力を損なうことなく，今日の世代のニーズを満たすような発展」と説明されている。

持続可能な発展の定義

すべての人びとの満足度を，ほかの誰かが不利にならないように，現状で得られるよりも大きくできた場合，その状態は社会的に望ましいとみなすことをパレート基準という。「将来の世代のニーズを満たす能力を損なうことなく，今日の世代のニーズを満たすような発展」というブルントラント委員会の持続可能な発展の定義は，異なる世代間のパレート基準を支持しているといっているだけである。この場合，現在の世代と将来の世代との間でどのように効用を分配することが望ましいかという，世代間衡平の問題については，何も説明できていないことになる。つまり，ある世代が次の世代に何を受け渡すかについては答えることができない。ニーズというのは，人びとによりそれぞれ違ったことを意味することによる難しさもある。ここでは，持続可能な発展の定義について考えてみよう。

まず，「発展」という概念は，1人当たりの実質所得，健康と栄養状態，教育，資源へのアクセス，所得分配の公平性，基本的自由などを対象に含むことができるであろう。これらの指標が全期間にわたり減少しない状況を持続可能な発展とする考え方もある。しかし，この場合，ある特定の指標が選ばれ，なぜそれ以外のものが選択されないのかなどの説明が難しく，数を増やせば増やすほど指標すべてを改善することが難しくなる。このように定義した場合，持続可能な発展の状態は実現が困難なものになる。そして，ある1つの指標は改善されるが，ほかの1つが低下する場合は，持続可能な発展という基準からどのように判断すればよいのかが不明となる。

そこで，ここでは効用の観点で持続可能な発展の状態を定義しよう。持続可能な発展とは，「効用水準が時間を通じて低下しない状態」として定義することができる。言い換えれば，持続可能な発展とは，現在の私たち自身の平均的な生活の質が，将来のすべての世代にも共有しうるように資源基盤を管理していくことであり，将来の世代のための現在の私たちの世代に対する要請である。

効用水準でなく，「消費水準が時間を通じて低下しない状態」という定義ではないことに注意しよう。なぜならば，各個人は直接的に環境から効用を得ているのであり，自然資源から生産される消費財から得ているのではないからである。そして，効用を減少させないことが政策の目標となる。

この定義のもとでは，資源から効用が生み出されるので，将来の世代のために引き渡される資源の量に対して何らかの制約が課されることになる。ただし，すべての指標を継続的に改善することは要求されないことになる。その代わりに，合算された指標，つまり自然資本と物的・人的資本の合計が減少しないことが持続可能な発展を満たす条件となる。自然資本とは，自然の恵みである土地，動物，魚，植物，再生可能（あるいは再生不可能）な資源，鉱物資源など自然（天然）の資本を表し，利用することはできるが自らの手で創造することはできないものである。合算された指標で考えるということは，自然資本は必ず減少させてはいけないというものではなく，自然資本が減少しても，それに対応する効用の減少分をほかの人工資本の増加によって補償（代替）することが可能になるという考え方である。ただし，もしほかの資本で代替できない自然資本があるとすれば，その減少を補償することができないので，その資本自体が減少しないことも持続可能な発展を維持するための条件となる。たとえば，木材を皮革，労働を機械，銅をプラスチックで代替することは可能でも，樫（かし）の森を道路で代替することはできない。

ここで汚染物質の排出や資源の過大な利用により，外部費用が存在しているとしよう。その場合は，汚染による環境被害のために自然資本の減少が大きければ，それ以上の人工資本を増加させる必要がある。そして，持続可能な発展の実現のためには，環境の保全のために技術を開発する必要がある。開発と技術の普及を進めるためには，汚染物質排出を削減すること自体が費用削減につながる制度が必要である。つまり，環境税のような環境規制の導入により汚染物質排出削減をすることが，価値を高めることになる。また，外部費用の正しい価格づけが必要となることからも，持続可能な発展と外部費用の取り扱いが

表 25-1　持続可能な発展のために必要な資源利用の規則

1. 環境・資源の価格づけに関する市場の失敗は，是正されなければならない。
2. 再生可能な自然資本の再生能力は維持されなければならない。
3. 技術進歩は，再生不可能な自然資本から再生可能な自然資本への転換が促進されるような制度を通して進められなければならない。
4. 再生可能な自然資本は利用されるべきである。
5. 経済活動は，自然資本の限界を超えない範囲に制限されなければならない。

関連していることがわかる。

ここで，持続可能な発展のために必要な資源利用の規則を簡略化したものを表 25-1 に示す。なお，順位が高いものは，ここでの定義に沿って代替を認めているものであり，順位が低いものは，より上位の代替を認めない厳しい制約を記述している。

このような持続性の考え方を発展させて，2012 年に「国連持続可能な開発会議（リオ＋20）」で国連報告書『包括的な富＝新国富＝に関する報告書（Inclusive Wealth Report）2012』が公表され，2014 年には『新国富報告書 2014』が，持続性を定量的に表す新たな経済指標（**新国富指標**）として発表された。これらでは自然の価値を自然資本として計算し，温暖化による被害も含めて指標化している。世界全体の自然資本は 30% 減少しており，今後環境政策を充実させていくことで持続可能な社会に貢献でき，その進捗度合いを把握できるようになっている。

さらに，2015 年 9 月，「国連持続可能な開発サミット」で，2030 年までに達成すべき**持続可能な開発目標**（**SDGs**: Sustainable Development Goals）を含む「持続可能な開発のための 2030 アジェンダ」が採択された。これまで途上国の貧困や教育を中心課題としたミレニアム開発目標（MDGs: Millennium Development Goals）が 2015 年を目標に実施されてきた。SDGs はこの MDGs に代わる今後の世界的な目標として位置づけられる。17 項目の目標に及ぶ SDGs では，貧困根絶や教育改善のみならず，人類の健康や，気候と海洋を含むグローバルな資源保護まで網羅している点は特筆すべき点である。この持続可能性指標である SDGs はその後に出版された『新国富報告書 2018』の「新国富指標」とともに，環境を他の指標と並列に総合的に把握できる新しい考え方である。

環境や資源の要素と経済とには多様な関係があるが，以下では，簡略化した説明のために，特定の環境と経済の関係に絞り，解説する。

環境クズネッツ仮説

環境クズネッツ仮説は，unit **1** でみたように経済成長と環境汚染との間に逆U字型の関係（この関係を表した曲線を**環境クズネッツ曲線**という）が存在するという仮説である（図25-1）。すなわち，経済成長の初期の段階では汚染が増大するが，1人当たり国内総生産（GDP）がある水準を超えるとその傾向は変わり，環境の改善が起こるというものである。所得が一定水準で転換点を超えると，環境指標が改善される関係を示すこの仮説は，持続可能な発展の可能性について示唆している。

一般には，地域的な汚染である酸性雨の原因となる二酸化硫黄（SO_2）などは，現在の世代に深刻な健康被害を生じさせる要因であるので，汚染が認識されやすく対策がとられることにより，環境クズネッツ仮説が成立しているとされる（図25-2に実際の世界全体のSO_2排出量の状況を示す）。このように限定的な地域に影響を及ぼす汚染物質の場合には，相対的にGDPが低くても，環境汚染を抑制する効果が発揮される。

なぜ，このような仮説が成り立つのであろうか。まず，経済成長の初期の段階においては，人びとは環境よりも物質的豊かさにより大きな価値を見出す。もし，汚染の増加と引き換えに消費が増えるならば，人びとは喜んでそれを受け入れる。しかし，所得水準が向上するとともに良い環境に対する価値が相対的に増大し，人びとは物質的豊かさを犠牲にしても環境改善を望むようになる。ここで，もし全産業部門で生産に汚染がともなうならば，環境規制の強化によって経済成長は止まることになるが，実際はクリーンな産業部門が誕生し，それが経済成長の主要な部門になるならば，その経済は持続的な経済発展と環境改善の両方を実現できる。

ブルントラント委員会が提示した持続可能な発展とは，環境を保全するとともに，保全することによって人びとの暮らし向きが持続的に良くなる状態を指している。とくに，途上国の人びとの生活向上のためには，経済成長は不可欠である。もし，環境クズネッツ仮説が成立するならば，経済発展にともなって途上国の汚染物質排出量が減少する可能性がある。このような場合，途上国の

図 25-1　環境クズネッツ曲線（経済成長と環境保全の両立）

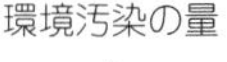

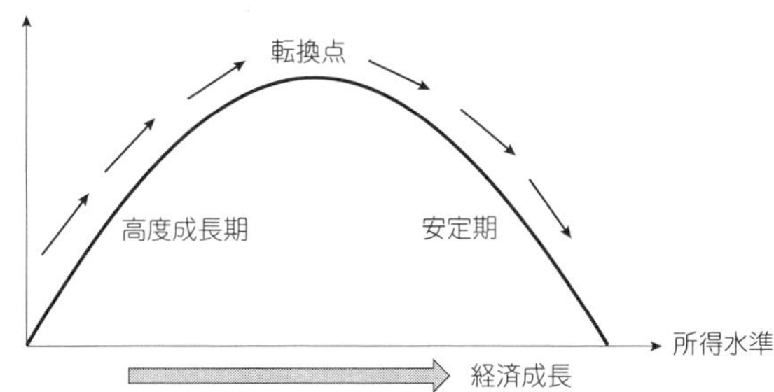

図 25-2　環境クズネッツ曲線の実際（SO_2 の場合）

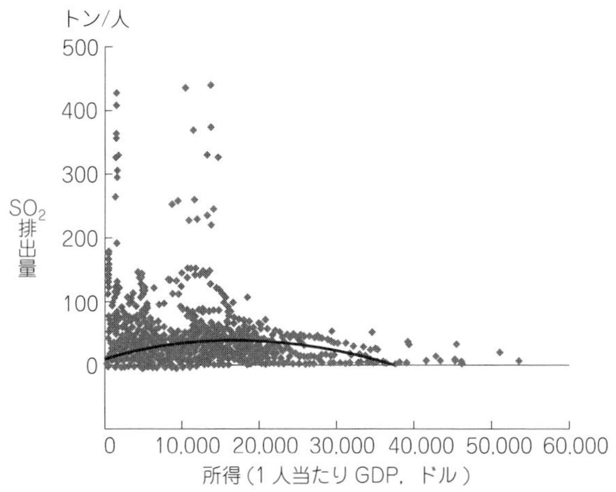

汚染物質の排出削減を促進するために，その経済発展を抑制しないように先進国からの経済協力を実施することが，環境負荷の削減の有効性を高めるという意味において重要な意味をもつ。このため，この仮説をもとに途上国の経済成長が環境負荷を低減させる効果をもつかどうかを見極めることは重要である。

不確実性と割引率

地球温暖化などいくつかの環境問題に対する政策の意思決定は，長期にわたる影響を考慮する必要がある。そのような長期的な影響を与える問題に対して，

コラム

環境クズネッツ仮説は成立するか

温暖化の要因である二酸化炭素（CO_2）のような将来世代に深刻な影響を及ぼすものの，現在では大きな問題につながるかが明確でないものもある。地球全体での排出量が問題となる場合には，実際の世界全体の CO_2 の状況を示した図 25-3 のように所得の増加とともに汚染も増加する単調増加となり，環境クズネッツ仮説は成立していないといえる。また，成立したとしても汚染物質排出抑制よりも GDP を優先させるために，より高い GDP の水準でないと，汚染物質の排出削減は生じないことを意味するものと思われる。

環境クズネッツ曲線の転換点に至るまで長期の時間を要する国では，所得が非常に低いために，環境問題よりも貧困の問題のほうが優先されてしまい，経済成長にともなって，汚染の問題が放置されてしまう可能性が高い。このような国に対しては，経済協力を通して，貧困の問題を解決することも，環境負荷を低減させていくために重要な政策になるものと考えられる。そして，一部のアフリカ諸国などでは経済成長がマイナスとなるため，このままだと，転換点に到達することすらできない国もあることを理解しなければならない。

ここで，環境クズネッツ仮説に関しては，経済成長による環境破壊を正当化しているという批判がある。もし，この仮説が成立しないならば，経済成長をあきらめて環境を保全するか，あるいは環境破壊を続けながら経済成長するかという二者択

図 25-3　環境クズネッツ曲線の実際（CO_2 の場合）

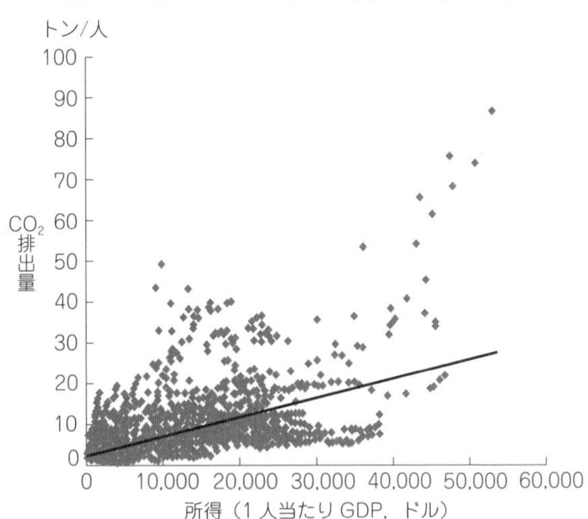

一の選択を迫られることになる。そして，現実には途上国においてだけでなく先進国でも経済成長をあきらめることは，ほとんど不可能である。しかし，だからといって環境保全なしには，持続的な経済成長もありえない。環境はあらゆる経済活動を支える社会基盤である。もし保全を行わず，図 25-4 の臨界状態の C を超えて環境が悪化すると，不可逆的な被害が生じて，社会は崩壊する。この C に向かう軌跡が社会の崩壊への経路である。また，ある一定以上の汚染になった場合に，所得がゼロには向かわないがそれ以上の経済成長が不可能になる状態が，成長の限界である。

この失敗例として，イースター島の崩壊がある。イースター島はかつて森林に覆われた緑の島であったが，文明の繁栄にともない木材を大量に消費した。森林を伐採し，住居，船，またモアイ像建設のために木材を使用した。無計画な伐採は森林を完全に破壊し，森林破壊を契機とした食糧難は頂点に達し，餓えた人びとによる無惨な内戦状態を経てイースター島文明は消滅したと考えられている。これは，環境破壊により環境の自己再生能力の低下が原因になったといえる。

逆に成功例として考えられるのが，日本の江戸時代である。イースター島と同様に，江戸時代の日本は住宅，とくに各地での城の建造ラッシュにより木材需要が急激に増加していた。徳川幕府は森林破壊の危機に直面していたが，迅速に対応し，大幅な森林伐採の規制による供給の制限と，当時では世界で初めてとなる植林による供給の増加を図り，文明崩壊の危機を未然に回避することに成功した。ここでは，環境の自己再生能力が低下する前に，環境政策を適用し環境破壊を起こさない産業部門へ活動を転換させたといえる。つまり，経済成長と環境保全の両立を可能にするには，単なる所得の増加だけでなく，環境の自己再生能力や適切な政策・技術も重要であることがわかる。

図 25-4　社会の崩壊

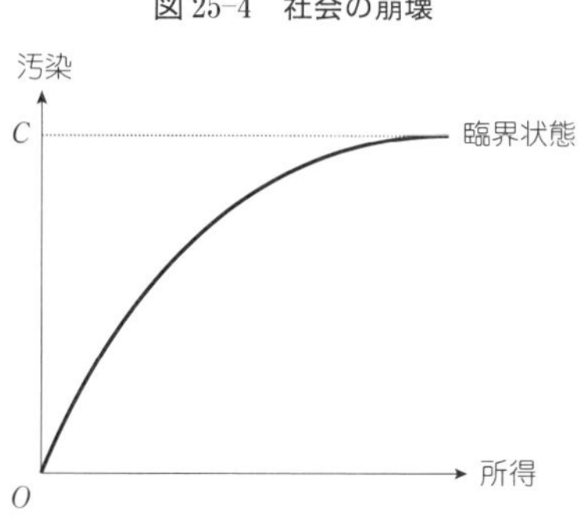

将来の**不確実性**の存在が与える政策への影響はより重要になる。持続可能な発展をめざした政策を考える際に，将来の不確実性をどのように考えるかは，その対応する政策が長期にわたって影響を及ぼすことから重要な問題である。

たとえば，環境対策に関わる将来の費用と便益の計測がより難しくなるという問題を考えよう。そして，将来に利用できる技術の不確実性，どのような資源がどのように利用できるのかといった問題，対象とする地域にどの程度の人が住むのかという人口移動の予測の難しさなど，政策に関わる不確実性は大きいものである。

そして，長期間にかかる意思決定には割引率を考慮する必要があることは unit **18** で説明した。その正しい割引率はそもそも正確にはわからないものであるが，長期の問題の場合にはどのような割引率を用いるかによって，不確実性の影響が大きく変わる。温暖化問題のように長期にわたる問題への対応において，大きな割引率を用いた場合には，どのような便益もほとんど価値のないものになる。たとえば，50 年後に 100 万円を受け取ることができる場合の割引現在価値（つまり便益）は，割引率を 5% とした場合は，

$$\frac{1{,}000{,}000}{(1+0.05)^{50}} \fallingdotseq 87{,}204$$

となり 9 万円以下である。つまり，そのプロジェクトを行うには，今年度に 10 万円の費用を支払わなければいけない場合，そのプロジェクトは採用されないことになる。ここで，不確実性があるために利用すべき割引率が一律に決定できない場合を考えよう。たとえば，さらに 1% と 10% の 2 つの割引率が，それぞれ同様の確率で正しい割引率となる状況を想定する。そのとき，それぞれの，割引現在価値は 60 万円，および 8500 円となる。このように割引率自体に不確実性がある場合，最終的な意思決定に大きな影響を及ぼすことになる。

ここでは，将来への不確実性が存在する場合，実際の政策の意思決定に用いる割引率は，割引率の期待値より低いものを使うべきであることを説明しよう。なお期待値とは，ある試行を行ったとき，その結果として得られる数値の平均値のことである。ここで 50 年後に 100 万円の純便益が得られる場合を例にして考えよう。正しい 50 年後の割引率が 0% または 10% の 2 つのうちどちらかであるとしよう。この場合，期待値は 5%(＝(0%＋10%)/2) となり，これを用

いて計算すると，上記の式より約8万7000円となる。しかし，割引率が0%または10%を用いた場合の純便益は，それぞれ100万円と8500円となる。その期待値，つまり割引現在価値の期待値は，(100万円+8500円)/2=50万4250円である。つまり，割引現在価値の期待値は，期待割引率を用いた割引現在価値より十分大きなものになる。そこで，どの割引率であれば，割引現在価値の期待値である50万4250円になるか計算してみよう。この割引率をXとした場合，

$$\frac{1,000,000}{(1+X)^{50}}=504,250$$

であるので，$X=(1,000,000/504,250)^{1/50}-1≒0.014$ となり，Xは約1.4%となる。この割引率約1.4%を実際の割引現在価値の計算に用いるべきである。ここでは，極端な例として0%または10%を用いた場合を示したが，4%または6%という場合は，5%を少し下回る程度の数字になる。ここでの重要な点は，割引率に不確実性があるときは，割引率の選定が重要な問題であることを認識することである。そして，その選択されたものが現在の便益に大きな影響を与えることを理解しよう。

要　約

持続可能な発展とは，効用水準が時間を通じて低下しない状態として定義することができる。そこでは，自然資本と物的・人的資本の合算された指標が減少しないことが持続可能な発展を満たす条件となる。

確認問題

□ *Check 1*　持続可能な発展の定義について説明しなさい。

□ *Check 2*　なぜ環境クズネッツ仮説が成り立つかについて説明しなさい。

□ *Check 3*　割引率の不確実性があるときには，どのように実際の割引率を用いればよいか，説明しなさい。

unit 26

エネルギー経済

Keywords
固定価格買取制度（FIT），RPS 制度，独立発電事業者（IPP），ヤードスティック査定，特定規模電気事業者（PPS）

世界のエネルギー

エネルギー利用については，この unit まで明示的に示してこなかったが，当然のことながら生活に必須であるだけでなく，エネルギーを利用する過程で温室効果ガスや大気汚染物質が排出され，温暖化や生態系に大きな影響を与えることになる。先進国では，企業や政府による環境対策が進められ，温室効果ガスや大気汚染物質の排出が多いエネルギーの使用を抑えることで，効率的なエネルギー利用が進められているが，途上国では今後も経済成長や人口増加によるエネルギー需要の増大が見込まれるため，世界全体のエネルギー消費量は経済成長とともに増加を続けていくことになる。

1965 年からの世界のエネルギー需要の増加を示したのが図 26-1 である。世界のエネルギー需要は，1965 年の 38 億 toe（原油換算トン，tonne of oil equivalent）から年平均 2.5% で増加し続け，2018 年にはおよそ 3.6 倍の 138.6 億 toe にまで達した。それでも温暖化対策などが進むことで，今後のエネルギー需要の総量は低下する可能性もある。今後の気温上昇を温暖化の影響の少ない 2℃（産業革命以前の全球平均温度を基準）程度に抑えるためには，将来的なエネルギー利用を 2 割ほど引き下げる必要がある。

なおエネルギー需要には，地域的な差異が存在する。一般に経済成長の著しいアジア大洋州地域を中心に途上国ではエネルギー需要の伸び率が高い（1965 年から 2009 年にかけて約 8.5 倍の 41 億 toe に増加した）。とくに，今後増加するエ

図 26-1　世界の一次エネルギー需要

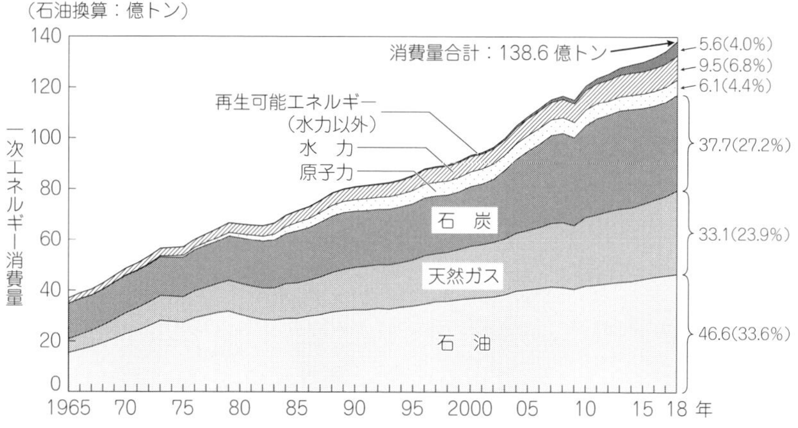

（注）　四捨五入の関係で合計値が合わない場合がある。（　）内は全体に占める割合。
（出所）　日本原子力文化財団ウェブサイト

ネルギー消費量の大部分は，OECD 以外の諸国，そのなかでも電気や都市ガスなどへのアクセスがない約 20 億人が居住する途上国で生じると見込まれている。また，先進国では省エネルギーが進んだためにエネルギー需要の伸び率が低い傾向にある。

エネルギーも通常の財と同じように，需要と供給の影響を受けて価格が決定される（unit 3 を参照）。現在の政策水準が維持される場合には，世界の需要の増加とともに価格も高くなるが，需要が落ち込めば価格は下がる可能性もある。図 26-2 にはエネルギーの一例として石油価格の推移を示しているが，大きく変動していることがわかる。エネルギー需要が現状のトレンドで増加し続け，それにともなって石油価格が上昇するシナリオでは，石油価格は現在の水準から 5 割強も上昇することが想定されている。だが，もしエネルギー需要が「2℃目標」を達成できる水準に抑えられれば，現在の価格と近い値のまま推移する可能性もありうる。なお実際には，石油価格は金融市場からの資金流入や政治の影響を受けて大きく変動することもある。

ここで現在と将来の世界のエネルギー源ごとの需要をみてみよう。これまでのエネルギー消費の中心は石油であり，エネルギー消費全体で 3 割超ともっと

図 26-2　石油価格の推移（WTI 価格）

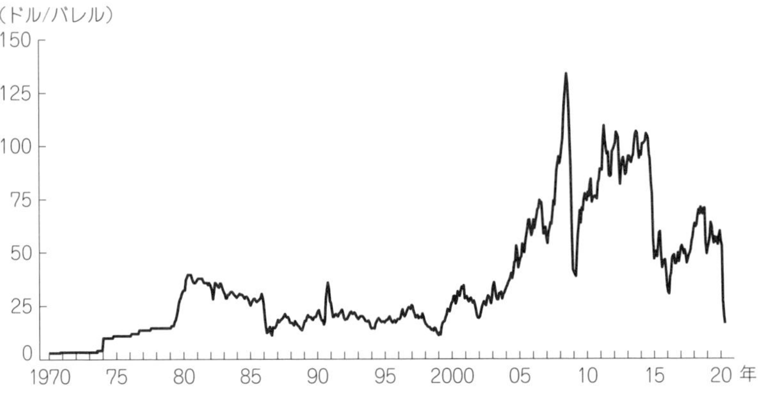

（出所）　Economagic, 2020. Price of West Texas Intermediate Crude; Monthly NSA.

図 26-3　2035 年における世界のエネルギー源ごとの需要

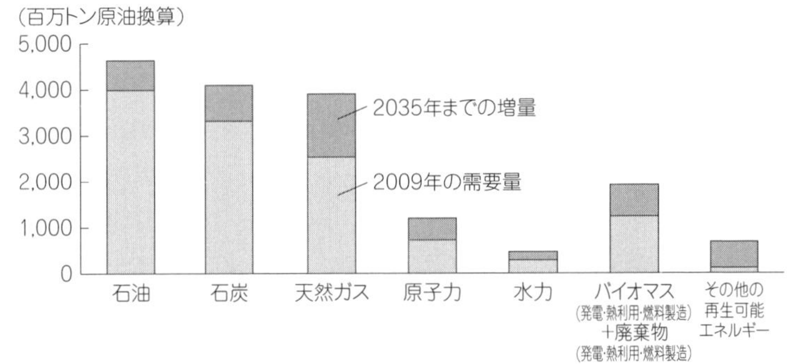

（出所）　IEA, 2011. World Energy Outlook 2012, International Energy Agency, Paris.

も大きなシェアを占めている。これは輸送燃料として消費される石油が大きく伸びており，ほかのエネルギー源への転換が起きていないからである。次に大きな割合を占めるのが石炭と天然ガスである。石炭は安価な発電用燃料を求める中国などアジア地域において消費が増加している。天然ガスは石油に比べて二酸化炭素（CO_2）の排出が少なく，とくに温暖化への対応が求められる先進国を中心に需要が伸びている。また，伸び率がより大きいがシェアは小さいのが原子力と再生可能エネルギーである。

図 26-3 では，2009 年時点での需要量と 2035 年までの増量分を追加したも

のを示している。2035 年までの増量分とは，現在の政策のまま続いた場合と「2℃ 目標」が達成される政策の差を表したものである。風力や太陽光，太陽熱，地熱，雪氷熱利用，温度差熱利用がその他の再生可能エネルギーに含まれており，温暖化対策上の理由で天然ガスとともに 2035 年までの増量分が大きく見積もられている。これは，再生可能エネルギーは世界のエネルギー需要のなかで現在は小さなシェアであるが，将来的に大きな役割を果たす可能性をもっていることを示している。

日本の再生可能エネルギーを普及させる制度

(1) 固定価格買取制度

日本を含めて，再生可能エネルギーが非再生可能エネルギー以上に普及しない大きな理由は，その生産費用の高さにある。生産費用が高ければ市場での価格競争力を失い，設備投資や研究開発を行う企業のインセンティブが阻害される。しかし，再生可能エネルギーは環境への負荷が少ないエネルギーであるため，大量に普及することによって生産費用や流通費用を低減させると同時に，技術開発を促すことが望ましい。地球温暖化への対策，エネルギー源の確保，環境汚染への対処，そして今後の再生可能エネルギーの普及拡大と費用の低減を促すために，日本を含め多くの国では現在，エネルギーの買取価格を法律で定める**固定価格買取制度**（Feed-in Tariff: **FIT**）を採用している。この制度は，現時点の発電コストを考慮して太陽光・風力・バイオマスといったエネルギー源ごとに電力の販売価格を政府が決定し，再生可能エネルギー発電施設が存在する地域の電力会社に電力の購買と受け入れを義務づけるものである。

再生可能エネルギーにより発電されたエネルギーの売り渡し価格を設置時点で一定期間固定することにより，設備投資費用の回収の目処を立てやすくし，投資・融資を促進することから，固定価格買取制度は再生可能エネルギーを安定して供給できるしくみになっている。また，発電所の設置時期が後になるほどエネルギー生産の効率化が進み，生産費用は低減していくと考えられるため，対象技術の普及の初期に導入した事業者ほど高いエネルギーの売り渡し価格が設定され，その後徐々に助成額を減らすしくみである。ただし，すでに導入された発電所については制度の見直しによって変更された価格の影響を受けないことになっている。なお，技術の発達段階に応じて助成の水準を調節しており，太陽光発電など一部の技術をより優先的に普及しようという考えも含まれている。

(2) RPS制度

固定価格買取制度は，エネルギーの価格を固定することで再生可能エネルギーの市場拡大を促す政策であるが，エネルギーの利用量を固定することで市場拡大を促すこともできる。**RPS**（Renewables Portfolio Standard）**制度**と呼ばれる一定割合の再生可能エネルギー利用義務化制度が，その利用量を固定する方法である。RPS制度は，一定規模以上の電力会社に定率の再生可能エネルギーの利用を義務づけるものであり，各電力会社は自社で再生可能エネルギー発電を行うか，義務量以上に再生可能エネルギー発電を行ったほかの発電業者から電気の相当量を購入することにより，義務の履行を実現することになる。日本では2003年4月からRPS制度が施行されていたが，現在では固定価格買取制度に変更されている。

排出量の総量を一定に決めて排出量取引を行う排出量取引制度，課税の対象となるエネルギーの価格を一定の値と想定して賦課する環境税の両者の比較と同様に，再生可能エネルギーについても固定価格買取制度とRPS制度を考えることが可能である。そして，再生可能エネルギーの普及を図るためにも，電力やガス業界における規制緩和の重要性を理解する必要がある。再生可能エネルギーであれ，非再生可能エネルギーであれ，ともに競争が不完全な状況ではエネルギーの価格は高いままとなり，消費者にとっては望ましくない。そこで近年，進み始めた規制緩和について取り上げよう。

電力・ガス産業における規制緩和

(1) 電力産業

日本の電力産業においては10社の地域独占で地域内での競争がなかったため，1990年代半ばから段階的に競争原理が導入され始め，規制緩和が始まった。まず1995年には，東京電力や関西電力などの一般電気事業者が電源を調達するにあたり，電力会社に卸電力を供給する**独立発電事業者**（Independent Power Producer: **IPP**）による競争入札制度が導入された。競争入札とは，複数の売買・請負契約希望者に入札金額を書いた文書を提出させ，その内容や金額から契約者を決める方法である。これにより契約において，もっとも有利な条件を提示する事業者と契約を締結することができる。商社やガス会社，セメント会社などが新規事業として独立発電事業に参入し，2011年3月11日に発生した東日本大震災の影響にともない，電力供給が不足した際は，独立発電事業者からの電力の購入の強化なども行われた。

この制度以外にも，電気事業法の運用変更によるものとして**ヤードスティック査定**に基づく料金制度が導入された。家庭向けなど自由化の対象でない需要家への供給については，電力会社10社の地域独占となっている状況を考慮し，直接の競争関係にない電力会社10社間で間接的に競争しているような状況を想定し，各電力会社の費用削減などの効率化の度合いを共通のものさしで相対的に評価する制度である。つまり，この制度では，費用の低い事業者を基準として他の事業者の原価を査定するため，費用削減競争が発生すると期待されている。

さらに続いて2000年には，2万ボルト以上の送電線で電気を受電し，2000 kW以上の最大電力設備を有する需要家を対象に小売自由化が行われた。こうした需要家に対して，電気を販売する**特定規模電気事業者**（power producer and supplier: **PPS**，新電力とも呼ばれる）が新規に参入することが可能となった。また，火力発電については一般電気事業者や従来の卸電気事業者も，新規参入者と同様に入札に参加できるようになった。その後，2003年に改正された電気事業法により，さらに段階的に自由化を進め，2015年の改正により，電気は2016年から小売全面自由化が開始された。

⑵ ガス産業

日本の都市ガス産業は，一般ガス事業者（2012年3月時点で209社）と簡易ガス事業者（2012年3月時点で1475社）によって構成されている。日本のガス産業の大きな特徴として，電力業界のように数社が分担して各地域をカバーするのではなく，大小さまざまな企業がそれぞれ独自の運営を行っている。そのため日本の国土に比べて会社数は多い。一般ガス事業者とは，都市ガス事業者のことであり，一般の需要に応じて導管を利用してガスを供給する事業である。また簡易ガス事業者とはLPG（プロパンガス）ボンベを集積させるなど簡易な

コラム

原子力発電

2011年月3月11日14時46分，日本の太平洋三陸沖を震源として発生した東北地方太平洋沖地震は，マグニチュード9.0，最大震度7という大きな規模の地震であり，東北から関東にかけての東日本一帯に甚大な被害をもたらした。地震と津波により福島第一原子力発電所事故が発生し，その後日本の原子力発電所の再稼働問題が生じた。さらに，原子炉の安全性が問題となり炉の寿命の制限がどのように原子炉数に影響するか議論された。ここでは原子炉の廃炉を迎える寿命と制度の考え方を紹介しよう。

現在の原子炉は，廃炉まで30〜40年程度の寿命を見越して製造されているため，一般的なインフラストラクチャーと同様に一度導入された場合には，長い間使われることになる。図26-4には原子炉の寿命を40年と，さらに長く60年とそれぞれ仮定した場合に，どの程度原子炉の数が減っていくかを示している（今後はどちらも原子炉の新規建設はないものとして計算されている)。当然，60年の場合は40年の原子炉の寿命よりも長く使われることになる。大きな差は，日本とアメリカの減少のトレンドである。アメリカでは，1979年ペンシルベニア州でのスリーマイル島原発事故，86年にソビエト連邦ウクライナでのチェルノブイリ原発事故を受けて，90年以降は6基の原子炉が新設されただけである。

そのため，アメリカは世界最大の原子力発電所数（99基ある）を誇る国ではあるが，今後新規の原子炉が建設されないとすると2030年には2基となる。次の世代の新しい原子炉も商業化が2020年代半ばと考えられているため，現在の原子炉がなくなる代わりに導入することも今後重要なテーマとなりうる。また，日本はア

図26-4　炉の寿命規制を設けた際の日米の原発の数

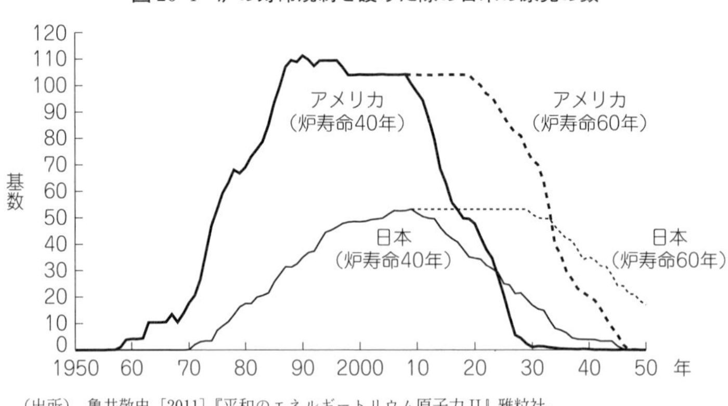

（出所）　亀井敬史［2011］『平和のエネルギートリウム原子力II』雅粒社。

メリカと違い，毎年新規の原子炉を建設してきたため，40年寿命としても2020年に35基，2030年でも19基の原子炉が残る。

そして制度作りの面では，事業者が負担すべき原子力発電所等の費用を考慮したうえで，消費者の意思決定に基づくエネルギー選択が求められる。事業者が負担すべき費用には，これまでほかのunitで述べてきた環境に負荷を与える費用だけでなく，原子力発電所の事故の賠償に備える保険料，バックエンドの費用，系統・調整費用等が含まれる。バックエンドの費用とは，原子力発電所を動かした後に発生する，使用済み核燃料の再処理や廃炉，放射性廃棄物処分等にかかる費用である。系統費用とは，電力を需要家の受電設備に供給するための，発電・変電・送電・配電を統合するための費用である。これらを原子力発電の費用計算に入れることで，実際にどれくらいの電力費用がかかるのか算定することができる。

社会的に価値のあるエネルギーの利用を固定価格買取制度等で促進し，そのうえでエネルギー産業の規制緩和を行い，原子力発電に考慮すべき費用を換算したうえで，消費者の選択に基づいて適切なエネルギーが選ばれることが大事なのであって，どの電源の割合が何％になるのが理想なのかということが問題ではない。脱原子力発電や脱非再生可能エネルギーを支持する消費者は再生可能エネルギーを主力とする事業者から電気を買い，原子力発電が温暖化対策として望ましいと考える消費者は原子力を組み入れた事業者から電気を買い，価格が最重要であると考える消費者はもっとも費用の低い事業者から電気を買うことで，最終的に消費者から支持される事業者がエネルギーをつくり，エネルギーのベストミックスが実現することになる。

ガス供給設備を使用するものに限定されている。

日本のガス産業においては1990年代半ばから段階的に規制緩和が行われた。まず1995年3月に，契約年間ガス販売量200万m^3以上の大規模商業施設などの大口需要家へのガス供給について料金規制と参入規制が緩和された。この改正は1970年以来25年ぶりの法改正であったが，大幅な改革がなされたとはいえず，200万m^3以上という枠で自由化の対象が限られていた。そこで1999年11月の制度改正でも再びそこに焦点が当てられた。1995年改正以降の実績を踏まえて，大口供給の範囲がシティホテルなどの年間100万m^3以上の範囲にまで拡大された。その後さらなる競争促進をめざし，2004年4月の改正で会社事務所などの50万m^3以上に拡大された。さらに，2007年4月を機に10

万 m^3 以上（例：商業施設）への供給が開始され，2017年4月にはガス事業法の改正により「一般ガス事業者」類型は廃止され，ガス小売事業者，一般ガス導管事業者，ガス製造事業者の3類型に移行し，小売での全面自由化が開始された。これにより新規参入者のシェアは年々高まっている。

要　約

今後も世界全体のエネルギー消費量は経済成長とともに増加を続けていくことになる。輸送燃料として消費される石油が大きく伸びているため，これまでのエネルギー消費の中心は石油であった。そして，シェアは小さいが伸び率が大きい再生可能エネルギーが現在，注目されている。日本を含め多くの国では現在，エネルギーの買取価格を法律で定める固定価格買取制度を採用している。また，今後の特定規模電気事業者が新規に参入することを可能にする電力の規制緩和も進み，エネルギーの構成が変わっていくだろう。

確認問題

- □ *Check 1*　今後の世界のエネルギー源について述べなさい。
- □ *Check 2*　どのように日本の再生可能エネルギーを普及させるかについて述べなさい。
- □ *Check 3*　どのようにエネルギーが選択されるべきかについて述べなさい。

文献案内

初級～中級レベルのテキスト

ミクロ経済学の手法を多く用いつつ，初級から中級レベルの環境経済学を解説したテキストとしては，以下のものがある。

- 栗山浩一『図解入門ビジネス 最新環境経済学の基本と仕組みがよ～くわかる本』秀和システム，2008年
- 日引聡・有村俊秀『入門 環境経済学――環境問題解決へのアプローチ』中央公論新社，2002年
- J. ヒール（細田衛士・大沼あゆみ・赤尾健一訳）『はじめての環境経済学』東洋経済新報社，2005年
- C. D. コルスタッド（細江守紀・藤田敏之監訳）『環境経済学入門』有斐閣，2001年
- R. K. ターナー/D. ピアス/I. ベイトマン（大沼あゆみ訳）『環境経済学入門』東洋経済新報社，2001年
- バリー・C. フィールド（秋田次郎・猪瀬秀博・藤井秀昭訳）『環境経済学入門』日本評論社，2002年
- バリー・C. フィールド（庄子康・柘植隆宏・栗山浩一訳）『入門 自然資源経済学』日本評論社，2016年
- 浅子和美・落合勝昭・落合由紀子『グラフィック 環境経済学』新世社，2015年
- 柴田弘文『環境経済学』東洋経済新報社，2002年
- 植田和弘『環境経済学』岩波書店，1996年
- 前田章『ゼミナール 環境経済学入門』日本経済新聞出版社，2010年
- 諸富徹・浅野耕太・森晶寿『環境経済学講義――持続可能な発展をめざして』有斐閣，2008年
- 浜本光紹『環境経済学入門講義（改訂版）』創成社，2017年
- 一方井誠治『コア・テキスト 環境経済学』新世社，2018年

中級～上級レベルのテキスト

- 馬奈木俊介編著『資源と環境の経済学――ケーススタディで学ぶ』昭和堂，2012年
- 馬奈木俊介『環境と効率の経済分析――包括的生産性アプローチによる最適水準の推計』日本経済新聞出版社，2013年
- 馬奈木俊介編『農林水産の経済学』中央経済社，2015年

- 細田衛士編『環境経済学』ミネルヴァ書房，2012 年
- 細田衛士・横山彰『環境経済学』有斐閣，2007 年
- H. ジーベルト（大沼あゆみ監訳）『環境経済学』シュプリンガーフェアラーク東京，2005 年
- N. ハンレー/J. ショグレン/B. ホワイト（政策科学研究所環境経済学研究会訳）『環境経済学――理論と実践』勁草書房，2005 年

英文で書かれたものとしては，

- P. ダスグプタ（植田和弘監訳）『サステイナビリティの経済学――人間の福祉と自然環境』岩波書店，2007 年
- D. シンプソン/M. トーマン/R. エイヤーズ（植田和弘監訳）『資源環境経済学のフロンティア――新しい希少性と経済成長』日本評論社，2009 年
- Perman, R., Y. Ma, J. McGilvray and M. Common, *Natural Resource and Environmental Economics*, 3rd ed., Pearson Addison Wesley, 2003.
- Stavins, R. N., ed., *Review of Environmental Economics and Policy*, Oxford University Press, 2007.
- Maler, K.-G. and J. R. Vincent eds., *Handbook of Environmental Economics*, Elsevier, 2005.
- Managi, S. and K. Kuriyama, *Environmental Economics*, Routledge, 2016（本書の英語版）

がある。環境経済・政策学に関する最近の研究動向については，以下のものが詳しい。

- 「シリーズ 環境政策の新地平」（全 8 巻）岩波書店，2015 年

また，環境経済学に関するキーワードを簡潔に紹介したものとして，

- 環境経済・政策学会編，佐和隆光監修『環境経済・政策学の基礎知識』有斐閣，2006 年
- 環境経済・政策学会編『環境経済・政策学事典』丸善出版，2018 年
- Managi, S. ed., *The Routledge Handbook of Environmental Economics in Asia*, Routledge, 2015.

がある。

各章の関連文献

【第 1 章 私たちの生活と環境】 環境問題の現状を知るには，以下のものがある。

- 環境省『環境白書・循環型社会白書・生物多様性白書』
- エコ・フォーラム 21 世紀監修，環境文化創造研究所編集協力『地球白書 2013-14』ワールドウォッチジャパン，2016 年

環境問題を分析するアプローチについて紹介したものには，以下のものがある。

- 『環境学がわかる。（新版）』（アエラムック）朝日新聞社，2005 年

- 武内和彦・住明正・植田和弘『環境学序説』(環境学入門 1) 岩波書店，2002 年
- 京都大学で環境学を考える研究者たち編『環境学――21 世紀の教養』朝倉書店，2014 年

【第 2 章 環境問題発生のメカニズム】 外部性や公共財に関しては，公共経済学のテキストに詳しい解説がある。

- 岸本哲也『公共経済学（新版）』有斐閣，1998 年
- 柴田弘文・柴田愛子『公共経済学』東洋経済新報社，1988 年

再生可能資源に関しては，以下のものが詳しい。

- J. M. コンラッド（岡敏弘・中田実訳）『資源経済学』岩波書店，2002 年
- Conrad, J. M. and C. W. Clark, *Natural Resource Economics: Notes and Problems*, Cambridge University Press, 1987

【第 3 章 環境政策の基礎理論】 環境政策における経済的手法とその実例を紹介したものに，

- 植田和弘・岡敏弘・新澤秀則編『環境政策の経済学――理論と現実』日本評論社，1997 年

がある。環境政策の経済的手法について，OECD 諸国における環境税制の具体的実施例の紹介とその実証研究を紹介したものとして，

- OECD（天野明弘監訳，環境省総合環境政策局環境税研究会訳）『環境関連税制――その評価と導入戦略』有斐閣，2002 年

がある。コースの理論を理解するためには，

- ロナルド・H. コース（宮沢健一・後藤晃・藤崎芳文訳）『企業・市場・法』東洋経済新報社，1992 年

排出量取引を紹介したものとしては，以下のものがある。

- 西條辰義編『地球温暖化対策――排出権取引の制度設計』日本経済新聞社，2006 年
- OECD 編（小林節雄・山本壽・尾崎陶彦訳）『環境保護と排出権取引』（I－IV）技術経済研究所，2002～2004 年
- 前田章『排出権制度の経済理論』岩波書店，2009 年

【第 4 章 環境政策への応用】 政策評価のための分析として，

- 有村俊秀・岩田和之『環境規制の政策評価――環境経済学の定量的アプローチ』上智大学出版，2011 年
- 環境経済・政策学会編『環境税』東洋経済新報社，2004 年
- 鷲田豊明『環境政策と一般均衡』勁草書房，2004 年

がある。環境税制改革や排出許可証取引制度のトピックについても紹介したものに，

- 諸富徹『環境税の理論と実際』有斐閣，2000 年
- 足立治郎『環境税――税財政改革と持続可能な福祉社会』築地書館，2004 年

がある。廃棄物政策に関わるテキストとしては，

□ 細田衛士『グッズとバッズの経済学――循環型社会の基本原理（第 2 版）』東洋経済新報社，2012 年
□ リチャード・C. ポーター（石川雅紀・竹内憲司訳）『入門 廃棄物の経済学』東洋経済新報社，2005 年
□ 植田和弘『廃棄物とリサイクルの経済学――大量廃棄社会は変えられるか』有斐閣，1992 年
□ 笹尾俊明『廃棄物処理の経済分析』勁草書房，2011 年
□ 八木信一『廃棄物の行財政システム』有斐閣，2004 年

がある。地球温暖化問題への対策については，

□ IPCC 第 3 作業部会編（天野明弘・西岡秀三監訳）『地球温暖化の経済・政策学――IPCC「気候変動に関する政府間パネル」第 3 作業部会報告』中央法規出版，1997 年
□ 髙村ゆかり・亀山康子『地球温暖化交渉の行方――京都議定書第一約束期間後の国際制度設計を展望して』大学図書，2005 年

が詳しい。また，以下のものに共同開発議定書という新しい温暖化対策の提案がされている。

□ Barrett, S., *Environment and Statecraft: The Strategy of Environmental Treaty-Making*, Oxford University Press, 2003.

【第 5 章 環境の価値評価】 環境評価の入門的テキストとしては，

□ 栗山浩一・柘植隆宏・庄子康『初心者のための環境評価入門』勁草書房，2013 年
□ 柘植隆宏・栗山浩一・三谷羊平編著『環境評価の最新テクニック――表明選好法・顕示選好法・実験経済学』勁草書房，2011 年
□ 鷲田豊明『環境評価入門』勁草書房，1999 年
□ 栗山浩一『図解 環境評価と環境会計』日本評論社，2000 年
□ 大野栄治編『環境経済評価の実務』勁草書房，2000 年

がある。トラベル・コスト法やヘドニック法などの顕示選好法に関しては，

□ 肥田野登『環境と社会資本の経済評価――ヘドニック・アプローチの理論と実際』勁草書房，1997 年
□ 竹内憲司『環境評価の政策利用――CVM とトラベルコスト法の有効性』勁草書房，1999 年

CVM やコンジョイント分析などの表明選好法に関しては，

□ 栗山浩一『公共事業と環境の価値――CVM ガイドブック』築地書館，1997 年
□ 栗山浩一『環境の価値と評価手法――CVM による経済評価』北海道大学図書刊行会，1998 年
□ 肥田野登編『環境と行政の経済評価――CVM（仮想市場法）マニュアル』勁草書房，1999 年

が詳しい。顕示選好法と表明選好法の両者を解説するものとしては，

□ 栗山浩一・庄子康編『環境と観光の経済評価──国立公園の維持と管理』勁草書房，2005 年

がある。費用便益分析としては以下のテキストがある。

□ アンソニー・E. ボードマン/デヴィッド・H. グリーンバーグ/アイダン・R. ヴァイニング/デヴィッド・L. ワイマー（岸本光永監訳，出口亨・小滝日出彦・阿部俊彦訳）『費用・便益分析──公共プロジェクトの評価手法の理論と実践』ピアソン・エデュケーション，2004 年

そして，費用便益分析の理論的な背景については，以下のものが詳しい。

□ 常木淳一『費用便益分析の基礎』東京大学出版会，2000 年

【第 6 章　企業と環境問題】　環境経営・企業の社会的責任（CSR）については，

□ 馬奈木俊介・豊澄智己『環境ビジネスと政策──ケーススタディで学ぶ環境経営』昭和堂，2012 年

□ 馬奈木俊介『環境経営の経済分析』中央経済社，2010 年

□ 金原達夫・金子慎治『環境経営の分析』白桃書房，2005 年

□ 天野明弘・國部克彦・松村寛一郎・玄場公規編『環境経営のイノベーション──企業競争力向上と持続可能社会の創造』生産性出版，2006 年

□ 谷本寛治『CSR──企業と社会を考える』NTT 出版，2006 年

□ Hay, B. L., R. N. Stavins and R. H. K. Vietor eds., *Environmental Protection and the Social Responsibility of Firms: Perspectives from Law, Economics, and Business*, Resources for the Futur.

□ Vogel, D., *The Market for Virtue: The Potential and Limits of Corporate Social Responsibility*, Brookings Institution Press, 2006.

社会的責任投資の紹介として，

□ 水口剛（松本恒雄監修）『社会的責任投資（SRI）の基礎知識』日本規格協会，2005 年

がある。また，環境会計に関しては，

□ 國部克彦・伊坪徳宏・水口剛『環境経営・会計（第 2 版）』有斐閣，2012 年

がある。環境リスク・自然災害リスクに関しては，

□ 中西準子『環境リスク論──技術論からみた政策提言』岩波書店，1995 年

□ 岡敏弘『環境経済学』岩波書店，2006 年

□ 馬奈木俊介編著『災害の経済学』中央経済社，2013 年

企業の取り組みの紹介としては，

□ 馬奈木俊介・林良造編著『グリーン・イノベーション──日本の将来を変える』中央経済社，2012 年

生物多様性の経済学への分析紹介としては

□ 馬奈木俊介，IGES 編著『生物多様性の経済学──経済評価と制度分析』昭和堂，2011 年

が詳しい。また，

- 大沼あゆみ『生物多様性保全の経済学』有斐閣，2014 年

が生物多様性の保全についてわかりやすく解説している。

【第 7 章 地球環境問題と環境経済学】

- 清野一治・新保一成編『地球環境保護への制度設計』東京大学出版会，2007 年
- Copeland, B. R. and M. S. Taylor, *Trade and the Environment: Theory and Evidence*, Princeton University Press, 2003

で詳しい分析がされている。環境規制と技術進歩の関係については，

- Managi, S., *Technological Change and Environmental Policy: A Study of Depletion in the Oil and Gas Industry*, Edward Elgar, 2008.

で詳しい分析がされている。そして，環境規制が与える競争力の分析としては，

- OECD 編（環境省環境関連税制研究会訳）『環境税の政治経済学』中央法規出版，2006 年

が詳しい。持続可能な発展の理念に関する紹介には，

- 馬奈木俊介・池田真也・中村寛樹『新国富論――新たな経済指標で地方創生』岩波書店，2016 年

がある。持続可能な発展に関する経済学的な分析としては，

- 馬奈木俊介・中村寛樹・松永千晶『持続可能なまちづくり――データで見る豊かさ』中央経済社，2019 年
- 馬奈木俊介編著『豊かさの価値評価――新国富指標の構築』中央経済社，2017 年

がある。なお，本書では扱わなかったエコロジー経済学については持続可能な発展についての違う考え方があり，

- ホワン・マルチネス－アリエ（工藤秀明訳）『エコロジー経済学――もうひとつの経済学の歴史』（増補改訂新版）新評論，1999 年
- ハーマン・E. デイリー（新田功・藏本忍・大森正之訳）『持続可能な発展の経済学』みすず書房，2005 年

がある。また，英文で書かれたエコロジー経済学は，

- Mayumi, K., *The Origins of Ecological Economics: The Bioeconomics of Geogescu-Roegen*, Routledge, 2001.
- Cleveland, C. J., D. I. Stern and R. Costanza eds., *The Economics of Nature and the Nature of Economics*, Edward Elgar, 2001.

にまとめられている。エネルギー経済に関しては，以下のものが詳しく分析している。

- 馬奈木俊介編著『環境・エネルギー・資源戦略――新たな成長分野を切り拓く』日本評論社，2013 年
- 馬奈木俊介編著『エネルギー経済学』中央経済社，2014 年

◻ 馬奈木俊介編著『原発事故後のエネルギー供給からみる日本経済――東日本大震災はいかなる影響をもたらしたのか』ミネルヴァ書房，2016 年

第 1 章

unit 1

Check 1　グラフは省略。日本の場合，経済成長にともない二酸化硫黄（SO_2）の排出量は低下している。SO_2 は大気汚染物質であり，四日市ぜんそくなどの公害問題を引き起こした。このため，健康被害を防ぐために環境規制が実施され，しだいに汚染量が低下した。

Check 2　unit 1 の「持続可能な発展」の項を参照。

Check 3　熱帯地域の国々で熱帯林を保護するための対策が十分に実行されるか否かによる。熱帯林を保護すると，農地開発ができなくなるので本来ならば得られるはずの利益が失われることから，熱帯林を保護しようとすると地元住民が反対するかもしれない。熱帯地域の国々の平均所得水準が上昇したとしても，都市地域と農村地域の所得格差が存在するならば，熱帯林の保護は難しいだろう。

unit 2

Check 1　古紙の価格は古紙の需要と供給によって決まる。古紙の需要が高いときは古紙の価格がプラスとなるが，古紙の需要が低いにもかかわらず，大量の古紙が回収されると古紙が余ってしまい，余った古紙を処分するためには費用がかかるため，価格がゼロになったり，あるいはマイナスになる。

Check 2　分別収集を徹底すれば，リサイクル率を高めることは技術的には可能であるが，膨大な費用が必要となる。リサイクルした再生品が売れなければ，リサイクル業者の利益が得られず，経済的には非効率となる。

Check 3　ごみ処理手数料が無料であれば，消費者は好きなだけごみを捨てることができる。これに対してごみ処理手数料が有料化されると，支払う料金を減らすためにごみを分別して削減しようとする。ただし，ごみを削減するにつれて限界削減費用が上昇するので，ごみ処理手数料よりも限界削減費用が上回ると，それ以上，ごみを削減しようとはしなくなる。したがって，ごみ処理手数料有料化の効果には限度がある。

unit 3

Check 1　私たちが石油などの化石燃料を使用することで温室効果ガスが排出される。したがって，自動車の使用を抑制したり，省エネの家電製品に買い換えるなどで化石燃料の消費量を低下させる必要がある。しかし，温暖化対策のために化石燃料の使用を削減したりすると利便性が失われたり費用がかかるため，いくら温暖化対策の重要性を示しても，消費者の自助努力には限界があるだろう。

Check 2　図 3-6 を参照。石油価格が上昇したとしても，供給曲線が垂直ではないかぎり，石油の使用量は増加する。

Check 3

1. 需要と供給が一致するときは均衡価格である。$4-p=p-2$ であり，これを解くと価格は $p=3$ である。このときの数量は $x=4-p=1$ である。
2. 需要が増大した後の均衡価格は $8-p=p-2$ つまり $p=5$。このときの数量は $x=8-p=3$ となるので，増加分は $3-1=2$ となる。
3. 図より，消費者余剰＝生産者余剰＝3×3÷2＝4.5 となる。

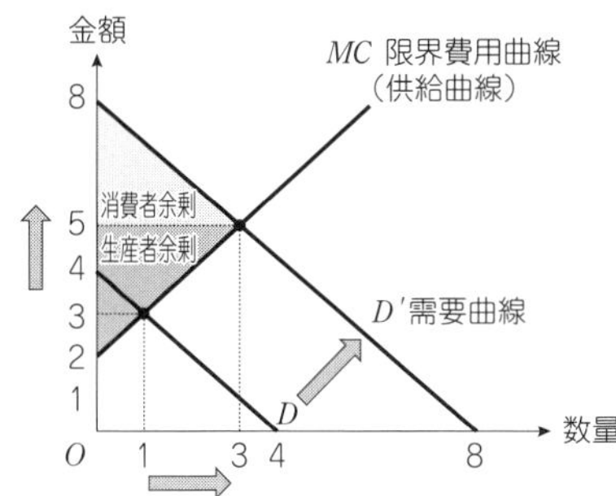

第2章

unit 4

Check 1

1. 農地転換の私的費用関数 $PC=2x^2+2x$ であるから，これを x で微分すると限界私的費用は $MPC=4x+2$ となる。利潤が最大となるのは限界私的費用＝価格であるから $4x+2=p$，つまり供給関数は $x=p/4-0.5$ となる。農地の需要関数は $x=7-0.5p$ であるから，需給の均衡条件は $7-0.5p=p/4-0.5$，これを解くと市場均衡は $p^E=10$ 円，$x^E=2$ ha となる。
2. 農地転換の社会的費用（SC）＝私的費用（PC）＋外部費用（EC）であるから，社会的費用は $SC=(2x^2+2x)+(6x)$ となる。これを x で微分すると限界社会的費用は $MSC=4x+8$ となる。限界社会的費用と価格が一致するときは $4x+8=p$，つまり $x=p/4-2$ となる。このときの需給の均衡条件 $7-0.5p=p/4-2$ となり，これを解くと社会的に最適な水準は $p^*=12$ 円，$x^*=1$ ha である。つまり，市場均衡では 1 ha だけ過大に農地転換が進んでしまうのである。
3. 死荷重ロスは図の三角形で示される。この面積を計算すると底辺 6×高さ 1÷2＝3 となるので，死荷重ロスは 3 円である。

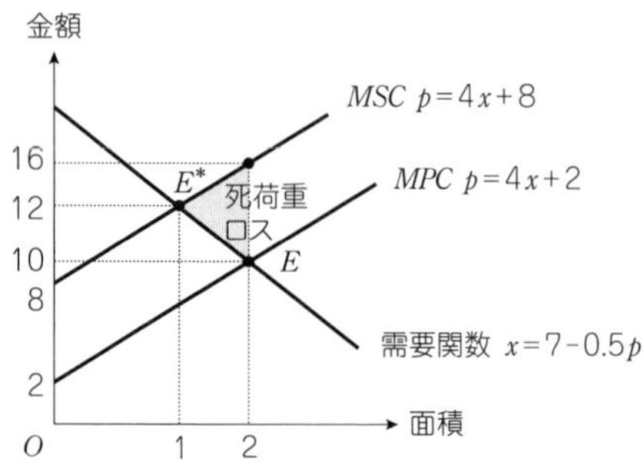

Check 2　たとえば水俣病の場合を考えよう。水俣病は，工場排水に含まれていた有機水銀によって海が汚染され，汚染された魚を食べた住民に被害が発生したものである。工場排水による汚染は市場を経由せずに住民に影響しているので外部不経済が発生していることになる。企業は住民への健康被害を考慮せずに生産活動を行っていたため，汚染が深刻化したと考えられる。

Check 3　さまざまな方法が考えられる。たとえば，以下の方法を試してみるとよい。

・将来世代が除去可能な水準までに現在世代の汚染物質排出量を規制する。

・将来世代が除去できない汚染物質排出量に対して 1 つの○につき 10 億円を現在世代に対して課金する。

・将来世代の被害額を現在世代が補償することを義務づける。

unit 5

Check 1　大気・森林・河川・海洋・農地・景観など世界各地でさまざまなコモンズが存在する。コモンズの悲劇が生じるか否かは，そのコモンズがオープン・アクセス状態にあるか，それとも利用が地域住民によって適切にコントロールされているかが関係している。

Check 2　日本の国立公園は無料でオープン・アクセス状態にあるので，過剰利用による環境への影響が懸念されているところもある。だが，国立公園を有料化するためには，国立公園へのすべてのアクセス道路にゲートを設ける必要があり，そのためには多額の費用が必要である。したがって，国立公園を有料化すべきか否かは，有料化を実施するために必要な費用を上回る効果が有料化によって得られるかどうかに依存する。

Check 3

1. 最大持続可能収穫量（MSY）は成長量が最大のときの成長量に相当する。成長量が最大となるのは，成長関数をストックで微分したものがゼロとなるときである。つまり，$x'=-2S_{MSY}+10=0$ であるから，これより $S_{MSY}=5$ となる。このと

きの成長量は $x_{MSY}=-5^2+10\times5=25$ である。

2. オープン・アクセスのときは漁業による利潤がゼロとなるまで漁獲量が増え続ける。価格は1トン当たり1円で，成長量と漁獲量が等しいので，漁業総収入（TR）は成長量（x）に等しい。したがって，漁業利潤がゼロとなるのは，漁業の総収入（TR）＝総費用（TC）のとき，つまり $-S^2+10S=20-2S$ のときである。これを解くと $S=2$ または10となる。$S=10$ は漁業を行わなかったときであるから，漁業を行ったときに利潤がゼロとなるのは $S=2$ のときである。

3. 漁業利潤（Π）は漁業の総収入（TR）から総費用（TC）を差し引いたものである。つまり，$\Pi=(-S^2+10S)-(20-2S)$ である。利潤が最大になるのは，これを微分したものがゼロとなるときであるから，$\Pi'=-2S+12=0$，つまり $S=6$ のときである。

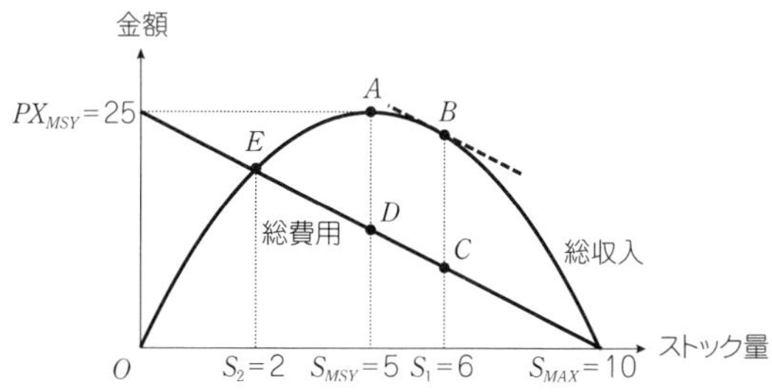

unit 6

Check 1 たとえば，森林には木材生産だけではなく，生態系を保全する役割があり，公共財の性質をもっている。森林所有者は木材生産の利益をもとに森林を管理しているが，生態系に対する代価は支払われない。つまり，消費者は公共財としての生態系サービスをフリーライドしているのである。このため，木材価格が低迷すると，森林を管理することが困難となり，森林生態系を適切に維持することができなくなる。

Check 2 森林には，水源保全，レクリエーション，生態系保全などの多面的機能があるが，多面的機能は公共財的性質をもつため，フリーライド可能である。国有林を完全に自由市場に任せると，多面的機能を提供することが困難となるため，民営化したとしても伐採規制や補助金などによってコントロールする必要がある。

Check 3 温暖化対策はその効果が多数の人びとに影響し，公共財的性質をもつため，フリーライド可能である。企業の自発的取り組みでは，フリーライドを阻止することができない。

Check 4 たとえば，フリーライドしたプレイヤーに対する罰則を設定して，実験を試してみるとよい。

第3章

unit 7

Check 1　社会的に最適な汚染物質排出量は，最適な量にするために必要な社会全体の汚染物質削減総量を決定し，そして，その汚染物質削減総量を達成するために誰がどの程度削減するか決定する必要がある。企業の生産にともなう限界便益と限界費用の関係に注目しよう。

Check 2　汚染物質削減総量を誰がどの程度削減するか決定する際に，すべての企業の生産構造を正確に把握することが可能かに注目せよ。

Check 3　強制力をもたない標準的な自主規制と，目標値の設定や達成についての問題点を克服するために政府が関与する自主規制がある。後者のほうが効果も大きいが，費用も膨大となる。

unit 8

Check 1　限界外部費用曲線と限界便益曲線を用いて説明しよう。

Check 2　「環境税か補助金か」の項を参照。

Check 3　財の需要がどれだけ価格の変化に影響を受けるかにより，それによりもたらされる汚染の減少および汚染物質排出者の負担がどれだけ大きいかを測ることができる。価格弾力性を用いて説明すること。

unit 9

Check 1　汚染物質の排出する権利を利害関係者間で法的に定め，汚染に関わる当事者間での自発的な直接交渉に任せることで自然に合意形成を行うことができ，その結果として効率的な資源配分を実現させることができる。

Check 2　当事者間の交渉が容易に行われない場合は，自発的交渉のみでは効率的資源配分は実現されない。

Check 3　表9-1を参照。

unit 10

Check 1　排出許可証，取引市場，環境汚染物質の総排出量を用いて説明すること。

Check 2　「排出量取引の図解」の項を参照。

Check 3　競争入札とグランド・ファーザー配分の2つの方法について説明すること。

第4章

unit 11

Check 1　社会に理解されやすく，目的が明確であるからだけでなく，レント・シー

キングの問題があるためである。

Check 2 ともに完全情報下では，環境税と排出量取引制度の資源配分上の効果はまったく同一であるが，不確実性がある場合には異なる影響がある。

Check 3 個別の環境政策手法にはそれぞれ長所・短所がある。そこで近年，環境問題の深刻化にともない，伝統的な政策の実効性が問題視され始めたことを受けて，対象とする政策課題の特徴を考慮したうえでいくつかの手法を相互に組み合わせて政策パッケージとして実施することによって，相乗効果を期待するようになっているからである。

unit 12

Check 1 どれだけ排出しても負担が変わらない定額制を導入した場合は，ごみ排出量を増やすことによる追加的な費用はいっさいかからないため，ごみ排出量を抑制することはできず，その結果，社会的利益は最大にならない。従量制の有料化の場合，ごみ排出量を1単位減少させることによって社会的利益は増加しうるため，ごみ排出量を抑制することに役立つ。

Check 2 不法投棄を摘発した場合，その人に科すべき罰金等は環境汚染の外部費用だけでは不十分であるので，摘発確率を考慮して，罰則を定める必要がある。

Check 3 デポジット制度の実施が可能な場合には，できるかぎりデポジット制度を実施することが不法投棄や有害廃棄物などの混入を抑制するためにも望ましい。このとき，同時に，廃棄物の排出量を削減したい場合には，預かり金の額を高めに設定し，その一部だけを返還するようにすれば，過大な消費を抑制することによって，廃棄物排出量を削減することができる。

これに対して，家計から排出される一般廃棄物のように，製品を消費あるいは使用した後に生じる廃棄物などデポジット制度の実施が困難な場合には，ごみ処理手数料有料化制度を実施すればよい。ただし，このとき，懸念される不法投棄対策として取り締まりを厳しくし，外部費用と摘発確率を考慮して十分高い罰金等を科すことが必要である。

unit 13

Check 1 1997年12月に京都で開催された「気候変動枠組条約第3回締約国会議」（COP 3）で採択された，二酸化炭素（CO_2）など6種類の温室効果ガスについての排出削減義務などを定めた議定書のことであり，2005年2月16日に発効した。

Check 2 共同実施・クリーン開発メカニズム（CDM）・排出量取引からなる，京都議定書の経済的な柔軟策であり，地球温暖化対策にあたり複数の国が技術・知識・資金を持ち寄り，共同で対策・プロジェクトに取り組むことにより，全体として費用を低く抑えられるように推進することを目的とするものである。

Check 3　①CDM により発生した排出クレジットの計測をどのように行うかという情報の非対称性，②CDM がなくても実施されるようなプロジェクトと，CDM でないと実行されないプロジェクトをどう区別するかという問題がある。

unit 14

Check 1　京都議定書の参加国も不参加国も，自国に利益をもたらすという前提で温暖化対策を行っていることに注目しよう。

Check 2　京都議定書の温暖化対策としての有効性の問題，そして参加インセンティブの欠如という 2 つの問題がある。また，経済的な柔軟策である京都メカニズムを採用した，温室効果ガス削減目標を具体的に設けた初めての合意である点が貢献した点である。

Check 3　ポスト京都については，大きな流れには京都議定書の延長・改善と京都議定書に代わる新たな制度設計という 2 つがあり，途上国を含むことが重要視され，パリ協定が採択された。

第 5 章

unit 15

Check 1

1. 現在の効用は，$U_1=10\cdot100/100=10$，魚の生息数が 20 匹に増加した後の効用は $U_2=20\cdot100/100=20$ である。このときの支払意思額は図の WTP_1 に相当する。したがって，$20\cdot(100-WTP_1)/100=U_1=10$ より，$WTP_1=$50 万円。
2. 魚の生息数が 2 匹のときの効用は $U_3=2\cdot100/100=2$ である。魚の生息数を現在の 10 匹に維持するときの支払意思額は図の WTP_2 に相当する。したがって，$10\cdot(100-WTP_2)/100=U_3=2$ より $WTP_2=$80 万円
3. 魚の生息数を 20 匹に増加させる計画が中止されたときの受入補償額は図の WTA_3 に相当する。したがって，$10\cdot(100+WTA_3)/100=U_2=20$ より，$WTA_3=$100 万円

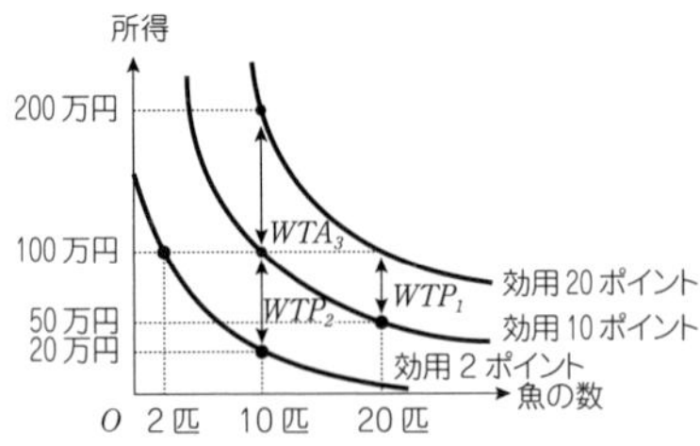

Check 2　コラム「支払意思額と受入補償額の乖離」を参照。代替財が存在するよう

な評価対象と，私的財では代替が困難な評価対象を考えるとよい。

unit 16

Check 1

1. 消費者余剰は図の濃い網掛け面積部分。底辺 2×高さ 1000÷2＝1000 円。
2. 水質改善対策によって図のように消費者余剰が増加する。増加した後の消費者余剰は底辺 4×高さ 2000÷2＝4000 円。水質改善対策の効果は消費者余剰の増加分なので 4000 円－1000 円＝3000 円。

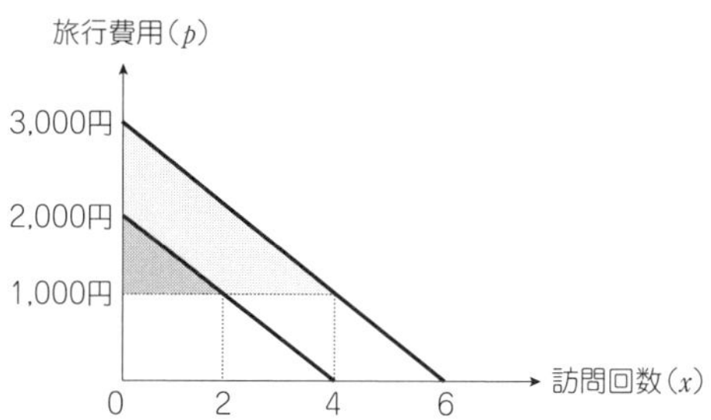

Check 2

1. ヘドニック価格関数 $p=5q$ を効用関数に代入すると $u=q(20-5q)$。効用が最大となる住宅地を選ぶので，効用関数を微分して $u'=20-10q=0$，すなわち $q=2$ ポイント。
2. 大気の質が現在の 2 ポイントから倍の 4 ポイントまで改善すると，地代は 10 万円から 20 万円まで上昇するので，ヘドニック法の評価額は地代上昇分の 10 万円。
3. 大気の質が現在の 2 ポイントのときの効用は $u=2\cdot(20-5\cdot2)=20$。ここで大気の質が倍の 4 ポイントまで改善したときの支払意思額（*WTP*）は，図の *CD* に相当する。点 *C* のときの地代は $u=4\cdot(20-P)=20$ の解であるから $P=15$。図より *WTP*＝5 万円。ヘドニック法の評価額は 10 万円だったので，過大評価額（図の *BC*）は 5 万円。

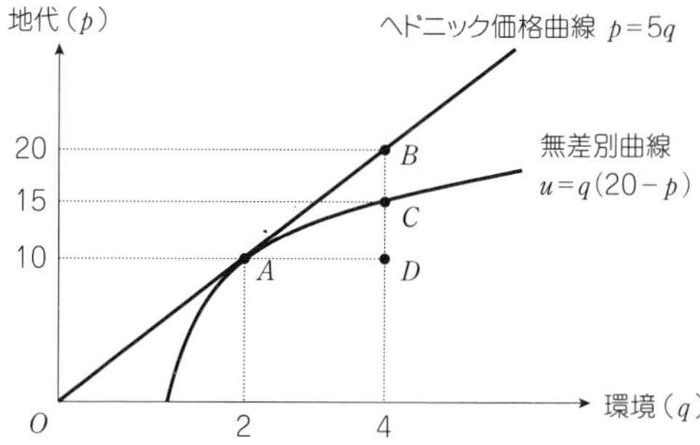

unit 17

Check 1　以下のような問題点がある。

①環境の現状が明確ではない。「ある森林」がどこの森林なのかが不明。また森林の現在の状態が明確に示されていない。

②環境の仮想的状態が明確ではない。森林が開発によってどこまで失われるのかなどの変化後の状態を示す必要がある。

③環境変化を実現するための政策が具体的ではない。「森林を保護する」というのは，どのような方法で保護するのかを具体的に示す必要がある。

④税金や基金などの支払手段が示されていない。

⑤質問形式がバイアスの多い自由回答形式である。

Check 2

1. 図のとおり。

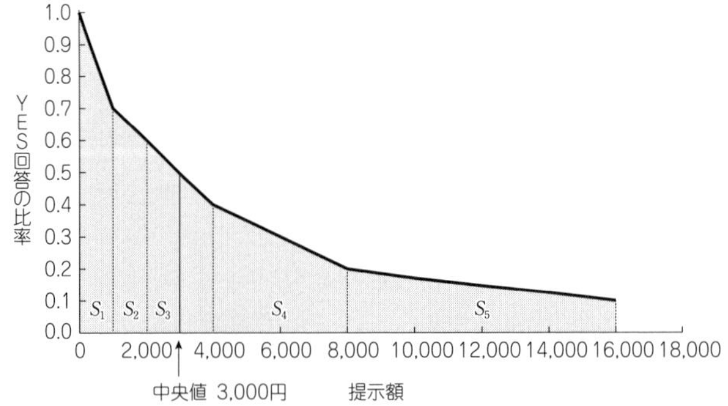

2. 支払意思額の中央値は減衰曲線で Yes 回答の比率が 0.5 のときであるから，図より支払意思額の中央値は3000 円。

3. 減衰曲線の下側面積は，S_1〜S_5 の各台形面積を計算して合計すると得られる。たとえば，図の S_4 の面積は（0.4＋0.2）×4000÷2＝1200。同様にほかの台形の面積も計算して合計すると支払意思額の平均は 4900 円

unit 18

Check 1　渋滞緩和による道路利用者の時間節約便益，走行費用削減便益，事故減少便益，騒音公害減少便益から，道路交通が直接的にもたらす大気汚染や騒音被害のマイナス要素を引いたものを計算する。

Check 2　公共投資のプロジェクト評価において，パレート基準が有効なケースはどの程度あるか考えよう。

Check 3　表のように，割引率 4% のもとでは，プロジェクト A のほうが大きいため

採用されるが，割引率10％のもとでは，プロジェクトBのほうが大きいため採用されることになる。このように，割引率に応じて採用されるプロジェクトが変化することがわかる。また，割引率を考慮しない単純な合計を計算した場合に，プロジェクトAの合計便益がより大きいことに注意しよう。割引率が10％と高い場合は，初年度に大きな純便益を得ることができるプロジェクトが採用されることがわかる。

割引率		今年	1年後	2年後	合計
4%	プロジェクトA	90.00	96.15	106.32	292.48
4%	プロジェクトB	120.00	86.54	83.21	289.75
10%	プロジェクトA	90.00	90.91	95.04	275.95
10%	プロジェクトB	120.00	81.82	74.38	276.20

第6章

unit 19

Check 1　ISO 14001を取得することで，効率的に環境対策を進めることができる。また，環境対策に積極的な企業であることを社会に向けてアピールできる。しかし，取得費用が高額なため，中小企業への導入が難しい。

Check 2　環境負荷を物量単位で評価すると，健康への影響と生態系への影響のように異なる影響を比較できない。金銭評価を行えば，すべてが金銭単位となるため比較が可能となるが，環境の価値を金銭単位で評価するためには環境評価手法が必要であり，適切な手順で評価を行わないと評価額の信頼性が低下する危険性がある。

Check 3　多くの企業は，ウェブサイトに環境報告書を掲載しているので，参照してほしい。ある業種の複数の企業で環境会計を比較すると，各企業の環境対策の特徴を調べることができる。環境対策に比較的取り組んでいると思われる企業でも，環境会計でみると赤字になっているところもあり，環境対策の効果が過小評価されていることがわかるだろう。

unit 20

Check 1　求められている法律・規制で設定された以上の規則を企業が自ら守り，環境・社会的パフォーマンスの向上を行うことである。

Check 2　①企業の環境にやさしい商品による差別化が行える。②優秀な労働者を引きつけることができる。③企業の将来のリスクを軽減できる，または資本コストを下げられる。④政府や地域コミュニティと良い関係をつくることができる。⑤規制政策の策定過程に影響することができる，そして競合相手の費用を相対的に上げることができる。

Check 3　規制が不十分にしか実行されない，または実行すらされない場合が多いこ

とから考えよう。

unit 21

Check 1　たとえば，工場周辺の土壌汚染や地下水汚染などが考えられる。汚染事故の事例を調べるとよい。また，環境リスク対策については，企業の環境報告書に記載されているものがあるので，参照してほしい。

Check 2　本文の「リスク・コミュニケーション」の項を参照。原子力発電所事故や遺伝子組み換え技術について調べるとよい。ほかには，ごみ焼却施設から発生するダイオキシンの問題や，牛海綿状脳症（BSE）問題なども考えられる。

Check 3　図 21-2 よりリスク削減幅が増加するにつれて支払意思額の増加分は低下する。たとえば，リスク削減幅が 2/10 万のときの支払意思額は 6000 円，6/10 万のときは 1 万 2000 円という場合を考えよう。リスク削減幅は 3 倍になっているが，支払意思額は 2 倍の増加にとどまっている。このとき，統計的生命の価値は，リスク削減幅が 2/10 万のときは 3 億円，6/10 万のときは 2 億円となる。つまり，図 21-2 の支払意思額の曲線が直線ではないかぎり，リスク削減幅によって統計的生命の価値は異なる値をとる。

unit 22

Check 1　森林環境税は都道府県単位で実施されているが，絶滅危惧種の保全のように非利用価値が含まれるものに対しては受益者が全国に広がる可能性があるため，都道府県単位の森林環境税では費用負担が困難である。

Check 2　生物多様性オフセットを実施するためには，失われる生態系の代償として新たに自然再生を行う必要があるが，日本は国土が狭いため，新たに自然再生を行う場所が限られる。

第 7 章

unit 23

Check 1　貿易が環境に及ぼす効果を規模効果，技術効果そして構造効果に分けることができる。

Check 2　環境ダンピング，環境規制による貿易障壁を例として影響を考えてみよう。

Check 3　貿易制限のかけ方により市場および環境への影響が異なることに注意して，輸出数量制限と輸入数量制限について考えよう。

unit 24

Check 1　コラム「自動車公害規制」を参照。

Check 2　エネルギー・パラドックスや新技術を許容できる技術レベルがその企業になければ，新しい技術の導入は進まない。

Check 3　より厳しい環境規制であるほど，必要な汚染物質削減量が多く金銭負担も大きくなる。そのため，労働や資本の費用の変化をきっかけに，その要素費用を節約したいという欲求から研究開発投資を増加させることで環境技術を発展させる。そして，中・長期的には環境汚染削減のための技術の普及を促すことになる。

unit 25

Check 1　1つの定義として，「効用水準が時間を通じて低下しない状態」と考えることができる。

Check 2　経済成長の初期の段階では汚染が増大するが，1人当たり国内総生産がある水準を超えるとその傾向は変わり，環境の改善が起こるというものである。所得が一定水準である転換点を超えると，環境指標が改善されるときに成立する。

Check 3　将来への不確実性が存在する場合，実際の政策の意思決定に用いる割引率は，割引率の期待値より低いものを使う必要がある。

unit 26

Check 1　「世界のエネルギー」の項を参照。

Check 2　「日本の再生可能エネルギー」の項を参照。

Check 3　コラム「原子力発電」を参照。

索　引

（太字数字は，KeyWords として表記されている語句の掲載ページを示す）

アルファベット

あ　行

か　行

さ　行

た　行

な　行

は　行

ま　行

や　行

ら　行

わ　行

著者紹介

栗山 浩一（くりやま・こういち）

京都大学農学研究科教授

馬奈木 俊介（まなぎ・しゅんすけ）

九州大学主幹教授，九州大学都市研究センター長

TEXTBOOKS

TSUKAMU

環境経済学をつかむ〔第4版〕

The Essentials of Environmental Economics, 4th ed.

2008年 4月10日　初　版第1刷発行
2012年12月10日　第2版第1刷発行
2016年12月10日　第3版第1刷発行
2020年 9月15日　第4版第1刷発行
2022年11月15日　第4版第4刷発行

著　者　栗山浩一
　　　　馬奈木俊介

発行者　江草貞治

発行所　株式会社 有斐閣
郵便番号 101-0051
東京都千代田区神田神保町 2-17
http://www.yuhikaku.co.jp/

印刷・株式会社理想社／製本・大口製本印刷株式会社

ISBN 978-4-641-17729-1